室内环境检测与治理

税永红　陈光荣　主编
张丽微　吴菊珍　张雪乔　副主编

科学出版社
北　京

内 容 简 介

本书以室内环境为核心，采用项目驱动模式，介绍室内环境检测与治理相关知识与方法。全书共分 6 个项目，包括室内环境检测与治理行业分析、室内环境检测与治理业务开展、室内环境污染分析及检测方案制定、室内环境主要污染物检测、室内空气污染控制与治理和职业情景模拟。本书内容深入浅出、通俗易懂，既有必须的基本理论知识，又有最新的室内环境检测标准及相关阅读材料。

本书既可作为高等院校建筑、环境、工业分析与公共卫生等专业的环境公共课教材，也可作为室内环境检测治理行业从业人员、室内环境检测治理职业资格和岗位资格培训人员的参考书。

图书在版编目（CIP）数据

室内环境检测与治理/税永红，陈光荣主编. —北京：科学出版社，2015
ISBN 978-7-03-045863-6

Ⅰ. ①室… Ⅱ. ①税… ②陈… Ⅲ. ①室内环境-环境监测-高等职业教育-教材②室内环境-环境控制-高等职业教育-教材 Ⅳ. ①X83

中国版本图书馆 CIP 数据核字（2015）第 231499 号

责任编辑：张　斌　王丽丽 / 责任校对：王万红
责任印制：吕春珉 / 封面设计：东方人华平面设计部

科学出版社 出版
北京东黄城根北街 16 号
邮政编码：100717
http://www.sciencep.com
天津市新科印刷有限公司 印刷
科学出版社发行　各地新华书店经销
*
2015 年 11 月第 一 版　开本：787×1092　1/16
2023 年 2 月第六次印刷　印张：18
字数：420 000

定价：54.00 元

（如有印装质量问题，我社负责调换〈新科〉）
销售部电话 010-62142126　编辑部电话 010-62135319-2120

本书编写人员

主　　编　税永红　陈光荣

副 主 编　张丽微　吴菊珍　张雪乔

参　　编　陈　雷　刘曼红　王　梅　邱艳君　姚海雷

前　言

随着人们环保意识的不断提高，与人类身体健康直接相关的室内环境质量已成为公众关注的焦点。为了适应高等教育专业结构调整与教学改革的需要，满足室内环境检测与治理行业对人才的需求，编者结合高等院校教学、科研及实践经验，编写了本书。

全书共包括6个项目，项目1概述了室内环境污染现状，并分析了目前室内环境检测与治理行业现状；项目2介绍了室内环境检测与治理业务开展的相关知识；项目3阐述了室内环境污染分析及检测方案制定；项目4分别从室内有机污染物、无机污染物、颗粒物及放射性污染物几个方面介绍了主要污染物的检测；项目5介绍了室内空气污染控制与治理技术；项目6分别对两类与人们生活密切相关的室内环境的检测与治理职业情景进行模拟，以加强理论与实践的结合，为学生提供体验实践和感悟问题的综合情境。学生通过对各个项目的学习与训练，能实现并满足室内环境检测与治理行业对专门人才的需求。

本书项目1由成都纺织高等专科学校税永红、广西生态工程职业技术学院陈雷、四川化工职业技术学院邱艳君编写；项目2由税永红、广东建设职业技术学院陈光荣、成都元泽环境技术有限公司王梅编写；项目3由广西生态工程职业技术学院张丽微编写；项目4由税永红、陈光荣、四川工业学院吴菊珍、成都信息工程学院张雪乔编写；项目5由东北林业大学刘曼红编写；项目6由陈光荣、河南林业职业学院姚海雷编写；附录由税永红编写。由成都纺织高等专科学校蒋学军作文字校对。全书由税永红统稿。本书的编写参考了大量的文献资料，在此向相关文献的原作者深表谢意！

由于编者水平有限，加之编写时间仓促，书中错误和不妥之处在所难免，敬请广大读者批评指正，并提出宝贵意见。

目　录

项目 1　室内环境检测与治理行业分析

学习目标

（1）了解我国室内环境污染现状、室内环境质量及室内环境检测与治理行业现状；
（2）了解室内环境检测与治理岗位特征、岗位所必需的职业道德与行业公约等；
（3）掌握该行业各岗位必备的通用技能、专业技能及职业技能，并能根据室内环境检测与治理行业的岗位情况设计本项目；
（4）了解相关的国家及行业标准和规范，并能应用于具体工程实例中。

相关知识

（1）室内环境与室内环境污染现状；
（2）相关室内环境国家及行业标准与规范；
（3）室内环境检测与治理行业具体岗位；
（4）室内环境检测与治理行业从业人员职业道德及行业公约。

案例导入

李先生买了一套三室两厅的精装修房，为了入住更安全，他让房产公司请有资质的单位对室内空气进行检测，并要其出示检测报告。房产公司找到有检测资质的A公司，由检测员小陈对房子进行检测。检测完后房产公司单独给了小陈1000元红包，并希望其出具检测合格的报告。小陈收了钱，并在7天后出具了检测合格的报告。

对于上述事件，通过学习本项目知识，你能说出检测员小陈犯了什么错误吗？能说出室内环境检测行业的职业道德及行业公约有哪些吗？

课前自测题

（1）室内环境主要污染物有哪些？
（2）室内环境检测与治理有哪些具体岗位？
（3）你认为室内环境检测与治理从业人员应具备哪些职业道德？
（4）你了解的室内环境国家标准及规范有哪些？

1.1 室内环境污染现状

世界卫生组织（WHO）报道，影响21世纪人类健康的四大因素分别是环境、老龄化、城市化和生活习惯。在这四大因素中，环境对人类健康的作用越来越显著。人类的疾病有1/3是由遗传因素决定的，另外2/3的疾病均可以预防和控制，而基因的改变与环境改变密切相关。

在经历了18世纪工业革命带来的“煤烟型污染”和19世纪石油和汽车工业带来的“光化学烟雾污染”之后，人类正经历以“室内环境污染”为标志的第三污染时期。室内环境污染也被称为现代城市的特殊灾害，国际上已经把室内空气污染列为对公众健康危害最大的环境因素。我国大气污染严重，约3/4的城市居民呼吸不到清洁的空气，通常情况下，室内空气的污染程度要比室外严重2～5倍，在特殊情况下甚至可达100倍，因此，我们只有充分了解室内环境污染现状，才能选择恰当的控制与治理技术，保护人类身体健康。

一、室内环境及室内环境污染

（一）室内环境

1. 概念

室内环境（indoor environment）是指人们工作、生活、社交及其他活动所处的相对封闭的空间，包括住宅、办公室、教室、医院、候车（机）室、交通工具及体育、娱乐等室内活动场所。

2. 分类

目前室内分析检测行业将室内环境分为以下四大类。

（1）人居环境。居室、办公楼、会议室、酒店、网吧、电影院、旅馆、歌舞厅等。

（2）交通系统。汽车、火车、地铁、飞机、轮船、电梯等交通工具。

（3）医疗系统。医院、卫生所、保健院、门诊部、急救中心、防疫站等。

（4）教育系统。教室、集体宿舍、培训中心、礼堂、食堂、图书馆等。

其中，人居环境是受关注度最高的室内环境，其次是交通系统。

人居环境是家庭团聚、休息、学习和娱乐的场所，人的一生约80%的时间是在人居环境所涉及的室内度过，因此人居环境质量的好坏，直接影响着人们的健康，决定了人们生活质量的优劣。

3. 室内环境构成

居室环境是由屋顶、地面、墙壁、门窗等建筑维护结构从自然环境中分割而成的小环境，也就是建筑物内的环境。人类历史上最早出现的居室环境是天然洞穴内的环境。原始人类从树上迁入洞穴的初衷是栖息，是为了躲避狂风暴雨和毒蛇猛兽等恶劣环境。

所以，洞穴是人类最原始的居室环境。随着人类社会科学技术的快速发展和人们对文化生活、社会交流活动等的诸多需要，住宅的建造形式和质量有了空前的提高，人类建造出了具有更多功能和各种类型的室内活动场所。虽然各种室内环境由于其不同的特定功能而在建筑设计方面各具特点，但在基本卫生要求方面，应该是一致的。

（二）室内环境污染

1. 室内环境污染问题的由来

室内环境污染问题的由来可追溯到20世纪30年代，通风设施发明不久，在装有通风设施的建筑物内就出现了对室内空气品质（indoor air quality，IAQ）不适的人群，症状为头痛、恶心、疲劳、刺激、烦躁不安、易患伤风感冒以及过敏、哮喘等。由于不适人群中不同个体之间差异性较大，同时这些症状的空间性、时间性较强，当时人们并没有意识到这种病态建筑物综合征（sick building syndrome，SBS）的存在，许多人就在这种无名的痛苦中度过。

20世纪70年代以后，随着西方发达国家的人们在非产业环境（如办公室、居室）中度过的时间加长，越来越多的人出现了持续的SBS症状。据美国国家职业安全与卫生研究所统计，室内从业人员出现SBS症状的比例已由1980年的2%上升到35%～65%，这不仅给患者个人增加了医疗健康开支，也使企业的生产力大大下降，人们终于认识到这是室内环境污染带来的巨大危害。因此，从20世纪80年代开始，西方发达国家纷纷开展了关于室内环境污染问题的系统研究，并且正逐渐成为环境研究领域中的一个活跃的分支，室内环境与健康问题也成为公众瞩目的新热点。

现已证明，室内环境污染除能引起SBS症状外，长期接触室内污染物还有可能导致“三致”，即致癌、致畸、致突变。美国环保局现已将之列为除大气污染、工作间有毒化学品和水污染外的第四大环境健康危害。

2. 室内环境污染源

室内环境质量主要取决于室内气象和室内污染程度。室内环境从外界环境中分割而来，形成了相对封闭的小环境。这样的小环境，一方面具有一部分来自外界环境的有害因素；另一方面也由于空间小、功能多等原因，易聚集引发多种有害因素。

室内环境污染源包括室外来源和室内来源两方面。室外来源污染指通过空气或者人类自身携带进入室内环境而造成的污染；室内来源污染指人类室内活动及与人类室内活动有关的物体产生的污染。我国《室内空气质量标准》将室内空气污染物按其性质分为化学性、物理性、生物性和放射性四大类。

1）化学性污染源

化学性污染主要分为无机类和有机类，而受人们关注度较高的通常为有机类污染物，如挥发性有机化合物（volatile organic compounds，VOC），包括甲醛、甲苯、苯、对二甲苯等，目前已鉴定出500多种，以TVOC表示其总量。挥发性有机物有臭味，具有一定刺激作用，能引起机体免疫失调及影响中枢神经系统功能，使人出现头晕、头痛、嗜睡、无

力、胸闷、食欲不振、恶心等症状，甚至可损伤肝脏和造血系统，使人出现变态反应等。

2）物理性污染源

近年来，电视机、空调、电冰箱、微波炉、洗衣机、组合音响、家用电脑、家庭影院等现代高科技产品的普及为人们生活带来诸多便利与乐趣。但是，这些家用电器和电子设备在使用过程中会产生多种不同波长和频率的电磁波，充斥于居室空间内的电磁波对人体具有潜在的危害。

随着人们生活水平的提高，一些家庭在选择灯具时，喜爱选择一些豪华、耀眼的灯饰。殊不知，耀眼的灯光会危害人体健康和视力，甚至还会干扰大脑的中枢神经功能。

建筑陶瓷包括瓷砖、洗面盆和抽水马桶等，是由黏土、砂石、矿渣或工业废渣和一些天然辅助料成型涂釉再烧结而成。这些材料中或多或少含有放射性的钍、镭等，有些釉料中还含有较高放射性的锆铟砂。这些放射性物质会对人体造成体内辐射和体外辐射两种危害。用于装饰的天然石材花岗岩和大理石中有时也会含有高放射性物质，是室内环境质量的隐患。一般将天然石材的放射性分为三个等级，并根据其等级的不同而有不同的用途。

3）生物性污染源

生物性污染是影响室内环境质量的一个重要因素，主要污染因子包括细菌、真菌（包括真菌孢子）、花粉、病毒、生物体有机成分等。这些生物污染因子中一部分细菌和病毒是人类呼吸道传染病的病原体，部分真菌（包括真菌孢子）、花粉和生物体有机成分则能够引起人的过敏反应。室内生物性污染对人类的健康危害很大，能引起各种疾病，如呼吸道疾病、哮喘。迄今为止，已知的能引起呼吸道感染的病毒就有200种之多，包括2003年肆虐的SARS病毒。这些感染源绝大部分是通过室内空气传播的，其后果可从隐性感染直到威胁生命。

4）放射性污染源

自然界中原子核自发地放出不可见射线而转变成另一种原子核的过程称为衰变，这种现象称为放射现象，由此引起的污染称为放射性污染。放射性物质具有的共同特点如下：具有一定穿透物质的能力；人的五官不能感知，但能使照相底片感光；照射到某些特殊物质上能发出可见的萤火；通过物质时，可产生电离作用，从而对生物体产生影响。

室内放射性污染物主要是氡及其子体，来源包括地基土壤、建筑材料及燃料燃烧释放物。

二、室内环境质量

（一）室内环境质量的重要性

在Blueair发布的《室内空气质量与人体健康》2013白皮书中指出，在工业化世界的许多地区，包括中国，人们每天约有90%的时间是在室内度过，随着信息化程度的提高和互联网的发展，这个比例还在不断提高。

人类对室内环境污染引起健康危害的认识是有一个过程的。人类最早关注的空气污染物是二氧化硫（SO_2），二氧化氮（NO_2），一氧化碳（CO），臭氧（O_3）和铅（Pb），可把它们统称为传统空气污染物。随着工业的发展和人类的进步，出现了越来越多的空气污染物，可把这些统称为非传统空气污染物，非传统空气污染物种类众多，有些在人体内有生物累积，可以引起人体各器官的病变。

因此，良好的室内空气质量是提高生产效率和降低病态建筑综合征（SBS）最重要的前提，室内环境质量对身体健康的影响不仅是环境、健康专家们研讨的焦点，也是社会普遍关注的热点。

（二）室内环境质量的检测

室内环境检测就是运用现代科学技术方法以间断或连续的形式定量地测定环境因子及其他有害于人体健康的室内环境污染物的浓度变化，观察并分析其环境影响过程与程度的科学活动。

1. 室内环境检测分类

1）室内污染源的检测

在对室内各种污染源进行检测的时候，通过对室内环境中存在的各种污染源进行初步的了解和调查，可以确定污染源的类型和性质；然后，可以利用不同的检测技术和仪器，对各种污染源向室内环境释放的具体污染物的方式、强度以及规律等进行检测。根据具体的检测结果，技术人员便可以分析出各种污染源对室内环境的污染程度。通过对室内各种污染源的检测，可以全面了解到室内环境中各种污染的具体来源，并帮助人们采取针对性的措施从源头控制室内环境污染。我国十分重视对室内污染源的检测，卫生部和国家建设部也制定了《木质板材中甲醛卫生规范》和《民用建筑工程室内环境污染控制规范》等来指导人们进行室内污染源的检测。

2）室内空气质量的检测

室内环境中的空气质量对人体的影响极大，所以，对室内空气质量的检测至关重要。在进行室内空气质量检测的时候，要依据相关的室内空气质量标准，对特定房间或场所内的空气质量进行检测。所涉及的相关检测项目可以根据室内空气质量标准和相关法律的规定进行设定，也可按照需要检测的室内环境的实际情况进行设定。一般情况下，需要检测的项目有二氧化碳、二氧化硫、二氧化氮、臭氧、可吸入颗粒物、甲醛、苯及苯系物和各种其他挥发性有机化合物等，需要检测的参数有湿度、温度、风速和新风量等。通过对室内空气质量的检测，可以较为全面地掌握室内空气中存在的各种污染问题。而且，通过对室内空气质量的长期监测，还可以积累大量的宝贵监测资料，为制定和修改相关的环境质量检测标准等提供有力的依据。在进行具体检测的时候，首先要实地调查室内环境，并根据调查情况，制定出详细的检测方案，然后依据相关标准进行布点、采样以及检测。检测的过程中，要认真记录具体的检测结果，并按照相关标准和规定，对室内空气质量进行客观、科学的评价，并出具具体的检测、评价报告。

3）特定目的室内环境检测

有时，为了更全面的对室内环境进行检测，还需要进行一些特殊目的的检测。出于特定目的的室内环境检测种类较多，以为改善室内空气质量而采取的通风、换气措施为例来进行说明。通风、换气措施是为了有效的改善室内环境中的空气质量，对其的检测大多是对新

风量或换气次数的分析研究。新风量指的是在封闭状况下，单位时间内进入室内环境中的空气体积，空气交换率指的则是单位时间内由室外进入到室内的空气总量与室内空气总量的比值。通过对通风、换气措施的检测，可以为提高室内空气质量提供可靠的实现途径，从而有效改善室内空气质量。

2. 室内环境检测标准

室内环境与人体密切相关的是室内空气环境，因此，室内环境标准中发布最早、标准数量最多的是室内空气标准，它包括四个方面，即《室内空气质量标准》（GB/T 18883—2002）《民用建筑工程室内环境污染控制规范》（GB 50325—2001）《公共场所卫生标准》（GB 9663～9673—1996）和《室内空气质量的“单项标准”》，关于这部分标准的详细内容，会在从业人员必备标准中作介绍。

（三）室内环境质量的评价

室内环境质量与人群健康息息相关，如何认识和划分室内环境的优劣，即对室内环境进行评价，越来越受到人们的重视，它是人们认识和研究室内环境的一种科学方法，是随着人们对室内环境重要性认识不断加深而提出的一种新概念。通过对具体的对象运用科学的评价方法，分析室内环境质量的主要影响因素，预测其在一定时期内的变化趋势，确定其可能造成的危害程度，并提出经济、可行的控制和治理措施。

1. 室内环境质量评价的分类

1）预评价

室内环境质量预评价，是根据室内装修工程设计方案的内容，运用科学的方法，分析、预测该室内装饰装修工程完成后可能存在的危害室内环境空气质量的因素和危害程度，提出科学、合理、可行的措施和装饰材料的有毒有害气体特性参数，作为该工程项目改善设计方案和项目建筑材料供应的主要依据。

预评价是保证建筑装饰工程完成后具有良好的室内环境质量的一个重要步骤，便于事先发现问题，防患于未然。

2）现状评价

现状评价与预评价相对应，是根据建筑物现有的情况，应用科学的方法分析当前危害室内环境空气质量的因素及其危害程度，提出科学、合理、可行的对策措施。由于进行评价所涉及的各个要素已经客观存在，因此对所存在的问题能够比较准确地进行评价。

2. 评价要素

1）建筑结构

建筑结构要素主要包括房间的大小、布局等，它们决定了评价范围内室内空气流通情况，即污染物在整个系统内的迁移途径。

2）污染源（释放源）

室内环境中能够释放污染物的建筑材料、装饰材料和家具，燃烧产物和人体散发的污染物质，家用化学品和空气清新剂等。

3）吸附汇

室内所有的固体表面在一定条件下都可以作为吸附汇。在多数情况下，吸附汇吸附的污染物在一定条件下又会重新释放到室内空气中。各种空气净化器也可以视为吸附汇。

4）通风空调参数

通风空调参数包括房间与外界环境之间的通风换气情况和各房间之间的空气流通情况。流入各房间的气流可能带来新的污染物，而流出各房间的气流则可能带走部分污染物。通风空调参数对室内污染物浓度水平及其变化趋势影响很大。

5）人员活动情况

人员活动情况即人员每天哪个时间段停留在哪个位置（在室内还是室外，如在室内在哪个房间），这显示了人员在一定污染浓度的房间内的停留时间，从而直接影响着人员的瞬时和累计暴露水平，也在一定程度上决定了室内污染对人员造成的健康风险大小。

6）个体敏感程度

不同个体对同一暴露水平的敏感程度不同，因而可能带来的健康风险也不同，所以个体敏感程度也是室内空气质量评价涉及的主要因素之一。

3. 评价方法

目前对室内环境评价方法主要包括主观评价、客观评价和综合评价。

1）主观评价

主观评价即利用人体的主观感觉对环境进行描述和评判，主要通过对室内人员的问询得到，也可由长年经验累积获得。主观评价主要有两个方面工作，一是表达对环境因素的感觉；二是表述环境对健康的影响。室内人员对室内环境接受与否是属于评判性评价；其对空气品质感受程度则属于描述性评价。在许多情况下特别是涉及建筑内部环境时，主观反映往往较某些客观的评价更具有重要意义，因此主观评价的规范化、标准化是目前最迫切的任务。

2）客观评价

客观评价是采用室内空气污染物浓度等指标来评价室内环境质量，其依据是各种污染物浓度、种类、作用时间与人体健康效应之间的关系。经常选用的物理、化学和生物指标如表 1.1 所示。

表 1.1　室内空气质量标准中经常被选用的指标

物理指标	化学指标	生物指标
温度（temperature）	一氧化碳（CO）	细菌总数（total bacteria）
相对湿度（relative humidity）	二氧化碳（CO_2）	真菌总数（total fungi）
空气流速（air velocity）	颗粒物（particulate）	
照明（illumination）	一氧化氮（NO）	
气压（pressurization）	二氧化氮（NO_2）	

续表

物理指标	化学指标	生物指标
新风量（air exchange rate）	二氧化硫（SO_2）	
	臭氧（O_3）	
	总挥发性有机物（TVOCs）	
	氡（Rn）及其子体	
	铅（Pb）	
	甲醛（HCHO）	

3）综合评价

国际上较为成熟的综合评价方法主要有主观评价与客观评价相结合、模糊综合评价、动态模式法、空气耗氧量法、沃尔夫法和波尔法等，随着计算机技术的发展，还有利用计算流体力学（computational fluid dynamics，CFD）对室内空气流动进行数值模拟的方法。下面仅对前三种方法作介绍。

（1）主观评价与客观评价相结合的综合评价方法。该方法由我国同济大学的沈晋明提出，评价过程主要有三条途径，即客观评价、主观评价和个人背景资料。客观评价即直接用室内污染物指标来评价 IAQ，主观评价即利用人自身的感觉进行描述和评判，最后综合主、客观评价，结合个人背景资料，得出结论。该方法提出了评价 IAQ 和提高 IAQ 的较为实用的具体工作流程。

（2）模糊综合评价。室内空气质量目前只是一个模糊概念，至今尚无一个统一的、权威性的定义。因此有人尝试用模糊数学方法加以研究。由于该方法考虑到了 IAQ 等级的分级界限的内在模糊性，评价结果可显示出对不同等级的隶属程度，故更符合人们的思维习惯，这是现有的指数评价方法所不能及的。

（3）动态模式法。动态模式法就是将室内污染物的质量浓度作为事件的函数，通过该函数确定一天中不同时刻污染物的质量浓度，并确定哪些时刻质量浓度最大，从而确定最有效的设计方案来将这些污染物的质量浓度降到卫生标准以下。通过此法确定的通风方案不但可以保证室内空气质量，而且可比稀释通风更加经济有效地控制室内污染物。

（四）室内环境质量的控制

1. 建筑材料的生产全程监控

必须要建立健全的执法制度和程序，确保建筑材料的生产全程可监督监控，只有从源头抓好建筑材料的生产质量，才能够确保室内环境的空气质量有可靠的保证。另一方面，也要鼓励开发商和施工方，尽量选用安全质量有保证的绿色环保建材，从而提高室内环境的空气质量。

2. 选用绿色无污染的装饰材料

在室内装修期间，应尽量选用绿色无污染的装饰材料，尤其是墙纸、油漆等极容易产生有毒有害气体的装饰材料，都应该选用高等级的绿色环保饰材。

3. 定期清洗空调滤网

由于空调系统滤网内部容易滋生大量细菌、病菌，应当尽量做到定期清洗。这样能够极大减少室内空气中的细菌、病菌等。

4. 借助绿色植物提高室内空气质量

可以选用一些能够吸收、吸附有毒有害气体的绿色植物，作为室内空气净化的“武器”。绿色植物一方面能够美化环境，另一方面对于提高室内环境空气质量也有较好的作用。

5. 合理规划室内的布局设计

在室内布局设计方面，应充分考虑到室内环境的自然采光、通风等因素，营造出一个光亮通透的室内环境。不应过于追求室内装潢效果的华美，而忽略室内环境的功能性设计，如没有考虑到南北通透，造成南北不通风，加重了室内空气环境的污染；再如，窗户的设计没有很好的考虑到当地雨季的风向，极容易引发室内湿度增大，引起霉菌产生，从而污染室内环境和空气。鉴于此，在规划室内设计与功能布局时，就应当遵循功能布局合理简单的原则，将室内环境的空气质量纳入到考虑范围之内，例如，应当考虑当地的季节方向后，将开窗的方向面向季风向，确保室内空气流通，如果不具备南北通透的条件，也可以采用屏风等人为条件，创造室内空气流通的条件，从而提高室内空气循环流通利用率，提高室内空气质量。

三、绿色健康住宅

（一）健康住宅要求

根据世界卫生组织的定义，所谓健康就是“在身体上、精神上、社会上完全处于良好的状态，而不是单纯的指疾病或病弱”。据此定义，绿色健康住宅应为能使居住者在身体上、精神上、社会上完全处于良好的状态的住宅。具体来说，健康住宅最低有以下要求：

（1）会引起过敏的化学物质的浓度很低。

（2）为满足第一点的要求，尽可能不使用易散发化学物质的胶合板、墙体装修材料等。

（3）设有换气性能良好的换气设备，能将室内污染物质排至室外。特别是对高气密性、高隔热性的住宅来说，必须采用具有风管的中央换气系统，定时换气。

（4）在厨房灶具或吸烟处，要设局部排气设备。

（5）起居室、卧室、厨房、厕所、走廊、浴室等要全年保持在 17～27℃。

（6）室内的湿度全年保持在 40%～70%。

（7）二氧化碳要低于 1000mL/m^3

（8）悬浮粉尘浓度要低于 0.15mg/m^3。

（9）噪声要小于 50dB。

（10）一天的日照确保在 3h 以上。

（11）设有足够亮度的照明设备。

（12）住宅具有足够的抗自然灾害的能力。

（13）具有足够的人均建筑面积，并确保私密性。

（14）住宅要便于护理老龄者和残疾人。

（15）因建筑材料中含有害挥发性有机物质，所以住宅竣工后要隔一段时间才能入住。在此期间，要进行通风换气。

健康住宅的核心是人、环境和建筑。健康住宅的目标是全面提高人居环境品质，满足居住环境的健康性、自然性、环保性、亲和性和行动性，保障人群健康，实现人文、社会和环境效益的统一。

（二）国际上的绿色建筑评估体系

1. LEED（leadership in energy and environment design）

LEED 评估体系由美国绿色建筑协会主持开发，并遵循其政策和方针。评估体系在可持续性场址、节水、能源与大气、材料和资源、室内环境质量和创新设计方面提出了详实的要求。

为了提高建筑室内空气质量并为用户提供健康舒适的环境，LEED 体系在室内环境质量方面，尤其是对室内化学污染方面分 3 个部分进行了规定，包括入住前的室内空气品质管理、室内使用材料的污染物释放规范（包括黏结剂和密封剂、涂料和涂层、地毯系统材料、复合木材和植物纤维制品）以及室内化学品污染控制。入住前，LEED 体系要求建筑室内相关污染物的指标达到各规定的要求，检测通过方能获得该项分数。对不同污染物的采样方式以及采样时室内环境所应具备的条件都有细致的要求。

2. BREEAM（building research establishment's environmental assessment method）

BREEAM（新建建筑环境评估办法）是国际上领先且应用范围很广的一种建筑评价体系，超过 11 万的建筑已经通过了此评估程序。整个评估体系包括了 9 个评估项目，通过对 9 个项目评分的累积，得到建筑的综合环境评价。该评价体系着重针对建筑对环境的影响。

在室内 VOC 散发控制的要求方面，对 9 大类的材料的 VOC 释放做了详细的规定。这 9 大类材料包括：木制板材（密度板、刨花板等）、原木材料、木制地板、地板装饰品、吊顶瓷砖、地板胶、壁纸、壁纸胶和涂料。对每一类物品都要求对应满足欧洲的相应标准，并且按照欧洲标准中较高的指标进行要求。对板材和胶的测试也采取了较为合理的环境舱测试法。

3. CASBEE（comprehensive assessment system for building environmental efficiency）

2001 年 4 月由产、政、学三方联合成立了“日本可持续建筑协会”，并合作开展了项目研究。作为研究成果，开发出“建筑物环境效率综合评价体系”CASBEE。CASBEE 以建筑物环境效率（building environmental efficiency，BEE）等新概念为基础对建筑物环境效率进行评价，并将应用于建筑规划、设计与施工各阶段，进而对推进日本建筑可持续发展做出贡献。在控制室内空气品质方面，要求必须在材料选择、通风方法、施工方法等方面进行仔细考虑，基本思想首先是尽可能避免污染物产生，其次是利用通风方法除去所产生的污染物，并加以有效的运行管理。

四、我国室内环境检测与治理行业现状

（一）室内环境检测与治理行业的形成

随着我国经济的迅速发展，人们在享受现代文明和社会繁荣的同时，也饱受室内空气污染之苦。因此，各种室内环境净化治理产品也应运而生，经过多年的发展，现在已经形成了一个新兴的行业——室内环境检测与治理行业。

迄今为止，我国室内环境检测与治理行业已经经历了多年的发展，中国室内装饰协会室内环境监测工作委员会作为行业组织，长期致力于室内环境保护的宣传及实践工作。

1. 起步阶段

我国的室内环境检测与治理行业始于20世纪80年代，最早进入市场的净化治理产品是空气加湿器。1987年国内第一家专业从事优化室内空气品质的高新技术企业——北京亚都科技股份有限公司成立，并在最初的几年里成为加湿器的代名词。

2. 发展阶段

1997年之前，进入室内环境治理行业的企业数量很少，这些企业的产品大多面向洁净度要求比较高的医院、厂房和一些公共场所，而用在家庭和办公场所的净化治理产品的品种和数量都非常少。1997年以后，随着人们的室内环境质量意识的逐步提高，许多厂家意识到室内净化治理行业蕴含的巨大商机，纷纷投身于室内空气净化治理产品的研制、生产或引进工作，在东部沿海的一些省份出现了数十家从事室内净化治理产品生产或代理的企业。此时的空气净化治理产品的品种也更加丰富，不仅包括各种类型的空气加湿器，室内空气净化器、新风换气机等产品也获得了快速发展。

3. 迅速发展阶段

2000年以后，在室内净化器类产品迅速发展的同时，室内空气净化材料开始投入市场，并获得了迅速的发展。2003年初，一场突如其来的“非典”极大地推动了人们室内环境质量意识的提高，推动着室内环境治理产业进入了新一轮快速发展阶段。2004年初，民政部批准的室内环境监测工作委员会正式成立，室内环境治理行业有了自己的行业组织，室内环境治理行业逐渐步入规范发展的新里程。

（二）室内环境检测与治理产品的现状

伴随着整个行业的发展，室内空气净化治理产品也经历了不断更新换代的过程。在空气净化器方面，产品的发展经历了以下几个阶段。

1. 第一代产品

最早出现的空气加湿器是第一代室内污染治理产品。这些加湿器不但可以调节室内

空气的湿度，其过滤功能也可以吸附室内空气中的悬浮物和小部分有害物质。

2. 第二代产品

第二代产品以滤网式空气净化器为代表。这一代产品以物理性能设计的净化器，具有过滤、吸附处理等功能，可以有效地净化室内空气中的悬浮物和小部分有害物质。但是，对室内空气中的臭味、病原菌、病毒、微生物以及装饰装修造成的空气污染是无法消除的，而且，采用物理方法实施净化的产品，在过滤和吸附过程中会因饱和失去功效。同时，这类产品还必须定期清洗过滤网，以免造成二次污染。

3. 第三代产品

第三代产品为复合式空气净化器。这是在第二代产品的物理性能的基础上，增加了静电除尘子集尘、负离子发生器、臭氧发生器灭菌等功能。这种多功能净化器不仅可以消烟除尘，而且具有消毒、杀菌、除臭去味和颜料色素以及消除一氧化碳等有害气体的功能。但第三代净化器不能分解有机污染物，而且臭氧发生器不能人机同室，使用不便。

4. 第四代产品

第四代产品为采用分子络合技术的空气净化器。它将有毒气体通入水中，通过络合剂，使有毒气体分子络合后溶于水，达到净化空气目的。分子络合技术已经达到了产品市场化的要求，且经过净化后的产物是二氧化碳和水，与活性炭相比，环保效果更为突出。但对释放量大、释放速度快的有毒气体效果欠佳。

5. 第五代产品

第五代产品是广泛使用冷触媒、光催化等新技术的新一代净化器，这类产品可以在常温常压下使多种有害有味气体分解成无害无毒的物质，由单纯的物理吸附转变为化学吸附，边吸附边分解，增加了吸附污染颗粒物种类，提高了吸附效率和饱和容量，不产生二次污染，大大延长了吸附材料的使用寿命，是理想的全方位的空气净化器。这种产品目前还不成熟，尚处于研制过程中。

此外，在净化材料方面发展迅速，相继开发出了空气清新剂、异味清除剂、甲醛捕捉剂、苯清除剂等多种产品。目前，各种新型的光触媒、冷触媒材为新产品开发的热点，不断有新产品投入市场。

根据产品用途的不同，目前细化的空气净化治理产品主要有以下几种类型：一是普通空气净化器。这类产品主要包括空气加湿器、空气净化器、新风换气机，主要应用于家庭、办公室、室内公共场所等处；二是便携式空气净化装置。这类产品主要包括便携式净化器、车载净化器等，主要用于改善小的室内空间的空气质量；三是净化材料。产品主要包括各类空气清新剂、甲醛捕捉剂、苯、氨等有害物质清除剂，各种新型号空气净化、过滤材料和光催化材料等。

国内目前生产空气净化材料的企业数量比较多，多为中小型企业，所占市场份额较少，缺少龙头企业。由于城市化进程的加快、消费者环保意识的逐渐提高和生活水平的不断改善，中国室内环境净化治理产品的需求量将会稳步提高，尤其在未来的几年内，产品需求将会持续较快的增长；而在产品供给方面，纳米二氧化钛光催化、生态净化技术等新兴技术的广泛应用，将会有效提高空气净化产品的功效，更好地满足不同消费者的需求，有较好的市场发展前景。

（三）室内环境检测与治理行业的发展前景

随着城市化进程的加快、消费者环保意识的逐渐提高和生活水平的不断改善，室内环境保护行业发展已经从“净化产业”发展到了“净化经济”。所谓“净化经济”，由室内环境保护的产业分支，包括室内环境检测、净化服务、净化设备、空调清洗、洁净技术与设备等相关行业，通过行业结构调整发展成一条“净化”产业经济链，形成具有现代工业基础的高新技术产业结构链。当以上所谓的室内环境保护行业上层建筑和产业门类并齐发展的时候，整体意义上的“净化经济”就形成了。

1. 国际、国内市场发展潜力

根据调查结果，70%以上的业内人士认为室内环境检测与治理行业有非常好的发展前景，随着人们的生活水平逐渐提高，健康意识逐渐增强，同时国家对该行业扶持，大力宣传，因此十分看好该行业的发展机遇。

2. 近年业务量的发展趋势

目前，室内环境检测与治理行业正面临着良好的发展机遇，几乎所有的被访厂家的业务量都在不断增长，平均年增长率达到28%。从行业的发展周期来看，仍然处于快速成长期，预计未来几年将逐渐步入行业发展的成熟期。由此可以判断，我国的室内环境检测与治理产品生产（代理）行业在未来的几年中仍将保持良好的发展势头。

3. 未来的行业发展趋势

在人们环境保护意识发展的过程中，室内环境检测与治理行业及其从业人员越来越清晰地认识到：党和国家对生态环境高度重视，已经为这个新兴行业的发展打开了一扇大门；良好的政策条件，是室内环境保护与治理事业发展和壮大的保证。

1.2 室内环境检测与治理岗位素质要求

一、室内环境检测与治理从业岗位分析

室内环境检测与治理从业岗位主要包括室内环境检测岗位、室内环境治理岗位、室内环境咨询岗位、室内环境治理产品营销岗位。各岗位技能要求及岗位职责分析如下。

1. 室内环境检测岗位

根据国家认监委及相关部委的要求，从事室内环境检测人员的专业应与检测项目相

符合，检测人员应具有中级以上专业技术职称或大专以上学历并具有两年以上专业经验，检测人员应经过国家认监委或国家环保部、卫生部、住建部以及省级以上质量技术监督部门等部门组织或授权组织的专业技术培训后方可上岗。由于室内环境主要属于化学检验的职业，所以培训主要以化学实验为主，重点对室内主要污染物质检测进行培训，并按照国家标准通过系统的基础理论和严格的实际操作考试，最后将依据《中华人民共和国劳动法》，按照国家职业技能标准，考核鉴定合格者，颁发高级、中级、初级职业技能资格证书。

1）技能要求

能运用现代科学技术方法以间断或连续的形式定量地测定环境因子及其他有害于人体健康的室内环境污染物的浓度变化，观察并分析其环境影响过程与程度的科学活动。室内环境检测的目的是为了及时、准确、全面地反映室内环境质量现状及发展趋势，并为室内环境管理、污染源控制、室内环境规划、室内环境评价提供科学依据。

2）岗位职责

（1）根据国家标准对住宅、办公楼、汽车等室内环境进行检测与评价。

（2）根据污染物的浓度分布、发展趋势和速度，追踪污染源，为实施室内环境检测和控制污染提供科学依据。

（3）根据检测资料，为研究室内环境容量，实施总量控制、预测预报室内环境质量提供科学依据。

（4）为制（修）订室内环境标准，室内环境法律和法规提供科学依据。

（5）为室内环境科学研究提供科学依据。

2. 室内环境治理岗位

室内环境污染早已被联合国卫生组织确认为“第三代环境污染”，室内环境治理在国外起步较早，并形成了一定规模，行业管理规范，发展较为成熟，其室内环境治理更讲究居住、使用的舒适性。

1）技能要求

我国室内环境治理岗位主要的职业是“室内环境治理员”，主要从事民用建筑物及飞机、汽车、船等内部空间环境简易检测、污染评估和治理等工作。

2）岗位职责

（1）对各内部空间选择测点，实施简易检测。

（2）分析检测数据和污染源，判断污染程度，撰写室内环境状况评估报告。

（3）制订或审查治理、施工方案。

（4）操作工具设备，使用药剂、材料进行治理施工。

（5）定期检查、保养设备工具。

3. 室内环境咨询岗位

1）技能要求

咨询（consultation）是通过专业人士所储备的知识经验和通过对各种信息资料的综

合加工而进行的综合性研究开发。咨询产生智力劳动的综合效益，起着为决策者充当顾问、参谋和外脑的作用。

2）岗位职责

（1）主动维护公司声誉，对本公司进行宣传。

（2）热情接待，细致讲解，耐心服务，务必让客户对我们提供的服务表示满意。

（3）全面熟练地掌握室内环境检测与治理相关法律、法规，为客户提供满意的咨询。

（4）挖掘潜在的客户。

（5）进行市场调查，并对收集的情报进行研究。

（6）注意相关资料、客户档案及销售情况的保密。

（7）每天记录电话咨询及客户接待情况。

（8）协助解决客户售后服务工作，做好对客户的追踪和联系。

4. 室内环境治理产品营销岗位

目前，空气净化产品生产和代理行业的平均利润率为 28%，盈利水平很高，发展势头良好。当前室内环境净化产品生产行业的竞争日趋显现，尤其在低端产品方面，由于产品的同质化高，竞争激烈程度较前几年有所增加，在技术含量较高的高端产品市场，市场发展空间还比较大。因此，室内环境治理产品的营销人才极其缺乏，该岗位前景极佳。

1）技能要求

通过市场调研、产品管理、广告策划、公关策划、促销策划、渠道管理、店面管理、销售代表、客户管理和物流管理等工作，实现对企业及产品的宣传与销售。

2）岗位职责

（1）负责公产品的市场渠道开拓与销售工作，执行并完成公司产品年度销售计划。

（2）根据公司市场营销战略，提升销售价值，控制成本，扩大产品在所负责区域的销售，积极完成销售量指标，扩大产品市场占有率。

（3）与客户保持良好沟通，把握客户需求，为其提供主动、热情、满意、周到的服务。

（4）动态把握市场价格，定期向公司提供产品市场分析及预测报告。

（5）努力开拓新的销售渠道和新客户，自主开发及拓展上下游用户，尤其是终端用户。

（6）收集市场信息及用户意见，对公司营销策略、售后服务等提出参考意见。

二、室内环境检测与治理行业基本职业道德

（一）职业道德含义

职业道德是社会道德在职业生活中的具体化，它是同人们的职业活动紧密联系的符合职业特点所要求的道德准则、道德情操与道德品质的总和。职业道德不仅是从业人员在职业活动中的行业标准和要求，而且是职业对社会所承担的道德责任和义务。

职业道德的含义包括以下八个方面：

（1）职业道德是一种职业规范，受社会普遍的认可。

（2）职业道德是长期以来自然形成的。

（3）职业道德没有确定形式，通常体现为观念、习惯、信念等。

（4）职业道德依靠文化、内心信念和习惯，通过员工的自律实现。

（5）职业道德大多没有实质的约束力和强制力。

（6）职业道德的主要内容是对员工义务的要求。

（7）职业道德标准多元化，代表了不同企业可能具有不同的价值观。

（8）职业道德承载着企业文化和凝聚力，影响深远。

每个从业人员，无论从事哪种职业，在职业活动中都要遵守职业道德，室内环境检测与治理行业从业人员更是如此。

（二）职业道德的基本内容

1. 爱岗敬业

爱岗就是热爱自己的工作岗位，热爱本职工作。爱岗是对人们工作态度的一种普遍要求。热爱本职，就是职业工作者以正确的态度对待各种职业劳动，努力培养热爱自己所从事职业的幸福感、荣誉感。敬业就是用一种严肃的态度对待自己的工作，勤勤恳恳、兢兢业业，忠于职守，尽职尽责。爱岗与敬业总是相通的，是相互联系在一起的。爱岗是敬业的基础，敬业是爱岗的具体表现。

2. 诚实守信

诚实守信是一个企业发展的根基，就是要树立良好的职业信誉。从业者做事，既代表他个人，又代表一个单位，如果一个从业人员不能诚实守信，那么他所代表的单位就得不到他人的信任，无法与社会进行经济交往，或是对社会没有号召力。

3. 办事公道

办事公道是指从业人员在处理事情和问题时，要站在公正的立场上，按照同一标准和同一原则办理的职业道德规范。法制社会和契约社会要求我们处理公平、公开、公正。办事不公道，就会导致价值扭曲，把本应为人民服务的职业变成为个人和小集团谋取私利的工具。

4. 服务群众

服务群众就是为人民群众服务，也就是通过职业劳动，向群众提供产品或劳务，以满足人民群众的需要。在社会主义社会，每个从业人员都是群众中的一员，既是为别人服务的个体，又是别人服务的对象。

5. 奉献社会

奉献社会就是全心全意为社会作贡献，是为人民服务的最高体现。奉献社会就是要求从事职业活动与社会发展、国家繁荣联系起来，通过职业活动为社会作贡献。从业者应充分认识并勇于承担自己的社会责任。目前社会上的名人很多都投身于公益教育事业，他们积极奉献社会，很好的尽到了企业和个人的社会责任。

三、室内环境检测与治理行业公约

室内环境检测与治理行业的诞生，是随着我国室内装饰装修行业的发展、室内环境污染对人体影响日益严重、人们对自身健康重视不断增强而产生的新型行业，尤其是 2003 年“非典”暴发之后，人们对室内空气质量更加关注，使室内环境检测与污染治理行业得到了飞速发展，市场需求日益增长。

室内环境检测与治理行业从业人员应有高度的职业责任感，在业务活动中要以科学发展观为指导，诚实守信，公正廉洁，敬业进取，以高质量的产品和优质的服务，赢得社会信任。为了加强室内环境检测与治理行业从业人员的法规意识，加强行业内自律，让更多百姓避免室内空气污染对身体健康的危害，为此，室内环境检测与治理行业从业人员应共同遵守如下行业公约。

（1）遵守国家法律、法规和相关政策，执行行业自律性规定，依法执业，守法经营，自觉接受政府主管部门和行业管理机构的监督管理。履行行业的社会责任和义务，维护国家和社会公共利益，维护行业声誉，塑造“廉洁自律、诚信高效、社会信赖”的行业形象。

（2）要严格执行《计量法》《室内环境质量标准》（GB/T 18883—2002）《民用建筑工程室内环境污染控制规范》（GB 50325—2010）和《产品质量检验机构计量认证管理办法》等相关法规、标准和规范，严格执行国家质量标准、规范的要求，科学、公正地开展室内环境检测和污染治理工作。

（3）要认真贯彻国家有关产品管理方面的法律法规，净化治理产品必须履行产品效果检定、制定产品企业标准并报当地技检部门备案，技术鉴定、主管部门批准生产等程序方可投入生产。要实事求是宣传产品效果，不得随意夸大其作用，不得伪造产品合格证书和推荐证书。

（4）要认真贯彻《实验室资质认定评审准则》，按该《准则》的要求，逐条进行自查，保证质量监督体系的正常运转，不断提高检测工作水平。

（5）开展室内环境污染治理的服务单位，应在服务后为消费者提供具有 CMA 检测资质的检测报告，并做好跟踪服务。

（6）要按照国家特许经营的有关法律法规开展加盟业务，为加盟商提供通过计量检定的具有 CMA 标志的检测仪器和通过检测的净化治理产品，不断提高室内环境保护行业内的特许经营的信任度。

（7）进一步加强员工的职业道德教育。加强专业技能培训和员工的继续教育，保证员工整体素质的不断提高，真正做到为客户服务，服务于民。

（8）要加强企业经营管理，加强行业协会、会员单位、企业法人和主要经营者的法律意识和思想意识，与时俱进，与政府保持高度一致，自觉规范市场行为，脚踏实地，严于律己，正确处理长远利益与眼前利益的关系。

（9）企业要不断研究开发适合室内环境污染特点的新产品，真正在室内环境保护行业中树品牌、立形象，产品促进室内环境保护行业健康发展。

（10）增强服务意识，竭诚为客户服务，坚定维护客户合法权益，忠实履行与客户签订的各项合约，保守客户秘密，寻求提高投资效益和符合可持续发展的解决方案。

（11）按公司营业范围内开展业务，只承担能够胜任的业务，不夸大服务能力、范围和业绩，不违规经营。

（12）以质量、服务、信誉公平竞争，执行国家规定的服务收费标准，杜绝无序竞争和不正当的价格竞争。不采取不正当的手段排挤、损害和打击其他企业，防止有意、无意损害他人名誉和事业的行为。

（13）室内环境检测与治理公司应不断加强自身实力建设和能力建设，不断提高业务水平和经营管理水平。通过各种形式努力学习，更新知识，钻研业务，掌握先进的技术手段，积极推进公司室内环境检测与治理水平。

1.3 室内环境检测与治理岗位技能要求

一、室内环境检测与治理行业从业人员岗位技能

（一）室内环境检测与治理行业从业人员通用技能

通用技能是相对于专业技能而言的，它是各种职业都适用的“通用性”技能。具体来说，通用技能就是人们在教育或工作等各种不同的环境中培养出来的可迁移的、从事任何职业都必不可少的技能。这技能可以提高人们工作的效率及灵活性、适应性和流动性，对个体职业发展长久地发挥着重要作用。

1. 交流沟通能力

交流沟通是通过一定的交际手段，向对方传达一定信息，并表达自己的意愿。可见沟通就是人与人之间信息传递的过程。

培养交流沟通能力的方法如下：

（1）平时大量阅读相关书籍，注意利用各种场合和活动勤加进修。

（2）主动出击、主动沟通。

（3）记取名言佳句，充实自己的知识内涵。

（4）建立良好的人际关系，培养受欢迎的人格特质。

（5）要保持适度的幽默感，尊重对方。

2. 领悟力与执行力

要有领悟力，就是指要善于准确领会理解上司的意图的团队的作业战略。有了较好的领悟力，才能为好的执行力打下基础。执行力就是“按质按量地完成工作任务”的能力。个人执行力的强弱取决于两个要素——个人能力和工作态度，能力是基础，态度是关键。因此，我们提升个人执行力，要通过加强学习和实践锻炼来增强自身素质，而更重要的是要端正工作态度。

3. 团队协作能力

团队是由员工和管理层组成的一个共同体，是为了共同的组织目标而形成的利益群体。高效的团队具有这样一些特征：清晰的目标；相互的信任；相关的技能；一致的承诺；良好的沟通；丰富的谈判技能；恰当的领导；内部和外部的支持。培养团队协作能力的方法如下。

（1）人员选拔。一个人只有在团队中才能生存成长。选拔团队成员时，要以团队目标为导向，确定团队必备人才；不仅要考虑其是否具备该工作所需技能，还要考虑其是否具备扮演团队角色的其他素质和技能。

（2）明确目标。团队的领导者、其他成员，必须心往一处想、劲往一处使，为实现特定的目标而不懈地努力。可见目标清晰的重要性，团队的目标不仅领导者要清楚，团队中的每个成员都要能够深深领悟，这对团队的激励有很大的帮助。

（3）分工合作。团队就像一支足球队，虽然内部有所分工，但不要死抱分工不放，各人既要自扫门前雪，也要管他人瓦上霜。

（4）创造氛围。在团队中要防止个人英雄主义的产生，要创造每个人都是团队不可缺少的一分子的文化氛围。成员只有共同支持、协作、努力，才能更好地完成团队目标。

（5）发展培训。高绩效的团队成员不仅需要具备一定的技能，更需要具有很强的分析问题、解决问题、人际交流、信息沟通、解决冲突的能力等。因此相应的培训必不可少。同时，一个团队发展到成熟期后，可能会陷入停滞和骄傲自满的状态，对新观点和革新思想持保守和封闭的态度。因此，培训也就成为使团队继续发展的有效途径。

（6）关爱尊重。关爱是一种催化剂，它能激发斗志，促进合作，巩固团结，加深理解，在团队中起到不可或缺的作用。要想获得尊重就必须首先学会尊重他人、尊重差异，以宽容的胸怀去与周围的人合作和交往。

（7）信任沟通。在团队中建立相互信任关系。信任是团队发挥协同作用的基础。第一是在团队中授权，即要勇于给团队成员赋予新的工作，给予团队成员行动的自由，鼓励成员创新性的解决问题，而不是什么事情都亲力亲为，一步一汇报。第二是在团队中建立充分的沟通渠道，即鼓励成员就问题、现状等进行充分沟通，激发思维的碰撞；塑造一种公平、平等的沟通环境，公开、以问题为导向的沟通方式，积极、正面、共鸣的沟通氛围。

（8）领军人物。高效团队的优秀领导者能够率领团队在逆境中取得成功，团队的整体表现有赖于领导者成功的带领，一个好的团队领导者，所要做的工作包括：认清团队目标、建立团队共识与自信、提升团队工作技巧、消除外界障碍等。

4. 组织管理能力

组织管理能力是指为了有效地实现目标，灵活地运用各种方法，把各种力量合理的组织和有效的协调起来的能力，包括协调关系的能力和善于用人的能力等。组织管理能力是一个人的知识、素质等基础条件的外在综合表现。虽然不是每个室内环境检测与治

理从业人员将来都会从事管理工作，但是在实际工作中每个从业者都会不同程度的参与组织管理。

1）组织管理的工作内容

（1）确定实现组织目标所需要的活动，并按专业化分工的原则进行分类，按类别设立相应的工作岗位。

（2）根据组织的特点、外部环境和目标需要划分工作部门，设计组织机构和结构。

（3）规定组织结构中的各种职务或职位，明确各自的责任，并授予相应的权力。

（4）揣摩规章制度，建立和健全组织结构中纵横各方面的相互关系。

2）如何培养组织管理能力

（1）从心理上做好准备。组织者最重要的是具备强烈的责任感及自觉性。若你已成为组织者，不论能力如何，只要有竭尽所能完成任务的干劲及责任感，至少也会有相当的表现。有些人担心自己不适合做组织者，这是不正确的观念。实际上，每个人都有成为组织者的潜能，正如任何人天生都具有创造性一样，差别在于是否能将这种与生俱来的天赋充分发挥。

（2）最重要的是赢得别人的支持。

5. 情绪管理能力

喜、怒、哀、乐等，这些给我们带来许多种感受，充满了神奇力量的东西就是情绪。它存在每个人身上，而且在不同时期、不同场合产生奇妙的效果。

情绪是一种多层次的、复杂的心理活动。它本身具有许多特点，而且产生的原因也很复杂。情绪往往是在沟通过程中表现出来的，在人际交往过程中，对情绪敏感、调适、控制、宣泄等方式，对情绪进行自我调适，主动将自己的情绪管理起来，达到协调平衡的状态，这就是情绪管理。

情绪管理很重要。一个人不能管理自己的情绪一定不会成功。当我们把情绪毫无保留地发泄在周围的人身上，那种和谐关系无形中就被破坏了，就好像被打碎的水晶杯子一般，就算接合起来也是会有裂缝的；对个人决策来说，一个人喜形于色往往会使自己失去理性。因此我们必须管理好自己的情绪。

（二）室内环境检测与治理行业从业人员职业技能

1. 室内环境检测技能

室内环境检测就是用科学的方法连续或间断地测量室内的环境因子，为室内环境质量的评价及控制提供依据的科学活动。检测的数据既要准确，又要具有代表性、完整性和可比性，还要有良好的重复性和再现性。目前，我国已经颁布的用于检测室内污染物的方法很多，规定的检测方法及引用标准见附录，各种检测方法具体的原理、内容、操作步骤将在后续项目中详细介绍。

2. 室内环境治理技能

室内环境治理的方法分为三类：污染源控制、通风和净化。污染源控制是改善室内环境的根本，通风主要是借助室外清洁空气稀释室内空气中污染物的份额，当前述手段不能满足要求时，可采用净化技术。

1）污染源的控制

在室内尽量避免使用释放污染物严重的建筑材料或物品，这是室内环境污染消除的根本方法，也是最理想的手段。但由于生活水平不断提高，建筑材料的需求越来越多，因此，可以采取以下措施：①不使用石棉板和脲醛泡沫板；②不用刨花板（粒子板）、硬木胶合板（多层板）、纤维板（中、高密度板）等；③合理选择各种建材和家具。不同产品的地面、墙面材料和涂料释放 TVOC 的速率是不同的，因此在使用过程中为避免将来室内 TVOC 污染物浓度超标，应选择低污染物散发的地面、墙面以及涂料，在选择之前，可以请权威机构对各材料 TVOC 的散发情况进行测量。另外，可以在生产过程中通过措施减少建材使用后的污染物的散发，建立建材标志分级制度。还可以在建筑设计或使用过程中通过措施降低建材使用后的污染物的散发。

2）通风

通风是控制室内污染比较有效的方法，其主要目的是为了提供呼吸所需的新鲜空气，稀释室内污染物或气味。通风主要包括自然通风和机械通风两种。

利用热压或风压进行换气的通风方式叫自然的通风。自然通风最简单的方法就是开窗通风，用室外新鲜空气来稀释室内空气污染物，使浓度降低，是改善室内空气质量最方便快捷的方法。自然通风在许多情况下受到了限制。首先，目前我国大多数中心城市大气污染状况比较突出，开窗通风容易将大气中的污染物引入室内；其次，由于大量使用空调，为了节能，现代化建筑的密闭性能越来越好。许多高层建筑的窗户只有采光功能，不能开启，许多楼层的室内空气压力为正压，依靠压力通过建筑的天井等通道排出建筑内的有害气体。在这种建筑中，不能靠开窗进行通风，而必须采用其他的机械式通风方法，即利用电能来驱动通风装置的通风方式。机械通风一般分为正压式送风与负压式排风两大类。一些较高的场合也有采用送、排风联动的方式。

3）净化方法

净化方法主要包括过滤、吸附、静电净化、催化净化、负离子净化、臭氧净化及植物净化法。各种室内空气污染控制与治理技术将在后续项目中做详细介绍。

（三）室内环境检测与治理行业从业人员其他技能

1. 业务接待技能

接待客户来访或来电咨询有关家庭居室环境空气质量检测与治理的相关问题，记录有关客户所提问题的信息资料。接受相关检测和治理业务时，应按照一定的程序进行操作，作为室内环境检测行业从业人员，应采用以下操作程序。

1）记录客户各房间空气质量检测相关信息资料

根据来访或来电咨询与了解情况，详细填写客户的各房间空气质量检测基本信息，如表 1.2 所示，以便进一步跟踪服务。

表 1.2　各房间空气质量检测的基本信息表

房间名称	主卧	次卧	书房	……
甲醛				
苯、甲苯、二甲苯				
氨				
TVOC				
二氧化碳				
可吸入颗粒物				
细菌				
氡				

2）记录客户装修的相关信息资料

根据来访或来电咨询与了解情况，详细填写客户居室所用装修材料应提供的空气检测的相关信息资料，如表 1.3 所示，以便进一步跟踪服务。

表 1.3　房间装修材料提供的有关空气检测的相关信息表

检测项目	甲醛	苯类	TVOC	氡	氨	甲苯二异氰酸脂	可溶性重金属	氯乙烯	其他
人造板及其制品	√								
溶剂性木器涂料			√			√	√		
内墙涂料	√		√				√		
胶黏剂	√	√	√			√			
木家具	√				√		√		
壁纸	√						√	√	
聚氯乙烯卷材地板	√		√				√	√	
地毯	√		√						√
大理石				√					

注：√为需检测项目。

将客户提供的有关室内空气中有关的污染物的浓度填入表 1.4。

表 1.4　有关室内空气质量检测与治理的问题表格

房间 1												
检测项目	甲醛	苯/甲苯	二甲苯	TVOC	氨	二氧化碳	一氧化碳	二氧化硫	二氧化氮	细菌	可吸入颗粒物	氡
检测报告情况												
检测日期												
检测单位名称												

3）记录客户的相关问题

根据来访或来电咨询与了解情况，详细填写客户居室环境过去治理的相关信息资料，如表 1.5 所示，以便进一步跟踪服务。

表 1.5 居室环境过去治理的相关信息表

房间采用方法	□通风法□喷雾法□光催化法□清洗法□空气净化器
空调是否定期清洗	
是否使用机械通风净化系统	
是否使用空气清新剂	
是否使用负离子发生器	
是否使用光催化涂层	内墙：□是□否；家具：□是□否
是否使用甲醛捕捉剂等药剂	内墙：□是□否；家具：□是□否

4）总结提出方案

根据来访或来电咨询了解情况，由以上各表格记录的客户情况，采取有针对性的检测与治理措施。并及时与客户进行沟通。

2. 服务礼仪技能

室内环境检测与治理企业在正常运转时，从业人员接待客户的工作是必不可少的。室内环境从业人员除了掌握必要的专业技能外，还应注重接待中的礼仪。室内环境从业人员接待中的礼仪表现与企业形象密切相关，所以，接待来访的礼仪应当受到重视。

礼仪是人类为维系社会正常生活而要求人们共同遵守的最起码的道德规范，它是人们在长期共同生活和相互交往中逐渐形成，并且以风俗、习惯和传统等方式固定下来。对一个人来说，礼仪是一个人的思想道德水平、文化修养、交际能力的外在表现，对一个社会来说，礼仪是一个国家社会文明程度、道德风尚和生活习惯的反映，对一个企业来说，礼仪是企业文化的重要体现。

3. 用电安全技能

电力是国民经济的重要能源，在现代家庭生活中也不可缺少，随着科技水平不断提升，室内环境检测与治理行业涉及的电力设备越来越多，若是不懂得安全用电知识就容易造成触电事故、电气火灾、电器损坏等意外事故，所以，安全用电技能十分重要。

可采取以下方法应急处理电气火灾的发生。

（1）立即切断电源。

（2）用灭火器把火扑灭，但电视机、电脑着火应用毛毯、棉被等物品扑灭火焰。

（3）无法切断电源时，应用不导电的灭火剂灭火，不要用水及泡沫灭火剂。

（4）迅速拨打“110”或“119”报警电话。

（5）电源尚未切断时，切勿把水浇到电气用具或开关上。

（6）如果电气用具或插头仍在着火，切勿用手碰及电气用具的开关。

二、室内环境检测与治理行业从业人员必备标准

（一）《室内空气质量标准》（GB/T 18883—2002）

1. 适用范围

国家质量监督检验检疫局、卫生部、原国家环保总局于2002年11月19日联合发布了《室内空气质量标准》（GB/T 18883—2002）。它主要作为衡量房屋是否合乎人居环境健康要求的标准。该标准的出台，为我国室内空气质量的全面评价提供了科学依据，对控制室内空气污染，切实提高我国的室内空气质量，保护民众健康具有重要的意义。

该标准适用于以下情况：

第一，新居入住之前。诊断室内空气质量，保障人居环境健康。

第二，室内污染治理工程验收。如事前委托治理公司作过室内污染治理，则要找第三方检测来验收。

第三，室内空气质量问题排查。对存在疑虑的已入住的房屋进行检测。

2. 标准控制指标

《室内空气质量标准》从物理性、化学性、生物性、放射性四个参数类别19个检测指标对室内空气质量进行控制。既要控制影响室内环境质量的环境要素（温度、湿度、空气流动、空气交换等），还要控制家具、电器及生活过程、办公过程及人群自身等产生的污染物、装饰装修材料产生的污染物以及室外环境对室内环境的影响。表现为对人们生产、工作及生活活动中的室内空气质量进行多方位、多角度的全面控制。具体的标准指标见附录2。

3. 标准的局限性及展望

由于《室内空气质量标准》的控制指标、检测项目、检测方法、设备仪器条件等因素，目前我国的室内环境十分严峻，大多数民用及公用建筑在施工完毕后，室内环境均难以达到此标准规定的要求，因此，该标准只是推荐性的标准，不能强制执行。而且，该标准把室内空气质量片面的等同于一系列污染物浓度的指标，孤立地把污染物的浓度限量指标作为室内空气质量的控制标准，有一定的局限性。

随着我国社会的进步、经济水平的提升及消费者室内环境意识的增强，室内环境变化较快、污染物种类多、含量变化范围大、区域性污染物差别较大，因此，在对目前标准进行修订时，应全面地、准确地、客观地、规范地对我国室内环境状况进行全面评价、检测、控制，最终形成适合我国国情的室内环境综合性标准。

（二）《乘用车内空气质量评价指南》（GB/T 27630—2011）

《乘用车内空气质量评价指南》（GB/T 27630—2011）（以下简称《指南》）由环境保护部2011年10月14日批准，2012年3月1日起实施。该《指南》目的是保障人体健康，促进技术进步，规定了车内空气中苯、甲苯、二甲苯、乙苯、苯乙烯、甲醛、乙醛、丙烯醛的浓度要求，是中国第一次就乘用车内空气质量发布相关标准。

1. 适用范围

本《指南》适用于评价乘用车内空气质量，主要适用于销售的新生产汽车，使用中的车辆也可参照使用。

2. 标准控制指标

本《指南》车内空气中有机物浓度执行表 1.6 规定的要求。

表 1.6　车内空气中有机物浓度要求

序　号	项　目	单　位	浓度要求
1	苯	mg/m^3	≤0.11
2	甲苯	mg/m^3	≤1.10
3	二甲苯	mg/m^3	≤1.50
4	乙苯	mg/m^3	≤1.50
5	苯乙烯	mg/m^3	≤0.26
6	甲醛	mg/m^3	≤0.10
7	乙醛	mg/m^3	≤0.05
8	丙烯醛	mg/m^3	≤0.055

3. 检验方法

车内空气中有机物的浓度检测按 HJ/T 400—2007 的规定进行。实施采样时，在 HJ/T 400—2007 规定的环境条件下，受检车辆处于静止状态，车辆门、窗和乘员舱进风口风门均处于关闭状态，发动机和空调等设备不工作。

对可能影响检测结果的其他条件（如汽车出厂时的内饰状态改变与否、出厂与检测的间隔时间等），可由相关方协商约定。

4. 标准的局限性及展望

由于之前一直没有统一的规范，所以汽车生产厂家在车内空气质量方面的重视程度可谓参差不齐。《指南》的发布，有利于敦促汽车厂商努力提高生产标准，改善车内空气质量。

《指南》的出台对消费者来说，对于促进消费者的权益保护具有十分重要的现实意义和深远的历史意义。该《指南》的发布实施，可以为车内空气质量监督检测提供科学的标准和依据，为各级质量监督部门提供了规范性监督检查的依据；可以提高全社会对车内空气质量问题的重视，让提高车内空气质量、保护驾车人和乘车人的身体健康成为包括政府有关部门、行业管理部门、汽车研发生产销售企业和汽车材料内饰企业在内全社会的共识。

不过值得注意的是，《指南》只是一个参考性标准，并不具有强制约束力，因此在执

行上无法得到有效的保障，但从长期来看，《指南》的实施对中国汽车行业发展仍具有积极意义。

（三）《民用建筑工程室内环境污染控制规范》（GB 50325—2010）

为了预防和控制民用建筑工程中建筑材料和装修材料产生的室内环境污染，保障公众健康，维护公共利益，做到技术先进、经济合理，2001 年国家质量监督检验检疫局、卫生部和国家环保总局制定了《民用建筑工程室内环境污染控制规范》（GB 50325—2001），并于 2002 年 1 月 1 日起实施。该规范经 2006 年和 2010 年两次修订后，提升了我国民用建筑工程室内环境污染控制与改善的技术水平。

1. 规范适用范围

本规范适用于新建、扩建和改建的民用建筑工程室内环境污染控制，不适用于工业建筑工程、仓储性建筑工程、构筑物和有特殊净化卫生要求的室内环境污染控制，也不适用于民用建筑工程交付使用后，非建筑装修产生的室内环境污染控制。它主要作为民用建筑工程和室内装修工程环保验收检测时的依据。

民用建筑工程根据控制室内环境污染的不同要求，划分为以下两类：

Ⅰ类民用建筑工程：住宅、医院、老年建筑、幼儿园、教室等民用建筑工程；

Ⅱ类民用建筑工程；办公楼、商店、旅馆、文化娱乐场所、书店、图书馆、展览馆、体育馆、公共交通等候室、餐厅、理发店等民用建筑工程。

该规范适用以下情况：①收房之前。如果对建筑环保达标问题表示怀疑，就需要提出复检。在排除怀疑以前，不要收房。②装修验收前。装修环保验收应当在装修商撤出之前进行，环保验收不合格不能接收。环保验收必须是由业主委托的与装修商没有关联的、事先不知晓的第三方检测单位进行，这样才能保障业主的权益。

2. 材料限量指标

1）无机非金属建筑主体材料和装修材料限量要求

民用建筑工程所使用的砂石、砖、砌块、水泥、混凝土、混凝土预制构件等无机非金属建筑主体材料的放射性限量，应符合表 1.7 的规定。

表 1.7 无机非金属建筑主体材料放射性限量

测定项目	限　量
内照射指数 I_{Ra}	≤1.0
外照射指数 $I\gamma$	≤1.0

民用建筑工程所使用的无机非金属装修材料，包括石材、建筑卫生陶瓷、石膏板、吊顶材料、无机瓷质砖黏接材料等，进行分类时，其放射性指标限量应符合表 1.8 的规定。

表 1.8 无机非金属装修材料放射性限量

测定项目	限　量	
	A	B
内照射指数 I_{Ra}	≤1.0	≤1.3
外照射指数 $I\gamma$	≤1.3	≤1.9

民用建筑工程所使用的加气混凝土和空心率（孔洞率）大于25%的空心砖、空心砌块等建筑主体材料，其放射性限量应符合表1.9的规定。

表1.9 加气混凝土和空心率（孔洞率）大于25%的建筑主体材料放射性限量

测定项目	限量
表面氡析出率/[Bq/（m^2·s）]	≤0.015
内照射指数 I_{Ra}	≤1.0
外照射指数 $I\gamma$	≤1.3

2）人造木板及饰面人造木板甲醛限量要求

民用建筑工程室内用人造木板及饰面人造木板，必须测定游离甲醛含量或游离甲醛释放量。当采用环境测试舱法测定游离甲醛释放量，并依此对人造木板进行分级时，其限量应符合现行国家标准《室内装饰装修材料人造板及其制品中甲醛释放限量》（GB 18580—2008）的规定，如表1.10所示。当采用穿孔法或干燥器法测定游离甲醛含量，并依此对人造木板进行分级时，其限量也应符合GB 18580的规定。

表1.10 环境测试舱法测定游离甲醛释放量限量

级别	限量（mg/m^3）
E_1	≤0.12

饰面人造木板可采用环境测试舱法或干燥器法测定游离甲醛释放量，当发生争议时应以环境测试舱法的测定结果为准；胶合板、细木工板宜采用干燥器法测定游离甲醛释放量；刨花板、纤维板等宜采用穿孔法测定游离甲醛含量。

3）涂料中污染物限量要求

民用建筑工程室内用水性涂料和水性腻子，应测定游离甲醛的含量，其限量应符合表1.11的规定。

表1.11 室内用水性涂料和水性腻子中游离甲醛限量

测定项目	限量	
	水性涂料	水性腻子
游离甲醛/（mg/kg）	≤100	

民用建筑工程室内用溶剂型涂料和木器用溶剂型腻子，应按其规定的最大稀释比例混合后，测定VOC和苯、甲苯＋二甲苯＋乙苯的含量，其限量应符合表1.12的规定。

表1.12 室内用溶剂型涂料和木器用溶剂型腻子中VOC、苯、甲苯＋二甲苯＋乙苯限量

涂料类别	VOC/（g/L）	苯/%	甲苯＋二甲苯＋乙苯/%
醇酸类涂料	≤500	≤0.3	≤5
硝基类涂料	≤720	≤0.3	≤30
聚氨酯类涂料	≤670	≤0.3	≤30
酚醛防锈漆	≤270	≤0.3	—
其他溶剂型涂料	≤600	≤0.3	≤30
木器用溶剂型腻子	≤550	≤0.3	≤30

聚氨酯漆测定固化剂中游离甲苯二异氰酸酯（TDI、HDI）的含量后，应按其规定的最小稀释比例计算出聚氨酯漆中游离二异氰酸酯（TDI、HDI）含量，且不应大于4g/kg。测定方法应符合现行国家标准《色漆盒清漆用漆基异氰酸酯树脂中二异氰酸酯（TDI）单体的测定》（GB/T 18446—2009）的有关规定。

4）胶黏剂中污染物限量要求

民用建筑工程室内用水性胶黏剂，应测定挥发性有机化合物（VOC）和游离甲醛的含量，其限量应符合表1.13的规定。

表 1.13　室内用水性胶黏剂中 VOC 和游离甲醛限量

测定项目	限量			
	聚乙酸乙烯酯胶黏剂	橡胶类胶黏剂	聚氨酯类胶黏剂	其他胶黏剂
挥发性有机化合物（VOC）/（g/L）	≤110	≤250	≤100	≤350
游离甲醛/（g/kg）	≤1.0	≤1.0	—	≤1.0

民用建筑工程室内用溶剂型胶黏剂，应测定其挥发性有机化合物（VOC）和苯、甲苯＋二甲苯的含量，其限量应符合表1.14的规定。

表 1.14　室内用溶剂型胶黏剂中 VOC、苯、甲苯＋二甲苯限量

测定项目	限量			
	氯丁橡胶胶黏剂	SBS 胶黏剂	聚氨酯类胶黏剂	其他胶黏剂
苯/（g/kg）	≤5.0			
甲苯＋二甲苯/（g/kg）	≤200	≤150	≤150	≤150
挥发性有机物/（g/L）	≤700	≤650	≤700	≤700

聚氨酯胶黏剂应测定游离甲苯二异氰酸酯（TDI）的含量，按产品推荐的最小稀释量计算出聚氨酯漆中游离甲苯二异氰酸酯（TDI）含量，且不应大于4g/kg，测定方法宜符合现行国家标准《室内装饰装修材料胶黏剂中有害物质限量》（GB 18583－2008）附录D的规定。水性缩甲醛胶黏剂中游离甲醛、挥发性有机化合物（VOC）含量的测定方法，宜符合现行国家标准《室内装饰装修材料胶黏剂中有害物质限量》（GB 18583－2008）附录A和附录F的规定。溶剂型胶黏剂中挥发性有机化合物（VOC）、苯、甲苯＋二甲苯含量测定方法，宜符合本标准附录C的规定。

5）水性处理剂

民用建筑工程室内用水性阻燃剂（包括防火涂料）、防水剂、防腐剂等水性处理剂，应测定游离甲醛的含量，其限量应符合表1.15的规定。水性处理剂中游离甲醛含量的测定方法，宜按现行国家标准《室内装饰装修材料内墙涂料中有害物质限量》（GB 18582—2008）的方法进行。

表 1.15　室内用水性处理剂中游离甲醛限量

测定项目	限量
游离甲醛/（mg/kg）	≤100

6）其他材料

民用建筑工程中所使用的能释放氨的阻燃剂、混凝土外加剂，氨的释放量不应大于

0.10%，测定方法应符合现行国际标准《混凝土外加剂中释放氨的限量》（GB 18588—2001）的有关规定。能释放甲醛的混凝土外加剂，其游离甲醛含量不应大于 500mg/kg，测定方法应符合现行国家标准《室内装饰装修材料内墙涂料中有害物质限量》（GB 18582—2008）的有关规定；民用建筑工程中使用的黏合木结构材料，游离甲醛释放量不应大于 0.12mg/m^2，其测定方法应符合本标准附录 B 的有关规定；民用建筑工程室内装修时，所使用的壁布、帷幕等游离甲醛释放量不应大于 0.12mg/m^2，其测定方法应符合本标准附录 B 的有关规定。民用建筑工程室内用壁纸中甲醛含量不应大于 120mg/kg，测定方法应符合现行国家标准《室内装饰装修材料壁纸中有害物质限量》（GB 18585—2001）的有关规定。

民用建筑工程室内用聚氯乙烯卷材地板中挥发物含量测定方法应符合现行国家标准《室内装饰装修材料聚氯乙烯卷材地板中有害物质限量》（GB 18586—2001）的规定，其限量应符合表 1.16 的有关规定。

表 1.16　聚氯乙烯卷材地板中挥发物限量

名　　称		限量/（mg/m^2）
发泡类卷材地板	玻璃纤维基材	≤75
	其他基材	≤35
非发泡类卷材地板	玻璃纤维基材	≤40
	其他基材	≤10

民用建筑工程室内用地毯、地毯衬垫中总挥发性有机化合物和游离甲醛的释放量限量应符合表 1.17 的有关规定。

表 1.17　地毯、地毯衬垫中有害物质释放限量

名　　称	有害物质项目	限量/［mg（m^2·h)］	
		A 级	B 级
地毯	总挥发性有机化合物	≤0.500	≤0.600
	游离甲醛	≤0.050	≤0.050
地毯衬垫	总挥发性有机化合物	≤1.000	≤1.200
	游离甲醛	≤0.050	≤0.050

3. 规范的使用及展望

《民用建筑工程室内环境污染控制规范》是国家的强制性标准，必须强制执行。室内环境质量验收不合格的民用建筑工程，严禁投入使用。

该规范对提高民用建筑工程的室内环境质量，控制建筑工程的室内环境污染，发展我国的室内环境污染检测治理行业，提高消费者的室内环境意识，保护消费者的室内环境权益起到了积极的作用。如何加强民用建筑室内环境污染控制，逐步提高消费者的室内环境保护意识，推动我国的室内环境保护事业的发展，成为今后的一项重要任务。

（四）室内装饰装修材料有害物质限量

为了从源头治理室内空气污染，提高我国室内装饰装修材料企业的产品质量，规范室

内装饰装修材料的生产，2001 年 12 月 10 日，国家质量监督检验检疫总局联合相关部委发布了《室内装饰装修材料有害物质限量》10 项强制性国家标准，自 2002 年 1 月 1 日实施。在实施过程中，因相关产业发展及社会进步，部分标准经过了反馈修订，具体标准包括：

《室内装饰装修材料人造板及其制品中甲醛释放限量》（GB 18580—2001）；

《室内装饰装修材料溶剂型木器涂料中有害物质限量》（GB 18581—2009）；

《室内装饰装修材料内墙涂料中有害物质限量》（GB 18582—2008）；

《室内装饰装修材料胶粘剂中有害物质限量》（GB 18683—2008）；

《室内装饰装修材料木家具中有害物质限量》（GB 18584—2001）；

《室内装饰装修材料壁纸中有害物质限量》（GB 18585—2001）；

《室内装饰装修材料聚氯乙烯卷材地板中有害物质限量》（GB 18586—2001）；

《室内装饰装修材料地毯、地毯衬垫及地毯用胶粘剂中有害物质释放限量》（GB 18587—2001）；

各标准限值参看附录相关内容。

此外，在《混凝土外加剂中氨的释放限量》（GB 18588—2001）中规定混凝土外加剂中释放氨的量≤0.10%（质量分数）；对《建筑材料放射性核素限量》（GB 6566—2010）。根据装修材料放射性水平大小划分为以下三类：

① 类装修材料。装修材料中天然放射性核素 ^{226}Ra、^{232}Th、^{40}K 放射性比活度同时满足 $I_{Ra}\leq1.0$ 和 $I_r\leq1.3$ 要求的为 A 类装修材料。A 类装修材料产销与使用范围不受限制。

② 类装修材料。满足 A 类装修材料要求但同时满足 $I_{Ra}\leq1.3$ 和 $I_r\leq1.9$ 要求的为 B 类装修材料。B 类装修材料不可用于 I 类民用建筑的内饰面，但可用于 I 类民用建筑的外饰面及其他一切建筑物的内、外饰面。

③ 类装修材料。不满足 A、B 类装修材料要求但满足 $I_r\leq2.8$ 要求的为 C 类装修材料。C 类装修材料只可用于建筑物的外饰面及室外其他用途。$I_r>2.8$ 的花岗石只可用于碑石、海堤、桥墩等人类很少涉及的地方。

④ 其他要求。在天然放射性较高地区，单纯利用当地原材料生产的建筑材料产品，只要其放射性比活度不大于当地地表土壤中相应天然放射性核素平均本底水平的，可限在本地区使用。以上标准由中华人民共和国国家质量监督检验检疫总局发布。自 2011 年 7 月 1 日起，市场上停止销售不符合该国家标准的产品。

（五）《室内空气质量标准》与其他标准、规范之间的关系

1. 相同的目标

《室内空气质量标准》（简称《标准》）《乘用车内空气质量评价指南》（简称《指南》）《民用建筑工程室内环境污染控制规范》（简称《规范》）以及《有害物质限量》，都有相同的目标：从控制材料或室内环境主要污染物水平出发，实现控制室内环境质量。

2. 法律地位不同

《标准》及《指南》是推荐性标准，是合同双方约定而自愿实施的。《规范》是强制

性标准，必须执行，但其中有部分条款也属于推荐性标准。同时，上述两个标准是并行存在、分别执行的，在适用的领域有区别，均不能替代对方。《有害物质限量》10 项标准都是强制性标准，必须强制执行。

3. 标准适用范围不同

《标准》适用于已投入使用的建筑物。对工程项目使用后的室内环境进行控制。其控制的室内空气质量与现实生活密切相关。表现为从室内环境污染物的产生和污染物的产生量来看：在用的建筑物室内环境污染中，既有建筑物结构材料、装饰装修材料散发的污染，也有设备、家具、电器及生活、办公、人群等产生的污染。一般来说，建筑材料对室内环境的污染会随着时间的延长逐渐减小，而电器及生活、办公、人群等产生的污染则是持续性的，有时后者甚至高于前者。

《指南》仅适用于评价乘用车内空气质量，主要适用于销售的新生产汽车，使用中的车辆也可参照使用。它是随着目前私家车越来越多的趋势而制定出的有针对性的标准。

《规范》适用于新建、改建和扩建民用建筑工程（包括土建和装修）的建筑建设中过程控制、工程质量验收。《有害物质限量》10 项标准以对材料中有害物质的控制为手段，来实现室内空气中污染物的控制。《规范》的工程标准，适用范围是建筑物的工程过程控制，它从工程的勘察设计开始，到工程的竣工验收为止的全过程。由此可知，《规范》控制的基本上是各种建筑物结构材料、装饰装修材料散发而产生的污染。

《有害物质限量》10 项标准则是对 10 类具体装饰装修材料中有害物质限量的标准，是针对 10 种具体的装饰装修材料中的有害物质进行限量和控制，是实现控制室内环境污染物的污染水平的具体控制手段。通过具体的材料的控制，才能实现室内环境质量的控制。

综上，《标准》是衡量人居环境健康的尺度，对建筑商、材料商、装修商、家具商没有约束力。《指南》仅适用于评价乘用车内空气质量。《规范》及《有害物质限量》是建筑、材料、装修验收标准，对材料商、建筑商、装修商具有强制性，各工程必须通过环保验收达标后才能交工，严禁不达标房屋交付使用。

4. 控制要素不同

《标准》从物理性、化学性、生物性、放射性 4 个参数类别 19 个检测指标对室内空气质量进行控制。既要控制影响室内环境质量的环境要素（温度、湿度、空气流动、空气交换等），还要控制家具、电器及生活过程、办公过程及人群自身等产生的污染物、装饰装修材料产生的污染物以及室外环境对室内环境的影响，如大气中的污染物产生的 SO_2、NO_x、CO、CO_2、O_3、甲苯、二甲苯、可吸入颗粒物、菌落总数等，表现为对人们生产、生活活动中的室内环境进行控制。《规范》所控制的基本上是建筑、装修材料产生的甲醛、氨、氡、苯五项指标及以苯、甲苯、二甲苯等苯系物为主的 VOCs，表现为对目前室内环境中的主要污染物进行控制。所以，无论从检测范围还是检测内容上看《标准》比《规范》所要控制的污染物多得多，部分指标也更严格。

5. 污染物限量、取样检测方式有差别

《规范》将民用建筑工程分为两类：住宅、教室、老年建筑、幼儿园等作为Ⅰ类，饭店、宾馆、商店、候车室、办公楼等公共场所列为Ⅱ类，对Ⅰ类控制严格，表现为对需要进行保护的弱势群体、重要场所加以保护；考虑到公共场所的一些特性，对Ⅱ类建筑控制水平相对较宽。《标准》对建筑物未进行分类。表1.18为室内空气质量标准与民用建筑工程规范标准限量对照表。

表1.18 室内空气质量标准与民用建筑工程规范标准限量对照表

污染物	《规范》		《标准》
	Ⅰ类民用建筑工程	Ⅱ类民用建筑工程	
氡/(Bq/m^3)	≤200	≤400	400（平均值）活动水平
游离甲醛/(mg/m^3)	≤0.08	≤0.12	0.10（1h均值）
苯/(mg/m^3)	≤0.09	≤0.09	0.11（1h均值）
氨/(mg/m^3)	≤0.2	≤0.5	0.2（1h均值）
TVOC/(mg/m^3)	≤0.5	≤0.6	0.6（1h均值）

两个标准的取样条件要求有所不同。例如，关于室内氡浓度的取样测量要求，《标准》分为两种情况：筛选法采样与累积法采样。采样时门窗要先关闭12h，采样至少45min。"当采用筛选法采样达不到本标准要求时，必须采用累积法采样（按年平均、日平均、8h平均值）的要求采样。"《规范》要求的是：采用集中空调的建筑物，要在空调正常运行条件下取样测量；对于靠自然通风的建筑物，4项化学污染物取样前要关闭门窗1h，氡取样前要关闭门窗24h。

从检测条件下来看，尽管《规范》比《标准》的要求要高一点，但在检测条件上，《规范》比《标准》要宽松很多。前者规定检测前要充分通风，然后，只关闭门窗1h就可进行检测，后者则规定要关闭门窗12h之后进行。检测条件的不同，往往导致按《规范》验收合格、交付使用的房屋，再按《标准》进行检测又不合格，造成消费者的误解。

6. 污染物分析方法的区别

《标准》均可选用已有的国家标准方法。而《规范》在选用分析方法时从民用建筑工程的实际情况出发，采取适当选用方式。例如空气中甲醛分析方法中，《规范》仅推荐选用酚试剂分光光度法，同时考虑到工程检测的时效性，允许使用现场测量方法，但为了准确反映甲醛污染物水平，对测试仪器的精确度做出了一定的要求。《标准》对TVOC的分析要求采用先进的气相色谱—质谱方法，而《规范》考虑到工程检测单位的经济技术能力，采取"适用原则"，可选用毛细管气相色谱方法。再如，《标准》对氡的检测方法可以选用4种国标方法中的任何一种，而《规范》考虑到工程检测的时效性，只对测量方法的技术方面提出了要求，而未指明任何具体方法。这主要是从工程检测的实际情况出发，有些标准方法并不适合民用建筑工程检测的实际情况。

（六）标准展望

经过多年的发展，我国关于室内环境检测与治理的标准和限量值成为了一个体系，但由于多项标准的制定的颁布都是在很短的时间内完成的，有些标准需要实践的检验，有些标准制定较早，需要进行修订和完善。另外，目前我国多项标准存在重复指标、多个管理部门、多个检测部门的情况，所以在未来标准的完善中，应明确各个部门的职责，并统一各项标准要求。

目前我国的室内环境相关标准对于规范建筑、建材、装修、装饰材料和服务咨询市场，对于引导消费者进行绿色消费起到积极作用；对于改善室内环境质量，提高人们的环保意识，维护消费者权益，有效保护人们的身心健康，必将发挥重要作用。同时，随着人们对室内环境要求的进一步提高，必将促进室内空气质量研究的进一步深入，带动整个室内环境检测与治理行业的健康发展。

实践活动 1　室内环境检测与治理岗位需求调查

通过报纸、网站、论坛、现场等多种形式发放调查表，还可以直接去相关行业的公司调查，了解室内环境检测与治理行业的岗位需求，为未来的就业奠定基础。具体的调查表形式及内容可多样，表 1.19 调查表格供参考。

表 1.19　室内环境检测与治理行业的岗位需求调查表

近年来我国室内环境污染问题日益突出，出现了专门从事室内环境保护的服务公司，公司的各项发展离不开人才，为了解该行业目前的岗位需求，特制定本问卷，谢谢您的配合！				
1．您对室内环境污染的了解程度				
□很了解	□有所了解	□不了解		
2．您对目前工作和生活的室内环境是否满意				
□满意	□不满意	□不清楚		
3．您的工作环境				
□室外	□室内	□不一定		
5．室内检测与治理行业人才主要从事的岗位有哪些				
□检测员	□推销员	□治理员	□咨询人员	□其他
6．您认为目前国内室内环境检测与治理行业最紧缺的岗位是什么				
□检测员	□推销员	□治理员	□咨询人员	□其他
7．您认为目前室内环境检测与治理行业主要的工种有哪些				
□化学检验工	□环境监测工	□废气治理工	□室内环境治理工	□其他
8．您认为从事室内环境检测与治理岗位一年后工资可以达到多少				
□1000～2000	□2000～3000	□3000～5000	□5000 以上	
其他 （您对该岗位需要补充的内容）				

项 目 小 结

通过本项目学习了解了目前我国室内污染的现状、室内环境检测与治理行业状况及

其具体岗位情况、该行业所必需的职业道德与行业公约等。熟悉室内环境检测与治理行业各岗位的必备的通用技能、专业技能及职业技能，同时掌握该行业涉及的各类标准和规范，并能在实际工作过程中灵活运用。

课 后 自 评

（1）通过调查，简述室内环境污染的种类。如何对室内污染进行评价？

（2）目前室内环境检测与治理行业有哪些具体岗位？

（3）室内环境检测与治理行业公约有哪些？

（4）从事室内环境检测与治理的从业人员必备技能有哪些？

（5）目前我国关于室内环境检测与治理的行业标准有哪些？

（6）请查阅国外室内环境检测行业的相关标准，与国内标准有什么区别？

【知识链接】

室内环境检测指标建议增加$PM_{2.5}$

自2013年以来，雾霾天气连续不断污染我国大部分地区，严重程度越演越烈，严重影响了人们的身体健康、工作、生活以及出行。大气环境污染直接影响了室内环境，针对当前室内环境中$PM_{2.5}$的污染问题，国家室内车内环境及环保产品质量监督检验中心、国家环保部门、质量部门、行业协会等十几个单位相关领导专家就“全国室内环境$PM_{2.5}$污染防控”进行学术交流。

国家室内车内环境及环保产品质量监督检验中心主任宋广生概括总结了我国自2003年来对室内空气的认识：第一，2003年的抗击“非典”增强了人们对室内空气质量的意识和重视程度；第二，城镇化建设的快速发展，出现了新的室内空气污染源，如建筑污染、装修污染和家具污染等；第三，室内环境检测技术不断发展；第四，室内环境污染检测控制标准体系不断完善。我们这个标准从一个室内空气质量的标准，衍生到民用建筑工程污染控制标准，再到十种材料控制标准，从室内环境化学污染到生物污染，从室内家具污染到室外的污染；第五，室内环保产业已经形成规模；第六，全社会室内环境保护意识大幅度提高。

中国工程院侯立安院士指出，环境空气质量直接关系到我们民众的身体健康。近年来我国多次发生大范围持续性污染天气，$PM_{2.5}$问题也是屡见报端，迅速成为社会焦点，凸显环境保护的压力巨大。这个已经不仅仅是危害我们人的身体健康，而且已经影响到我们的交通安全和出行，飞机误点在这种天气下已经是很常见的事情。面对环境空气$PM_{2.5}$严重污染和我们广大的民众对环境空气质量要求不断提升这么一个形势，新修订的环境空气质量标准，这个就是大气的空气质量标准，它将$PM_{2.5}$纳入了检测的指标范围，也得到了社会各界普遍的肯定和赞同。但是这个问题目前就出来了，新的标准颁布，但是就包括像北京这样的城市$PM_{2.5}$在短时间内达标几乎是不可能的，无论是官方、无论是研究这方面$PM_{2.5}$污染控制的专家，都已经有了明确的结论。

在室外空气质量特别是 $PM_{2.5}$ 在不达标的情况下，我们怎么能够保持和营造一个好的室内环境，尽可能减少对人体的污染，这是摆在我们面前一个非常艰巨的任务。面临着如下这么几个方面的问题：

第一，室外的大气质量标准颁布实施增加了 $PM_{2.5}$，我们室内的空气质量标准从 2003 年开始实施，到现在没有 $PM_{2.5}$ 这项指标。毕竟这个标准过去了十年，有些相对不能完全满足现在的需要。怎么办？我感觉到这个问题就比较突出。我们要通过大家的讨论研讨，我们看看能不能基本形成一些共识，能不能建议对这个标准进行修订。国外欧洲一些发达国家，有的就是执行一个标准，但是我们既然有大气和室内环境空气质量标准这么两个标准，所以室内标准里面 $PM_{2.5}$ 怎么去限定，究竟它的限制应该是多少合适，我们的技术、我们检测能力等等这些方面，究竟定多少合适，我觉得是供我们探讨的，这是第一个方面。

第二，室内环境空气质量 $PM_{2.5}$ 的污染源它的一些监控、检测、评估这方面的数据相对比较少，这方面我们还要继续做，也可能以前做了一些，但是不系统、不完整，或者说它的代表性还不那么广泛，我们现在只能给出一个室外当大气里面雾霾天气非常严重的时候，可能室内的 $PM_{2.5}$ 稍低于室外大气水平。但是当室外的空气质量相对好一些的时候，在阳光普照的情况下，在这种情况下室内如果有空调、做饭、人为一些活动，包括家具装修材料一些 VOC、甲醛，等等这些污染源的时候，或者有吸烟的时候，$PM_{2.5}$ 这个时候可能就应该高于室外大气，这个应该说可以形成共识。但是具体一些数据的监控、检测，不同的建筑类型、不同的建筑物室内居室装饰装修水平等，它的 $PM_{2.5}$ 污染源的分析监控这方面我们觉得还应该再进一步的加强。另外也凸显了室内环境空气中 $PM_{2.5}$ 污染监控这方面科技支撑方面一些不足。所以基于这个方面，我们感觉到从我个人认为我们怎么能够研制一种便携的，能够实时在线监测的，而且我们老百姓能够用得起的室内的 $PM_{2.5}$ 检测的仪器，这方面我们还没有，国外相应有一些，但是怎么适应我们的国情，能够真正让这个东西进入千家万户，让我们自己在他而一坐，在自己房间里发现 $PM_{2.5}$ 是多少，这方面应该是我们科研工作者要做的事。

目前室内空气净化技术已经很多了，媒体也经常报道，中国是家用净化器的大用户市场，在国产和进口产品的份额上，可能我们国产净化器，相对不如国外的净化器，我们国内已经有一些非常好的名牌产品，我们怎么能够进一步规范、进一步加强这方面的管理，当然我们国内产品也要走出国门、走到国际上去，但是毕竟这方面品牌相对还少一些，我们净化 $PM_{2.5}$ 一些工艺有些可能还比较单一，在净化工艺这方面再进一步的研究，加强偶合技术的应用。另外对空气净化器耐久性方面加强这方面的研究，使我们的用户在用的过程中尽可能少不更换或者更换周期长这种产品去问世。

另外，在 $PM_{2.5}$ 防控方面，我们还是要政府和行业主管部门的执法力度，但是由于目前我们顶层标准里面还没有，所以在这方面我们对室内这方面管理和控制还是比较弱。

总之，要通过我们各界的共同努力，室内的 $PM_{2.5}$，从基本达标到逐渐达标，满足我们吸气新鲜空气的需求，经过大家的努力是能够实现这个目标，也盼望这个目标能够早一天实现。

项目2　室内环境检测与治理业务开展

学习目标

（1）了解《实验室资质认定评审准则》的要素及要点，熟悉室内环境检测实验室CMA认证的相关流程；

（2）掌握CMA认证的认证方案，认证程序及认证阶段；

（3）把握室内环境检测与治理业务开展流程，了解业务人员必备的知识，熟悉业务人员必备礼仪；

（4）掌握室内环境污染检测业务开展的流程，掌握相应室内环境污染治理的业务流程；

（5）了解室内环境检测与治理的收费标准。

相关知识

实验室CNAS认可及室内环境检测与治理业务。

案例导入

2015年2月5日，国家环保部印发了《关于推进环境监测服务社会化的指导意见》，全面放开服务性监测市场，有序放开公益性、监督性监测领域。环境监测以前主要是由环保部门下属环境监测站负责，而放开这一市场之后，第三方检测机构迎来了历史性机遇。但是，不是所有民营企业都能承担检测服务这一重任。我国相关法律法规明确规定，只有取得CMA认证的检测机构，才能从事检测检验工作。

那么作为一家欲从事相关检测服务的企业，如何获得CMA认证？需要作哪些方面的准备工作？

课前自测题

（1）什么是室内环境检测实验室CMA认证？为什么要进行CMA认证？实验室如何进行CMA认证？

（2）室内环境检测与治理业务人员应该了解哪些知识，注重哪些相应的礼仪？室内环境检测与治理业务的流程是怎样的？

2.1 室内环境检测实验室 CMA 认证

一、环境检测实验室 CMA 认证简介

（一）什么是 CMA 认证

1. 定义

CMA 是“China Metrology Accreditation”的缩写，中文含义为“中国计量认证”。它是根据《中华人民共和国计量法》的规定，由省级以上人民政府计量行政部门对检测机构的检测能力及可靠性进行的一种全面的认证及评价。根据《中华人民共和国计量法》第二十二条规定：“为社会提供公证数据的产品质量检测机构，必须经省级以上人民政府计量行政部门对其计量检定，测试的能力和可靠性考核合格，以上规定说明：没有经过计量认证的检定/检测实验室，其发布的检定/检测报告，没有法律效力，不能作法律仲裁，产品/工程验收的依据，只能作为内部数据使用。

2. 认证对象

所有对社会出具公正数据的产品质量监督检验机构及其他各类实验室，如各种产品质量监督检验站、环境检测站、疾病预防控制中心等。取得计量认证合格证书的检测机构，允许其在检验报告上使用 CMA 标记，有 CMA 标记的检验报告可用于产品质量评价、成果及司法鉴定，具有法律效力。

目前，计量认证已成为诸多行业，尤其是关系到百姓切身利益的行业评价检测机构检测能力的一种有效手段，同时也是检测机构进入市场的准入证。如我们日常生活中经常接触的机动车尾气检测，所有从事该项目检测的机动车检测场都必须通过计量认证，在报告上使用 CMA 标记。从事室内空气质量检测的实验室也必须通过计量认证。

3. 主管部门

我国的计量认证行政主管部门为国家质量技术监督局认证与实验室评审管理司，依据是《产品质量检验机构计量认证/审查认可（验收）评审准则》。

（二）计量认证的起源

1. 产生的历史背景

20 世纪 80 年代初期，党的十一届三中全会确定的改革开放政策使我国的经济建设产生了翻天覆地的变化。多年计划经济造成的“短缺经济”被“供需平衡”“供过于求”所代替，无论是消费者还是贸易当事人、或是政府采购都越来越关注产品的质量。与此同时，由于各种原因，市场上开始出现假冒伪劣产品。在这种形式下，政府开始开展对生产和流通领域的产品实施质量监督工作。同时，随着我国对外开放和经济体制改革进

程的不断加快，计划经济一统全国的局面逐渐由多种经济成分共存的社会主义市场经济模式所取代，产生了供需双方的验货检验需求。于是在随后的几年里，从国家到各行业、部门，从省（自治区、直辖市）到地方县相继成立了各级产（商）品质量监督检验机构，承担政府对产（商）品的质量监督抽查及验货、仲裁任务。为了规范这批新成立的产（商）品质检机构和依照其他法律法规设立的专业检验机构的工作行为，提高检验工作质量，原国家计量局借鉴国外对检验机构（检测试验室）管理的先进经验，在1985年颁布《中华人民共和国计量法》时，规定了对检验机构的考核要求。1987年颁布的《计量法实施细则》中将对检验机构的考核称之为计量认证。

2. 考核标准的制定

《计量法实施细则》实施后，原国家计量局为规范计量认证工作，参照英国实验室认可机构（NAMAS）、欧共体实验室认可机构等国外认可机构对检验机构的考核标准，结合我国实际情况，制定了对检验机构计量认证的考核标准，在试点的基础上于1987年开始对我国的检验机构实施计量认证考核。

3. 发展概况

多年来，在各行业主管部门、各地方质量技术监督部门的支持配合下，计量认证从无到有，从少到多，目前已经发展成为我国对进入检测市场的检测机构进行资质认定的主要手段，是一项重要的行政审批工作。计量认证已经成为一个“品牌”，是目前我国实验室评价管理工作中应用范围最广、知名度最高的管理模式。经济活动中评价产品质量报告中必须带有计量认证标志（CMA）已经成为社会共识。

二、室内环境检测实验室CMA认证流程

（一）室内环境检测实验室CMA认证方案

1. 室内空气质量检测机构开展计量认证的通知

国家质检总局、卫生部、国家环保总局发布的《室内空气质量标准》（GB/T 18883—2002）于2003年3月1日实施。室内空气污染不仅影响人们的工作和生活，而且直接威胁人们的身体健康。随着生活水平的提高，人们对室内空气质量的要求也越来越高。

为了配合有关部门做好标准实施工作，使有条件的检测机构能正确理解标准，配备合适的检测设备和检测人员，提高检测水平，准确开展室内空气质量检测工作，经研究，国家认监委决定对从事室内空气质量检测的机构实行计量认证。由于《室内空气质量标准》（GB/T 18883—2002）规定的控制项目包括物理、化学、生物和放射性四个方面共有19项指标，很多检测机构没有从事这方面检测的经验，有的不具备条件，因此，在对检测机构进行计量认证时，要严格把关，防止不具备条件的检测机构进入室内空气质量检测市场。

各省、自治区、直辖市质量技术监督局，各有关国家计量认证行业评审组，中国实验室国家认可委员会秘书处要各负其责，做好室内空气质量检测机构的计量认证评价工

作，并将经计量认证评价，符合要求的检测机构名单报送认监委实验室与检测监管部，经审核后，由认监委统一向社会公布。

2. 对室内空气质量检测机构开展计量认证的规定

为规范室内空气检测市场，国家认监委发出了《关于对室内空气质量检测机构开展计量认证的通知》（国认实〔2003〕14 号），通知明确规定，从事室内空气检测机构应通过计量认证，并由国家认监委统一向社会进行公布。

1）室内空气质量检测机构初次申请计量认证

对于过去没有计量认证资格的社会各界投资兴办的从事室内空气检测业务的机构，原则上应首先完成工商注册，成为独立法人，通过省级质量技术监督局的计量认证考核合格后方可正式对社会开展检测业务。

一些属于国家有关部委（国家局）管理的科研教育机构中没有计量认证资格的实验室，暂不能完成独立法人注册的，在获得有关部委（国家局）命名的情况下，由有关部委（国家局）向国家认监委提出申请，国家认监委根据实际情况，酌情处理。地方科研教育机构中的类似情况，由各省级质量技术监督局根据上述原则酌情处理。

2）已通过计量认证的实验室申请室内空气质量检测项目扩项

已通过计量认证的实验室，可申请室内空气质量检测项目的扩项。属于国家计量认证合格实验室的，由国家认监委按规定办理；属省级计量认证合格实验室的，向当地省级质量技术监督局申请办理扩项。具体要求见第三条规定。

3）对从事室内空气检测机构申请计量认证（扩项）的具体要求

从事室内空气检测的实验室，除了应满足原国家质量技术监督局发布的有关计量认证考核的评审准则的相关要求外，还应当具备以下条件：

新进入这一领域开展检测服务的实验室，应具有独立法人资格，实验室检测仪器设备和技术人员应满足所申请检测项目的需要。具体要求如下。

（1）实验室。具有与所从事的检测项目相符合的实验室。

① 实验室分为物理因素测试实验室，化学实验室（无机分析实验室、有机分析实验室），微生物实验室，放射性实验室。

② 实验室的设施和环境条件必须能保证检测工作正常运行，并确保检测结果的有效性和准确性。

（2）仪器设备。申请从事室内空气质量检测的实验室的仪器设备应满足所申请的检测项目要求。

① 采样设备：包括气体污染物采样泵、气泡吸收管、多孔玻板吸收管、颗粒物采样器、滤膜、流量计、撞击式空气微生物采样器。

② 现场测试仪器：包括温度计、湿度计、风速计、便携式一氧化碳分析仪、便携式二氧化碳分析仪。

③ 实验室分析仪器和设备：包括分析天平、分光光度计、气相色谱仪、液相色谱仪、热解吸/气相色谱/质谱联用仪、高压蒸汽灭菌器、干热灭菌器、恒温培养箱、冰箱、氡分析仪。

（3）人员。

① 申请检测机构应有与检测项目相适应的管理、技术和质量控制人员。

② 有关管理和检测人员应熟悉相关法规文件、标准、方法以及本单位质量手册的有关规定。

③ 检测人员的专业应与申请的检测项目相符合，检测人员应具有中级以上专业技术职称或大专以上学历并具有两年以上专业经验。检测人员应经过国家认监委或国家环保总局、卫生部、建设部以及省级以上质量技术监督部门等部门组织或授权组织的专业技术培训后方可上岗。

④ 技术负责人应精通本专业业务，具备副高级以上技术职称，并有 5 年以上专业经验。

⑤ 具有中级以上技术职称的人数应不少于检测机构总人数的 50%。

（4）采样。采样前所有采样仪器需进行流量校正。选择的采样点要有代表性，要合理。如居室应选择卧室或停留时间长的房间。现场实验记录要完整。

检测方法采用《室内空气质量标准》中规定的方法。实验室要制定相应的操作规程和数据处理方法。执行《民用建筑工程室内环境污染控制规范》标准的，按该标准有关规定执行。

申请按照 GB 50325 标准和（或）GB/T 18883 标准进行计量认证扩项的实验室，其原业务范围应与室内空气质量检测涉及的物理因素测试，化学污染物采样和测试，微生物采样和测试，放射性测量业务相关，有关仪器设备和人员的要求同前款规定。实验室原业务与室内空气检测业务完全不相关的，不允许以原来获得计量认证的实验室名义进行扩项，实验室（或其法人单位）可以投资兴建独立的室内空气检测机构，按规定办理计量认证。

以室内空气质量专门检测机构名义从事室内空气质量检测的机构应具有按照《室内空气质量标准》（GB/T 18883—2002）全部 19 项指标的检测能力，按照该标准的有关要求对社会开展室内空气质量检测服务。环保、卫生、质检系统的综合性实验室可以根据实验室的具体情况，按照相关检测项目（参数）进行计量认证（扩项）。国家计量认证环保评审组、卫生评审组具体负责本系统副省级以上省市相关实验室的计量认证（扩项）评审工作。

对民用建筑新工程验收考核时进行室内环境污染检测的机构，建设部门应查验该机构是否按照《民用建筑工程室内环境污染控制规范》（GB 50325—2001）进行了计量认证（扩项），没有进行计量认证（扩项）的机构，不具有进行民用建筑工程验收中的室内空气检测资格，建设部门使用未经计量认证的机构，进行民用建筑工程室内空气检测的，质量技术监督部门可依法进行查处。

4）公布室内空气检测机构

（1）通过计量认证（扩项）的室内空气检测机构由国家认监委统一向社会公布，公布内容包括，检测机构具体能够检测的参数和检测机构的规模、法人性质等情况，以供消费者择优选取。

（2）各省级质量技术监督局、各有关国家计量认证行业评审组在向国家认监委报送室内空气检测机构名单时应填写《室内空气检测机构基本信息一览表》一并报送。

（3）各省级质量技术监督局和卫生部、国家环境保护部、建设部等部门可以在相关网站和媒体上发布本地区、本系统经过计量认证考核合格、经过国家认监委批准的室内空气质量检测机构的信息。

3. 室内环境检测实验室 CMA 认证方案

1）建立质量管理体系

室内环境检测实验室建立管理体系是为了实施质量管理，实现和达到质量方针与质量目标，以最好的、最实际的方式来指导实验室和检验机构的工作人员、设备和信息的协调活动，从而保证客户对质量满意和降低成本。实验室初次建立管理体系一般包括两个阶段：准备阶段和实施阶段。

准备阶段内容如下：

（1）领导提高认识。室内环境检测实验室建立管理体系涉及实验室内部诸多部门，是一项全面性的工作。领导对管理体系的建立、改进资源的配置等方面发挥着决策作用。领导的作用不容忽视，特别是领导层要统一思想，统一认识，步调一致。

（2）宣贯培训、全员参与。各级人员是实验室的根本，只有他们充分参与才能为实验室带来收益。实验室在建立管理体系时，要向全体工作人员进行《实验室资质认定评审准则》和管理体系方面的宣传教育。

（3）组织落实，拟定计划。对多数单位，需要成立一个精干的工作班子（既熟悉业务作，又熟悉管理工作，能很好理解《实验室资质认定评审准则》，有较好的文字表达能力），并分别制订计划。工作计划要求须目标明确、控制进程、突出重点。

实施阶段内容如下：

（1）确定质量方针和质量目标。结合实验室的工作内容、性质、要求，制定符合自身实际情况的质量方针、质量目标，以便指导管理体系的设计、建设工作。

（2）分析现状，确定过程和要素。现状调查和分析的目的是为了合理地选择体系要素。实验室的最终目标是提供合格的检验报告，各个过程必须严格按照《实验室资质认定评审准则》的要求，结合自身的检验工作及实施要素的能力进行分析比较。确定检验报告形成过程中的质量环，加以控制。

（3）确定机构，分配职责，配备资源。筹划设计组织机构也是质量管理体系建立过程中的重要一步。将各质量活动分配落实到相关部门，根据各部门的质量活动确定其质量职责，赋予相应权限。在质量活动过程中，必须涉及相应的硬件、软件和人员配备。适时进行适当的调配和补给。

（4）管理体系文件化。质量体系文件一般包括质量手册、程序文件、作业指导书、质量记录等。制定质量体系文件需要设计各个层次文件的编排方式、编写格式、内容要求以及之间的衔接关系，还要制定编写实施计划，做到每个项目有人承担，有人检查，按时完成、批准发布。

（5）管理体系运行。管理体系文件编制完成后，管理体系进入试运行阶段。管理体系试运行的目的是通过试运行，考验管理体系文件的有效性和协调性，并对暴露出的问题采取改进措施和纠正措施，以进一步完善管理体系文件。试运行的步骤为：试运行计划——文件批准发放——宣贯培训——运行——内审——管理评审——体系改进（一般导致发布第二版手册和程序）。质量管理体系正式运行是执行管理体系文件、贯彻质量方针、实现质量目标、保持管理体系持续有效和不断完善的过程。管理体系运行中的要求为：领导重视；全员参与；建立监督机制，保证工作质量；认真开展审核，促进体系不断完善；加强纠正措施落实，改善体系运行水平；适应市场，不断壮大，提高能力。

2）管理体系文件的编写

《实验室资质认定评审准则》管理体系中要求：管理体系应形成文件，阐明与质量有关的政策，包括质量体方针、目标和承诺，使所有相关人员能理解并有效实施。

管理体系文件是开展检测工作的依据，是实验室内部管理的规范性文件，文件层次自上而下分别为：质量手册、程序文件、作业指导书、记录等。

（1）质量手册。质量手册是组织根据规定的质量方针、质量目标，描述与之相适应管理体系的基本文件，提出了对过程和活动的管理要求。

质量手册的通常结构为：封面，批准页，目次，修订页，发放控制页，定义（术语），实验室概况，质量方针、目标和承诺，机构、职责和权限，管理体系要素描述，质量手册阅读指导，支持性文件附录。

编制质量手册的工作步骤是：成立组织——明确和制定质量方针——学习评审准则——确定格式和结构——收集涉及管理体系的资料——落实质量职能——编写质量手册草案——质量手册的批准、发布。

（2）程序文件。管理体系中的程序文件是规定实验室质量活动方法和要求的文件，是质量手册的支持性文件。程序文件的格式通常包括：封面、刊头、刊尾、修改控制页、正文等部分。正文的内容包括程序目的、适用范围、职责、工作程序、引用文件及相关记录五个方面。

目的：说明程序所控制的活动及控制目的。

适用范围：程序所涉及的有关部门和活动；程序所涉及的相关人员、产品。

职责：规定负责实施该项程序的部门或人员及其责任和权限；规定与实施该项程序相关的部门或人员其责任和权限。

工作程序：按活动的逻辑顺序写出开展该项活动的各个细节——规定应做的事情（what）——明确每一活动的实施者（who）——规定活动的时间（when）——说明在何处实施（where）——规定具体实施办法（how）——所采用的材料、设备、引用的文件等——如何进行控制——应保留的记录——例外特殊情况的处理方式等。

引用文件及相关的记录：涉及的相关程序文件，引用的作业指导书、操作规程及其他技术文件，涉及的其他管理性文件，所使用的记录、表格等

（3）作业指导书。《实验室资质认定评审准则》要求指出实验室如果缺少指导书可能影响检测和/或校准结果，要求实验室应制定相应的作业指导书。作业指导书是规定实验室质量基层活动的途径的操作性文件，其针对的对象是具体的作业活动；程序文件描述的对象是某项系统性的质量活动，作业指导书是程序文件的细化。作业指导书也属于程序文件范畴，只是层次较低，内容更具体而已。

实验室可制定以下四方面的作业指导书：方法方面、设备方面、样品方面、数据方面（有关指导书、标准、规程、技术手册、参考资料都应是最新的有效版本，并便于工作人员查阅）。

常用的作业指导书通常应包含的内容有作业内容，使用的材料，使用的设备，使用的专用工艺装备，作业的质量标准和技艺标准，以及判定质量符合标准的准则（质量标准和技艺标准应通过文字、图片或标样来规定应达到的质量要求），检验方法，对关键工序应编制更加详细的作业指导书。

作业指导书基本内容的编写应满足5W1H原则，即when，在什么时候使用此作业指导书，where，在哪里使用此作业指导书，who，什么样的人使用该作业指导书，what：此项作业的名称及内容是什么，why，此项作业的目的是干什么，how，如何按步骤完成作业。

（4）质量记录。质量记录为证明满足质量要求的程度（如产品质量记录）或为质量管理体系的要素运行的有效性提供客观证据（如质量管理体系记录）。质量记录的某些目的是证实、可追溯性、预防措施和纠正措施。

3）确定申请项目及检测能力

按照《关于对室内空气质量检测机构开展计量认证的通知》的规定，申请室内环境检测CMA认证必须满足《室内空气质量标准》（GB/T 18883—2002）的要求，具备对规定的控制项目，包括物理、化学、生物和放射性四个方面共19项指标的检测能力。

4）资质认定前的准备

《实验室资质认定评审准则》中的19个要素分为管理要求和技术要求这两部分，室内环境检测实验室在决定申请资质认定后，应从管理要求、技术要求两个方面着手认证前的准备工作，即进行软件和硬件两方面的准备工作。

管理要求的准备包括成立工作机构，确定申请项目及检测能力，确定人员，管理体系的建立与运行，评审前内审及管理评审，提出申请和现场评审汇报材料的准备。

技术要求的准备包括：

（1）人员培训与考核。人员培训与考核包括制订培训计划、计量认证基础知识的培训、检测人员持证上岗考核这三个方面。

（2）技术能力准备。技术能力准备首先要对新开展的检测项目的评价确认，其次是对非标方法的确认，最后是对现场考核项目的准备。

（3）仪器（设备）的计量检定与校准。仪器（设备）的计量检定与校准包括仪器与设备编制仪器设备一览表的制作，仪器的计量检定、校准及验证，计量仪器的标识化管理，装置、设施的标识化管理，制定仪器检定周期表，仪器设备的期间核查等项目。

（4）档案整理。首先需建立与完善仪器设备档案，其次是对检测报告及相关记录的归档整理，再次是建立技术人业绩档案，最后对现行有效的标准、规范、规程等技术文件、资料的进行整理。

（5）整顿实验室环境。整顿实验室环境不仅利于实验工作的进行，提供良好的工作环境，而且能创造专业的实验环境，是提高实验效率及准确性的必要保障。整顿实验环境的相关工作包括实验室合理布局，实验室仪器设备清理，明确被评审的区域和路线，安全环保管理检查，化学试剂、药品的管理。最后，可着手准备现场评审时评审员可能会提出的问题。

（二）室内环境检测实验室 CMA 认证程序

对检测机构的计量认证是我国为规范对社会出具公证数据的产品质量检测机构的检测行为，以使其检测结果准确可靠，依据《计量法》第 22 条所实施的一种检测机构能力评价制度，是各类型检测机构进入社会检测市场提供检测服务的必经程序。计量认证证书有效期为 3 年，在有效期内应接受 2～3 次的监督评审以维持证书的有效性。若要增加检测项目，可申请扩项评审。3 年到期之前 6 个月应提出复查换证申请。

1. 申请与受理

1）申请

申请单位向国家认监委提出计量认证申请。报送申请书（一式三份），并提供所要求的材料（1 套）。申请书可从认监委网站上下载。

2）受理

（1）审查申请材料。认监委实验室部评审管理处接到申请材料后，5 日内完成对申请材料的完整情况进行审查，材料不齐全或不符合法定形式的，口头或者书面一次告知申请单位进行补充。

（2）受理申请。符合受理条件的，受理申请，出具《行政许可受理通知书》，并在 5 日内将相关材料送技术评审机构并获取送达回证。

（3）不受理申请。不符合受理条件的，不受理申请，出具《行政许可不予以受理通知书》并说明理由。

2. 现场评审

符合受理条件，其提交的材料齐全、真实、规范、有效且其建立的体系基本符合《实验室资质认定评审准则》的要求，并已运行 3 个月以上，即可安排专家评审组进入现场评审。

承担技术评审的机构在接到认监委对申请机构的技术评审要求后 2 个月内安排现场评审。现场评审均应形成《评审报告》，评审机构于 5 个工作日内向认监委实验室部评审管理处报告技术评审结果。

3. 审批发证

评审组所提供的材料真实、完整、规范，现场评审所提出的不符合内容已整改符合要求，特对是检测能力、范围及所执行标准确认合格有效。按照标准审核所提供的材料的真实性，查验审核人员审核意见，对符合标准的，审批同意，交由经办人员发放《计量认证合格证书》和《计量认证合格证书附表》；对不符合要求的，签署不同意的意见和理由，退回重新办理。

4. 公告

每年上半年，将上一年度计量认证考核合格并已颁发《计量认证合格证书》的单位，统一向社会公告。机构名称、地址、证书编号、批准项目、有效期等信息将通过认监委网站行政审批专栏对社会公布。

（三）室内环境检测实验室 CMA 认证阶段

1. 室内环境检测实验室 CMA 认证的几个阶段

1）申请与受理

申请。申请人需提前 6 个月提交申请于国家认监委实验室与检测监管部评审管理处。申请时应提交如下资料。

（1）申请书及其 5 个附件。

附件 1：申请计量认证/审查认可（验收）项目表；

附件 2：组织机构框图；

附件 3：检测人员一览表；

附件 4：检测能力分析及分包情况一览表；

附件 5：仪器设备（标准物质）及其检定/校准一览表。

（2）典型检测报告。

（3）质量手册。

（4）程序文件目录及程序文件。

（5）其他证明资料。包括法人证明复印件、法定代表人授权批文，机构设置的批文复印件，干部任命文件（最高管理者、技术主管、质量主管、各部门主管），近两年已参加能力验证情况。

受理。认监委实验室部评审管理处根据申请材料完整性、规范性和正确性审查，并于收到申请后 5 日内作出如下处理。

（1）材料符合要求；

（2）受理材料存在一般问题，修改后受理材料；

（3）严重不合要求，退回，暂不受理。

2）初审及预访问

初审是指质检机构可根据需要向评审组书面申请预评审。预评审程序与正式评审基本相同，有些环节可适当简化（可不进行考试）。预评审只提意见和整改要求，不做最终评审结论。预访问是指由评审组长执行，了解被审机构情况，便于制定科学合理的评审计划。预访问不是咨询。

3）现场评审

现场正式评审前评审组根据国家认监委年度评审计划和质检机构的申请制定现场评审计划，提出评审组组成人员建议名单并附上申请书报国家认监委批准后发通知。

（1）评审程序。评审程序有 8 个环节，分别是预备会议，首次会议，考察实验室，实施评审（含现场操作考试、理论考试、座谈考试），评审组汇总情况，与被评审方领导沟通，末次会议，实施整改。

（2）现场评审的重点。在评审组在现场评审时，对于首次申请计量认证的检测机构，

要对照《评审准则》的要求，评价检测机构质量体系的建立的适宜性、充分性及其运行的有效性，要对检测机构所申请开展的检测项目的能力进行准确、客观、公正的评价并提交《评审报告》，所提供的关于检测机构的评审资料需真实、完整、规范。

在监督评审时，要对持证机构遵守有关规定情况和体系运行、控制情况进行评价，当然并不一定要求覆盖《评审准则》的所有要素和检测机构的所有部门，但在3年有效期内的监督评审，应覆盖《评审准则》所有要素和涉及部门。

扩项评审重点要关注扩展项目的能力，同时可仅对相关质量、技术文件进行评价；扩项评审可在监督评审、复评审之前提出，以便一并进行。

在复评审时，要对持证机构所依据标准所建立的质量体系3年来的运行有效性和持续改进情况，对3年的检测工作，特别是检测结果的准确、可靠、公正性，对遵守有关规定，包括认证标志的使用，是否超范围检测等进行客观、公正评价。

（3）评审结论。评审结论包括“符合”“基本符合”“基本符合，需现场复核”“不符合”四种。

“基本符合”，在商定的时间内完成整改，将整改情况填写“现场评审不符合项整改报告”由评审组长确认并签署意见。

“基本符合，需现场复核”，除按前款要求进行整改以外，评审组长还要限期组织现场复核，确认其符合要求后，在被评审机构填写的“整改报告”上签署意见。

“不符合”，重新申请。

4）评审后上报材料

（1）总结汇报材料1份。

（2）整改报告2份（一定要有评审组长签字）。

（3）计量认证/审查认可（验收）申请书2份（其中1份必须是原件）。

（4）计量认证/审查认可（验收）评审报告2份（其中1份必须是原件）。

（5）证书附表清样3份。

（6）软盘1张（内容包括评审报告第一页“基本情况”和证书附表）。

（7）理论考试材料汇编（加封面）1份。

（8）现场测试材料（任务通知书、原始记录等）汇编（加封面）1份。

（9）现场考核的典型检测报告各2份。

（10）近期向社会出具的检测报告2份。

（11）修改后的质量管理手册2份。

（12）审批机关批准的评审组名单。

（13）法人证明复印件/机构设置批文或授权批文。

（14）干部任命文件。

（15）向计量办公室上报材料的红头文件1份（附上报材料清单）。

5）审核发证

（1）条件。评审组所提供的材料真实、完整、规范，现场评审所提出的不符合内容已整改符合要求，特对是检测能力、范围及所执行标准确认合格有效。

（2）审核发证。按照标准审核所提供的材料的真实性，查验审核人员审核意见，对符合标准的，审批同意，交由经办人员发放《计量认证合格证书》和《计量认证合格证书附表》；对不符合要求的，签署不同意的意见和理由，退回重新办理。

（3）公告。每年上半年，将上一年度计量认证考核合格并已颁发《计量认证合格证书》的单位，统一向社会公告，以获取社会各界的广泛知晓和监督。

6）监督评审

监督评审有两种形式，即定期监督评审和不定期监督评审。

定期监督评审：3年内至少2次，一般安排在获证满3年时。

不定期监督评审：根据实验室的检验工作状况、客户对其有投诉的情况、突发事件等，及时发现问题，限期整改。不是任意和随机的。

监督评审的程序和方式与首次现场评审基本一致，但评审工作量要控制不超过首次评审或复查评审，原则上不进行理论考试。评审组人数少于首次评审，一般为2～3人，必要时可增加到5人。评审时间应少于首次评审，一般为2天，必要时可适当缩短或延长。

监督评审工作（包括实施整改）结束后10个工作日内，报下述材料：

（1）加盖中心公章的工作总结汇报材料1份。

（2）评审报告2份。

（3）经评审组长签署意见的整改报告2份。

（4）质量手册1份（有变化时）。

（5）程序文件1份（有变化时）。

（6）近期向社会出具的检测报告1～2份。

（7）向评审组报送材料的文件1份。

7）扩项评审

质检机构新增检测能力的，可申请“扩项”，需于评审前6个月提出申请，材料包括：

（1）申请书2份。

（2）质量手册1份（有变化时）。

（3）程序文件1份（有变化时）。

（4）扩项产品的典型检测报告（1～2份）。

（5）相关的能力验证试验的证明材料（如果有）。

扩项的现场评审程序与首次评审程序基本相同，某些环节可适当简化，可不进行理论考试；扩项评审的评审组人数少于首次评审，一般为2～3人，必要时可增加到5人；评审时间应少于初次评审，一般为2天，必要时可适当缩短或延长；扩项评审可与监督评审结合进行。

扩项评审（含实施整改）结束后报送材料如下：

（1）加盖中心公章的工作总结汇报材料1份。

（2）申请书2份。

（3）评审报告2份。

（4）经评审组长签署意见的整改报告2份。

（5）证书附表清样3份。

（6）软盘 1 张（内容包括评审报告第一页“基本情况”和证书附表）。

（7）现场测试材料（任务通知书、原始记录等）汇编 1 份。

（8）现场考核的典型检测报告各 2 份。

8）复查换证评审

三年到期需复查换证的质检机构应提前 6 个月提出申请。复查换证申请材料、评审组组成、评审时间、现场评审程序、评审后上报材料等与首次现场评审程序一致。复查评审前一般不安排预评审。特殊情况不能如期换证的，可提交延期申请报告，经批准后可适当延期。延期申请一般不得超过 6 个月。证书有效期满后，质检机构不得再使用“CMA”标志，不得向社会提供公证数据。

9）变更登记

3 年到期需复查换证的质检机构应提前 6 个月提出申请。复查换证申请材料、评审组组成、评审时间、现场评审程序、评审后上报材料等与首次现场评审程序一致。复查评审前一般不安排预评审。特殊情况不能如期换证的，可提交延期申请报告，经批准后可适当延期。延期申请一般不得超过 6 个月。证书有效期满后，质检机构不得再使用“CMA”标志向社会提供公证数据。

2. 室内环境检测实验室 CMA 认证的阶段流程图

首次申请室内环境检测实验室 CMA 认证的阶段流程图如图 2.1 所示。

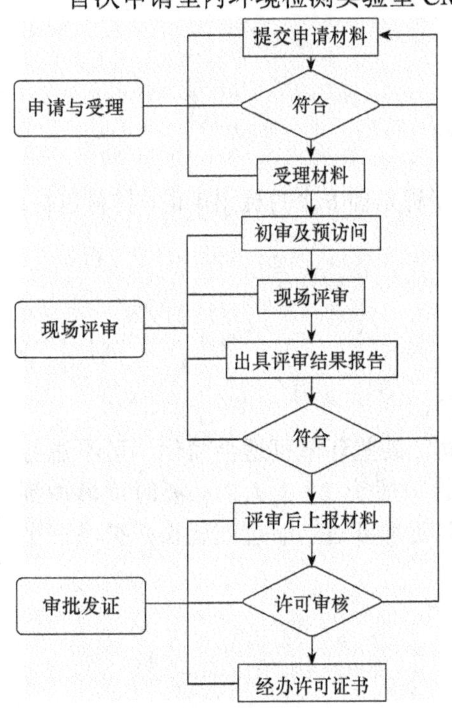

图 2.1 室内环境检测实验室 CMA 认证的阶段流程图

（1）申请与受理部分。资质机构向国家认监委提出计量认证申请，并提交相关材料。认监委实验室部评审管理处接到申请材料后，5 日内完成对申请材料的完整情况进行审查，对符合受理条件（或存在一般问题但修改后符合）的申请单位，受理其申请。严重不符合者，不予以受理。

（2）现场评审部分。可根据申请单位的需要，进行初审及预访问。承担技术评审的机构在接到认监委对申请机构的技术评审要求后 2 个月内安排现场评审，在评审结束后出具评审结果报告。评审结果为“符合”，或者评审结果为“基本符合”“基本符合，需现场复核”评审组在确认其最终符合要求后即可上报材料。“不符合”者需重新申请。

（3）审批发证部分。认监委实验室部评审管理处按照标准审核所提供的材料的真实性，查验审核人员审核意见，对符合标准的，审批同意，经办许可证书，并于认监委网站予以公布；对不符合要求的，签署不同意的意见和理由，退回重新办理。

2.2　室内环境检测与治理业务开展

一、业务人员必备知识与礼仪

（一）业务人员必备知识

1. 询问与记录的内容

接待咨询是业务人员的第一课，它对开展室内环境治理业务，为客户有效、经济地做好室内环境治理工作，预防室内环境污染物对人们健康造成伤害具有十分重要的意义。

业务人员在接待咨询时，应作较详细的记录，并予以保存。其作用是便于掌握客户信息，如发现问题，能及时与客户取得联系，为下一步制定治理方案提供原始的背景材料。也便于在以后室内环境治理业务的开展及跟踪服务中，作为质量检查的可追溯资料。

接待咨询主要需要记录以下有关内容：

（1）客户的基本资料。

（2）室内环境的基本情况。

（3）室内装修材料的基本情况。

（4）室内污染及对人体健康影响的情况。

（5）室内环境检测治理的情况。

（6）室内环境污染表观的情况。

业务人员在接待客户时，需要详细询问并正确回答客户提出的有关室内环境治理的问题。

2. 室内环境的基本信息

随着人们环境意识的持续提高和室内环境质量标准的不断完善，我国室内环境治理的市场正保持上升态势。未来几年，我国室内环境治理的服务对象主要为公共场所、住宅和现代化办公楼宇，其他有专业特殊要求的行业的室内环境治理也将趋于规范化，例如银行钞票处理中心、档案馆、微生物实验室等。如表 2.1 所示为常见需治理的室内环境分类。

表 2.1　常见的需要治理的室内环境分类

类　别	名　称
住宅	高层住宅、别墅、移动住宅
办公楼	政府办公楼、企事业办公楼、会议室、接待室、计算机室、档案室
公共场所	宾馆、美容厅、娱乐场所、餐厅、咖啡厅、网吧、商城、超市、健身房、图书馆、博物馆、展览馆
卫生机构	医院急诊、门诊室、普通病房、疾病预防控制中心、幼儿园、老人院、疗养院、康复中心、血站、计生中心、法医检验
金融机构	银行钞票处理中心、银行营业大厅、造币厂、证券公司、保险公司
科研、实验机构	精密仪器实验室、微生物实验室、动物实验室
工厂企业	印刷厂、化妆品厂、保健品厂、钢铁厂、化工厂、电厂、石油基地、电信大楼、电子工厂、制药厂

业务人员在接待客户咨询提问时，需要了解的有关的室内环境基本信息如表 2.2 所示。

表 2.2　室内环境基本信息

序　号	类　别	项　目
1	建筑结构	房间平面布置图、各房间的面积、层高
2	建筑物周围情况	是否靠近公路、是否靠近闹市中心、是否有建筑工地、是否有工厂排放烟尘、是否有餐厅的厨房排放油烟废气、小区的生态环境如何、是否受到公共通道影响污染（如邻居的厨房油烟排放、卫生间异味等）
3	装修情况	墙、天花板、地板、门窗、家具
4	装修材料	涂料、油漆、胶黏剂、木制品、壁纸、地毯、混凝土外加剂、天然石材
5	装修时间	装修的开始时间及结束时间
6	人员情况	有无老、弱、病、残、孕、婴、幼等弱势人群，成员中有无哮喘等过敏性疾病病史
7	人员感官情况	有无感觉有异味、灰尘烟雾特别大
8	人员健康状况	呼吸道有无不适，有无喉咙痛、痒、咳嗽等症状，有无皮肤丘疹、哮喘等过敏症状，有无乏力、困倦、头晕等症状
9	宠物情况	所养宠物的类型，宠物是否有异常情况
10	植物情况	有无绿色植物
11	燃料	使用煤气、煤还是液化气
12	气雾剂	是否经常使用气雾类的化妆品、清洁剂或杀虫剂
13	吸烟情况	人员是否有吸烟情况

3. 室内环境的检测项目

在接待客户询问并记录有关室内环境污染的相关信息后，进一步了解与记录客户有关对室内环境的检测和已采取的治理手段等问题就变得十分重要。

对于不同的室内场合、不同的污染状况，需要检测的污染物的项目是不同的（表 2.3、表 2.4）。测试项目的选择不当或漏检了某些引起室内环境污染的主要污染物，都可能对以后的制订治理方案带来困难，甚至会使室内环境质量的评估得出错误的结论。

表 2.3　不同的室内环境需要检测的项目

检测项目 / 室内环境名称	甲醛	苯、甲苯、二甲苯	氨	TVOC	二氧化碳	一氧化碳	可吸入颗粒物	细菌	氡
住宅	√	√		√					√
办公室	√	√		√	√		√	√	
商城	√			√	√		√	√	
宾馆客房	√				√	√	√	√	
餐厅	√				√	√	√	√	
地铁				√			√	√	√
银行	√						√	√	
美容院	√		√						
幼儿园	√						√	√	

表 2.4　不同的室内情况需要检测的项目

室内环境名称 \ 检测项目	甲醛	苯类	TVOC	二氧化碳	一氧化碳	可吸入颗粒物	细菌	苯并（a）芘	氡	氨
中央空调				√		√	√			
人员密集				√		√	√			
新装修	√	√	√							
新车	√	√	√							
吸烟				√	√	√		√		

4. 现场检测方法

在很多情况下，需要对室内环境的空气质量与卫生状况作出迅速的判断和评价，例如，对于发生事故后的工作场所、有剧毒物质存在的工作场所等，需要迅速知道空气中存在的毒物及其浓度，以便采取相应的措施，如决定现场人员能否进入或是否需要撤离，需采取什么防护措施等。这种情况下，要求使用现场快速检测方法，尽快得出测定结果。现场检测方法通常是在工作场所进行实时检测，即在短时间内测得空气中是否存在毒物及其浓度大小。

现场检测方法要求用于现场检测的仪器或试剂有较高的灵敏度、采集空气样品量少、具有一定的准确度、操作简便快速、便于携带。有些检测方法不能完全达到快速、灵敏和准确等要求，但只要反应快速，灵敏度和准确度稍差些，仍有实用意义，特别对于污染物浓度高的情况是适用的。常用的有检气管法、气体测定仪检测法、试纸法和溶液快速法等（表 2.5）。

表 2.5　现场检测方法

<table>
<tr><th>方法名称</th><th>说　明</th><th>特　点</th></tr>
<tr><td rowspan="5">检气管法
（气体检测管法）</td><td rowspan="5">以试剂浸泡过的载体颗粒制成指示剂，装在玻璃管内，当含有被测毒物的空气通过时，毒物与试剂发生反应，试剂颜色会发生变化，根据产生颜色的深浅或变色柱的长度，与事先制备好的标准色板或浓度标尺比较，即时作出定性和定量评价。检气管根据其构造和用途可分为普通型、试剂型、短期测量管、长期测量管和扩散式测量管等</td><td>普通型是玻璃管内仅装指示剂，能直接与待测物起颜色反应而定性定量</td></tr>
<tr><td>试剂型是在玻璃管内除装指示剂外，还装有试剂溶液小瓶，待被测物与试剂反应，产生颜色</td></tr>
<tr><td>短期测量管的采样检测时间短，通常为数分钟</td></tr>
<tr><td>长期测量管的采样检测时间长，可达数小时</td></tr>
<tr><td>扩散式测量管不同于上述两种的是不需要抽气动力，而是利用毒物分子的扩散作用</td></tr>
</table>

续表

方法名称	说明	特点
气体测定仪检测法	用携带方便的仪器在现场进行即时直读式检测的方法。目前常用的检测原理有红外线、半导体、电化学、气相色谱、激光等。可用于许多有害物质的检测，如一氧化碳、二氧化硫、硫化氢、氨、甲醛、苯、可燃性气体等。应用便携式气相色谱仪，可以在现场较准确地测定许多有机挥发性气体	优点：较高的灵敏度、准确度和精密度，体积较小，质量较轻，携带方便，操作简单、快速
		缺点：仪器价格较高，仪器的校正、使用和维护需要的技术和费用都比较高
试纸法	用滤纸浸渍化学试剂后，直接挂在工作场所的监测点，或放在采样夹内，当被测空气通过时，空气中的有害物质与化学试剂起反应，从而使颜色发生变化，根据生成颜色的深浅或色调与标准色板比较进行定性和定量检测	优点：体积小，质量轻，携带方便，操作简单快速，费用低
		缺点：干扰因素较多，准确度较差
溶液快速法	在特制的吸收管中，装有化学试剂配置的吸收液，当含有待测物的空气通过吸收液时，待测物与化学试剂迅速发生反应，使颜色发生变化，根据生成颜色的深浅或色调与标准比色管系列比较进行定性和定量检测	优点：一般比试纸法灵敏和准确
		缺点：仪器的携带和操作较不方便

现场检测是近年来迅速发展起来的检测技术，目前已大量用于各种场合的室内环境的检测。现场检测采用的仪器检测方法虽然不同于《室内空气质量标准》规定的规范的检测方法，但其简易、动态、快速的特点，为现场判别污染源与污染程度、提高检验治理的效率提供了极大的方便。随着微电子、激光、微波、自动化等技术的高速发展，现代分析检测仪器在近年来产生了很大的变革。特别是传感器与数字技术在分析仪器方法上得到大量应用，从而使分析仪器的采样误差越来越小、测试速度越来越快、操作越来越简便、设备的体积也越来越小。现代现场检测仪器相当于将整个实验室微型化、将人工操作自动化、将分析计算电脑化，实现了现场采样、实时分析及即出报告。

5. 室内环境污染的成因分析

由于生活水平的提高，大量能够挥发出有害物质的各种建筑材料、装饰材料、人造板家具等民用化工产品进入室内，人们在室内接触有害物质的种类和数量比以往明显增多，通过污染的原因分析，准确的找出污染源，可为治理工作打下坚实的基础。室内空气污染物的种类与成因见表 2.6。

表 2.6 室内空气污染物的种类与成因

污染物类别	主要成因
物理污染	室内环境温度与湿度过高或过低； 空气中的尘埃粒子、油烟、铅尘、石棉等可吸入颗粒物引起的环境污染； 中央空调或空调引起的可吸入颗粒物污染； 新风不足； 吹风感； 室内光照太强或太弱

续表

污染物类别	主 要 成 因
化学污染	装修材料、化妆品、家用电器、家具、办公用品释放出来的各种有机化学污染物； 高压类电器释放臭氧，如电视机、复印机、激光打印机、电子消毒柜等； 人与人活动造成的有害气体的污染，例如：吸烟、燃烧、烹调等； 宠物的异味； 大气中汽车尾气、工厂排放的废气侵入室内，造成污染
放射性污染	宅基地与土壤侵入的放射性核素； 不合格天然建筑材料释放过量的氡及其衰变子体，例如：大理石、混凝土、瓷砖、陶瓷等制品
生物污染	细菌、真菌等微生物在适当的温度与湿度条件下，容易繁殖生长； 中央空调或空调的通风系统可能成为细菌、真菌等微生物繁殖生长的温床； 中央空调或空调的冷却水、冷凝水可能滋生军团菌； 不清洁的厨房、卫生间、阳台、储藏室中的螨虫、蟑螂的排泄物是引起过敏的主要生物污染物； 室内养殖的花卉可能引起花粉污染； 室外绿化地带的植物花粉会通过通风进入室内； 宠物携带与散发的细菌、病毒会引起人畜共患病； 人体每天脱落的皮屑，可能成为螨虫等微生物的养料； 患者会通过呼吸、咳嗽、打喷嚏传播致病微生物

6. 室内环境治理的基本方法

针对不同室内环境、不同的污染物以及对室内环境质量不同的要求，可以有不同的治理方法（表 2.7）。治理的目的是要求有效地清除污染物，而且不能反弹、不能有二次污染，方法要简便，价格还要经济。因此，室内环境治理的方法有一个比较的过程。对于要求较高的场合，简单、单一的方法往往不能彻底解决室内环境的污染问题。例如中央空调通风系统的清洗、安装净化消毒装置，必须由专业的机构提供专业的服务。专门的空气净化消毒装置也需要有专门的资质。优质的空气净化消毒装置与其他方法综合起来，几乎可以解决所有的室内空气污染问题。

表 2.7　室内环境常用治理方法

治理方法 室内环境	通风法	涂敷法	喷雾法	光催化法	清洗法	空气净化装置
住宅	√	√		√	√	√
办公室	√	√		√	√	√
宾馆客房	√	√		√	√	√
商城	√		√	√	√	√
餐厅	√	√		√	√	√
幼儿园	√	√		√	√	√
银行	√	√		√	√	√

（二）业务人员必备礼仪

业务人员除了需要掌握必要的专业知识之外，还应注重接待中的礼仪。在日常经营业务中，业务人员接待客户的工作是必不可少的，接待中的礼仪表现与企业形象密切相关，所以，接待来访的礼仪应当受到重视。

1. 接待礼仪的主要内容

（1）接待时要举止大方，口齿清楚，注意形体、语言、服饰等。

（2）服饰要整洁、端庄、得体；女性化妆应尽量淡雅。

（3）认真倾听来访者的叙述。

（4）对来访者的提问不要轻率表态，应思考后再回答。对一时不能作答的，可以提出另外约定一个时间后再联系。

（5）对能够马上答复的或立即可办理的事，应当场答复，迅速办理，尽量使来访者满意而归。

（6）来访者的意见与自己不一致时，应当尽量耐心地予以解释，不要与来访者争辩，更不能激怒来访者。

（7）主动向来访者呈上企业的介绍资料和自己的名片，并请来访者赐予名片。如来访者不带名片，应当详细记录来访者的姓名、联系方式等信息资料，以备日后的联系及进一步开展业务。

（8）对来访者反映的问题，应作简短扼要的记录。

（9）接待时要专心致志，如接待中有要紧的电话或有其他事情必须暂停接待的情况，应当向来访者表示歉意。处理完后立即回来继续接待，不要让来访者久等。

（10）结束接待后，要恭送来访者至企业门口或楼层的电梯口。

2. 爱护环境的理念

在接待中，之所以要特别地讨论爱护环境的问题，除了因为这一问题是作为人所应具备的基本的社会公德之外，还在于在当今社交舞台上，这一问题已经成为舆论倍加关注的焦点问题之一。在爱护环境方面应当注意的细节问题，具体可分为下列 8 个方面：

（1）不可毁损自然环境。

（2）不可虐待动物。

（3）不可损坏公物。

（4）不可乱堆乱挂私人物品。

（5）不可乱扔乱丢废弃物品。

（6）不可随地吐痰。

（7）不可到处随意吸烟。

（8）不可任意制造噪声。

作为从事室内环境保护工作的专业人员，爱护环境的理念要处处、事事体现在日常的言谈举止中。

二、室内环境检测与治理开展业务流程

（一）检测流程

1. 编制检测方案

室内环境检测是为室内环境评价、治理提供依据的必要的前期工作，因此，合理地编制室内环境检测的方案十分重要。

1）了解室内环境的性质

根据对室内环境的初步了解和客户提供的信息，确定室内环境的性质，初步确定需要现场测试的项目。

2）现场勘察

通过现场勘察与客户提供的信息，了解室内环境的基本情况，以便进一步确定具体测试的房间与测试的项目。

3）确定检测项目的内容和所需时间、人员与费用

需要确定的检测项目包括检测点数及其名称、每一个需要检测的污染物的名称以及需要配备的测试仪器与材料、工具等。确定检测项目后，还需要确定每一个检测项目所需要的时间、人员与费用（表 2.8）。

表 2.8 检测项目的内容和所需的时间、人员与费用

检测点编号	检测点 1	检测点 2	检测点 3	…
检测点名称				
检测污染物名称				
检测仪器名称				
材料、工具				
预计测试时间				
人员配备				
预计测试费用				

2. 布点和采样（表 2.9）

表 2.9 室内环境检测的布点和采样

项 目	原 则	实施要求
布点数量	采样点的数量根据检测对象的面积大小和现场情况而定，以期能正确反映室内空气污染物的水平。	小于 $50m^2$ 的房间应设 1～3 个点； 50～$100m^2$ 设 3～5 个点； $100m^2$ 以上至少设 5 个点
布点方式	多点采样时应按对角线或梅花式均匀布点，应避开通风口	离墙壁距离大于 0.5m，离门窗距离应大于 1m
采样点的高度	与人的呼吸高度一致	相对高度为 0.5～1.5m

续表

项　目	原　则	实施要求
采样时间及频次	采样应在装修完成7d以后进行	年平均浓度至少连续或间隔采样3个月； 日平均浓度至少连续或间隔采样18h； 8h平均浓度至少连续或间隔采样6h； 1h平均浓度至少连续或间隔采样45min
封闭时间	对于采用集中空调的室内环境，空调应正常运转，有特殊要求的可根据现场情况及要求而定	检测应在对外门窗关闭12h后进行
采样方法	先做筛选采样检验，若检验结果符合标准值要求，则为达标；若筛选采样检验结果不符合标准值要求，须按年平均值、日平均值、8h平均值的要求，用累积采样检验结果评价	测试年平均值、日平均值、8h平均值的参数
筛选法采样	采样时关闭门窗，一般至少采样45min，采用瞬时采样法时，一般采样间隔时间为10～15min，每个点应至少采集3次样品，其检测结果的平均值为该点的小时均值	
累积法采样	按年平均值、日平均值、8h平均值的要求采样	
采样仪器	采样仪器应符合国家有关标准和技术要求，并通过计量检定。使用前，应按仪器说明书对仪器进行检验和标定。采样时采样仪器（含采样管）不能被阳光直接照射	
采样人员	采样人员必须通过岗前培训，切实掌握采样技术，持证上岗	
气密性检查	使用有动力采样器，在采样前应对采样系统气密性进行检查，不得漏气	
流量校准	采样前和采样后要用经检定合格的高一级的流量计（如一级皂膜计）在采样负载条件下校准采样系统的采样流量，取两次校准的平均值作为采样流量的实际值。校准时的大气压与温度应和采样时相近，两次校准的误差不得超过5%	
现场空白检验	在进行现场采样时，一批至少留有两个采样管不采样，并同其他样品管一样对待，作为采样过程中的现场空白，采样结束后和其他采样吸收管一并送交实验室。样品分析时测定现场空白值，并与校准曲线的零浓度值进行比较，若空白检验超过控制范围，则这批样品作废	
平行样检验	每批采样中平行样数量不得低于10%。每次平行采样，测定值之差与平均值比较的相对偏差不得超过2%	
采样体积校正	在计算浓度时应按公式将采样体积换算成标准状态下的体积	
采样记录	采样时要使用墨水笔或档案用圆珠笔对现场情况、采样日期、时间、地点、数量、布点方式、大气压力、气温、相对湿度、风速以及采样人员等做出详细现场记录，每个样品上也要贴上标签，标明点位编号、采样日期和时间、测定项目等，字迹应端正、清晰。采样记录随样品一同报到实验室	
采样安全措施	在室内空气污染物浓度明显超标时，应采取适当的防护措施，并应备有预防中暑、治疗擦伤的药物	
样品运输与保存	样品由专人运送，按采样记录清点样品，防止错漏。为防止运输中采样管破损，装箱时可用泡沫塑料等分隔。样品因物理、化学等因素的影响，组分和含量可能发生变化，应根据不同项目要求，进行有效处理和防护。运输和储存过程中要避开高温、强光，各样品要标注保质期并在之前检测	

3. 选择检测方法测试

目前我国室内环境空气质量的测试规范大多采用现场采样、实验室分析的方法，配合有快速检测仪与快速测试法用于了解室内空气的污染基本情况或用于观测治理前后的效果。出具正式的具有法定意义的检测报告的单位必须具有国家批准的检测资质，同时也要具有 CMA 的计量资格。室内主要污染物检验方法见表 2.10。

表 2.10　室内主要污染物检验方法

污 染 物	检 验 方 法	来　源
二氧化硫	甲醛溶液吸收-盐酸副玫瑰苯胺分光光度法、紫外荧光法	GB/T 16128—1995 ISO/CD 10498①
二氧化氮	改进的 Saltzaman 法或化学发光法	GB/T 12372—1990 ISO 7996①
一氧化碳	不分光红外线气体分析法、气相色谱法、汞置换法	GB/T 18204.23—2000
氨	靛酚蓝分光光度法、钠氏试剂分光光度法、空气质量氨的测定离子选择电极法	GB/T 18204.23—2000 GB/T 14669—1993
臭氧	紫外光度法、靛蓝二磺酸钠分光光度法、空气质量氨的测定离子选择电极法	GB/T 15438—1995 GB/T 18204.27—2000 ISO 10313①
甲醛	AHMT 分光光度法、酚试剂分光光度法、化学发光法	GB/T 16129—1995 GB/T 18204.26—2000
苯	气相色谱法	GB 11737—89 ISO/DIS 16017—1①
苯并（a）芘	高压液相色谱法	GB/T 15439—1995
可吸入颗粒物	撞击式称重法	GB/T 17095—1997
总挥发性 有机化合物（TVOC②）	气相色谱法	ISO/DIS 16017—1
氡及其子体	经迹蚀刻法、闪烁瓶法	GB/T 14582—1993 GB/T 16147—1995
细菌总数	撞击式称重法	GB/T 18204.1—2000

① 国际标准。

② TVOC，指在常压下沸点范围 50～260℃的化合物。

4. 记录检测结果

1）记录测试现场基本情况

检测结果应当记录测试现场的基本情况，包括测试地点、日期、测试项目名称、室内面积、层高等。

2）记录测试仪器的基本情况

检测结果应当记录所用测试仪的基本情况，包括仪器的名称、型号、生产厂家等。

3）记录测试方法

需要记录的测试方法包括 3 项：

（1）测试依据，一般填写测试的法定标准。

（2）测试方法，按测试标准规定的方法填写。

（3）测试条件，包括测试时的环境温度、相对湿度、大气压强等。

4）记录测试结果

每个检测点应测 3 次，记录最终认定的测试数据，一般精确到小数点后 2 位，单位应为国际标准单位。

5）有关结论

根据测试结果，比照有关标准，写出结论性的文字。

6）检测报告

检测报告应包括以下内容：被检测方或委托方、检测地点、检测项目、检测时间、检测仪器、检测依据、评价依据、检测结果、检测结论及检验人员、报告编写人员、审核人员、审批人员签名等，如表 2.11 和表 2.12 所示。检测报告应加盖检测机构检测专用章，在报告封面左上角加盖计量认证章，并要加盖骑缝章。

表 2.11　检测报告格式

<table>
<tr><td>委托单位</td><td></td><td>检验类别</td><td></td></tr>
<tr><td>抽样地点</td><td></td><td>到样日期</td><td></td></tr>
<tr><td>样品数量</td><td></td><td>送样人</td><td></td></tr>
<tr><td>抽样基数</td><td></td><td>原编号或日期</td><td></td></tr>
<tr><td>检验依据</td><td></td><td></td><td></td></tr>
<tr><td>检验项目</td><td colspan="3"></td></tr>
<tr><td>检验结论</td><td colspan="3">（检验报告专用章）
签发日期：</td></tr>
<tr><td>备注</td><td colspan="3"></td></tr>
<tr><td colspan="4">批准：　　　　审核：　　　　主检：</td></tr>
</table>

表 2.12　检验结果汇总报告

<table>
<tr><td rowspan="2">序　号</td><td rowspan="2">检验项目</td><td rowspan="2">标准号</td><td rowspan="2">标准要求</td><td colspan="2">实测结果</td><td rowspan="2">本项结论</td><td rowspan="2">备　注</td></tr>
<tr><td>测点号</td><td>实测值</td></tr>
<tr><td rowspan="3"></td><td rowspan="3"></td><td rowspan="3"></td><td rowspan="3"></td><td>1</td><td></td><td rowspan="3"></td><td rowspan="3"></td></tr>
<tr><td>2</td><td></td></tr>
<tr><td>3</td><td></td></tr>
</table>

5. 室内环境品质评价流程（图 2.2）

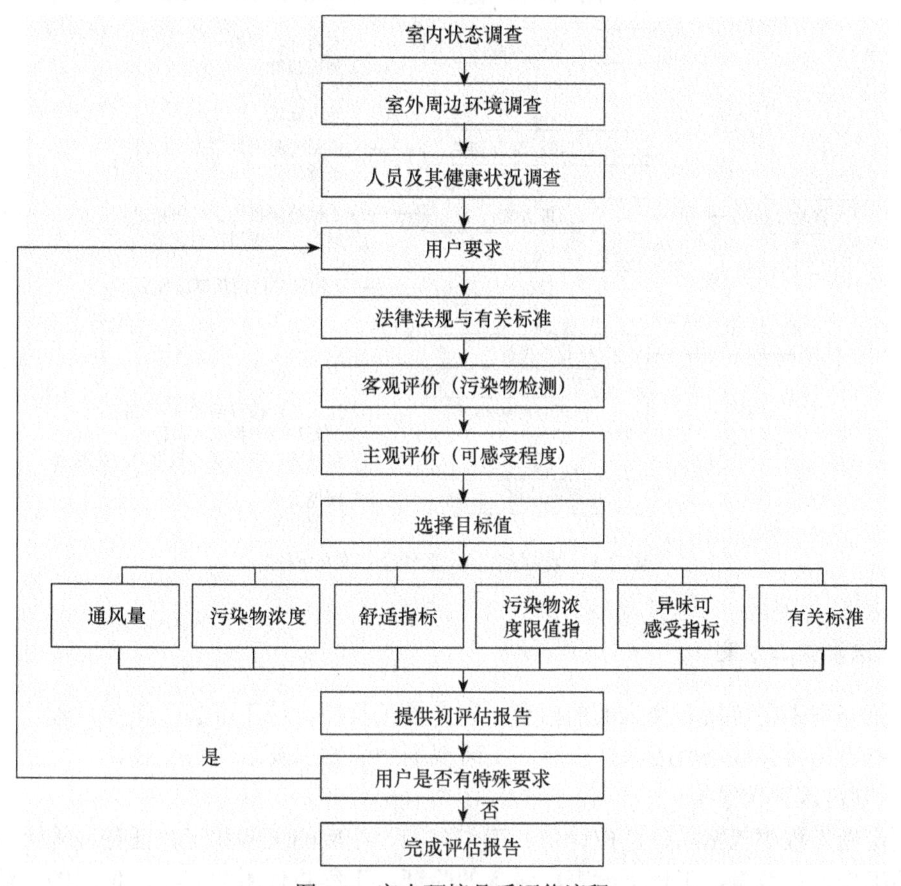

图 2.2　室内环境品质评价流程

由于环境污染物种类繁多，室内环境中的诸多因素可以综合地作用于人体，人的个体差异性也很大，室内环境品质评价流程图给出了评价室内环境品质的各个步骤，其目的在于为评价者提供一个方法，以利于恰当地、综合地体现评价的结果。给出影响室内环境品质的各种环境因素，包括室内环境因素、室外环境因素、主观因素、客观因素，这些因素会在评价中起到重要作用。对于流程图中给出的程序以及内容，可以进行一定程度的改动，但是，所有的步骤是不可缺少的。

（二）治理流程

1. 编制治理方案

室内环境治理牵涉的面较广，工程项目建设也越来越复杂，用户面临着复杂的环境污染问题和健康问题，需要专业咨询机构提供全方位、综合性的方案、服务和建议。室内环境治理业务人员应该以其专业知识、业务能力与总体整合能力，围绕用户的项目目

标提出切实可行的治理方案（图 2.3)。

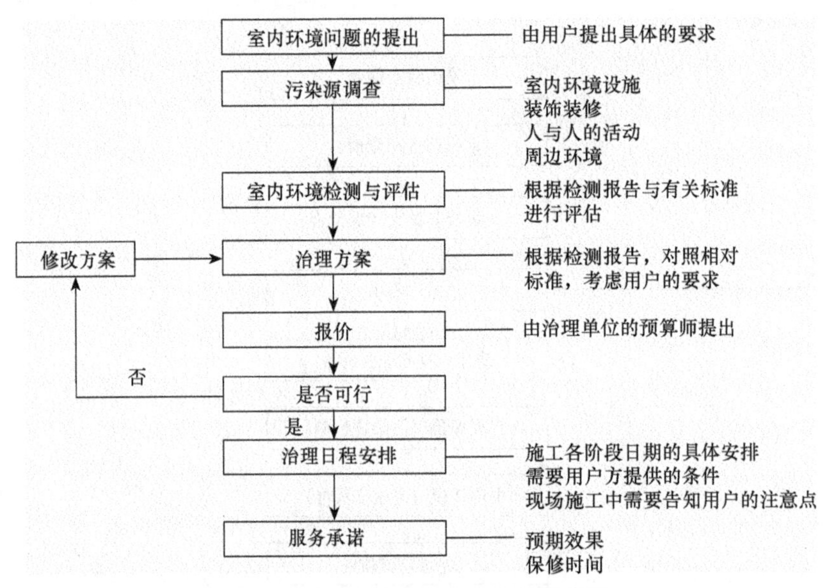

图 2.3　编制室内环境治理方案的程序

2. 识读施工方案

施工方案主要包括 6 个方面的内容：制定施工程序、施工准备工作质量管理、进料及时检查、物料存放场所应保持干净、安装现场的清扫以及培训与交底。

1）制定施工程序

制定施工程序包括总体监控计划、工作范围、相应的采购和工作任务、施工时限、工程的工作人员数量、工程进度表、设备的验证、工程将使用的方法、使用的清洗剂、安全计划。

2）施工准备工作质量管理

（1）建立健全的施工现场组织机构，明确每个人的工作岗位和工作范围（图 2.4)。

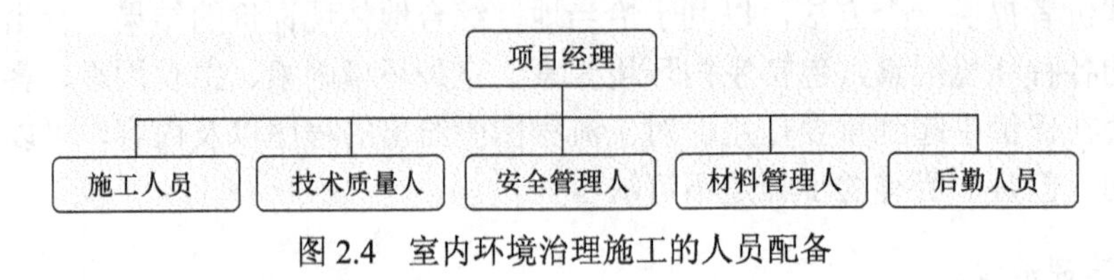

图 2.4　室内环境治理施工的人员配备

（2）在施工组织设计指导下，及时编制施工方案和质量保证技术措施。

（3）做好各专业的准备工作。

（4）配备专职人员负责管理施工图样、标准图集、修改设计和技术核定等技术文件。

（5）组织施工人员进行技术培训，操作资格审查或考核。

（6）施工机具、试验设备、测量仪器和计量器具的准备。

（7）做好施工人员技术交底。

（8）按工种设计、施工设计或规范要求，做好工艺评定试验的项目。

（9）做好接受第三方质量监督的准备，为第三方监督创造必要的条件。

3）进料及时检查

进料及时检查的主要内容有设备外观、型号规格、数量、标志、标签、产品合格证、产地证明、说明书、技术文件资料、检验设备性能。

4）物料存放场所应保持干净

准备干净的密闭性较好的空间作为物料堆放场所。凡属高效过滤器的净化设备以及为安装这些设备所用的材料，除了要求干净外，还不能在高湿、低温的环境下存放。风管、部件及其他设备也要妥善保管，避免积尘和损坏。

5）安装现场的清扫

治理前须将现场清扫擦拭干净，治理过程中也应保持现场干净，以防止系统和设备受到污染。

6）培训与交底

安装人员一定要进行治理知识的教育和技能培训。同时，有关负责人也要在安装前向具体安装人员进行技术交底，讲明作业要求和注意事项。

3. 选择药剂及工具设备

结合常见室内污染物的治理方法，能够根据施工方案选择药剂及工具设备，了解室内环境治理常用设备的使用方法（表2.13）。

表2.13 常见室内空气污染物的来源与治理方法

室内常见污染物	主要来源	常见治理方法
甲醛	人造板（如家具、壁橱、天花板、地板、护墙板等）	1. 板材前期预处理：涂敷甲醛消除剂、热压 2. 板材事后处理：封边、涂敷甲醛消除剂、喷涂光催化剂 3. 现场综合治理：升温（冬季治理）、通风、使用空气净化器（除甲醛类）、种植芦荟、垂挂兰、龙舌兰、仙人掌
	装修材料（如油漆、涂料、胶粘剂、保温、隔热和吸声材料等）	1. 通风 2. 使用空气净化器（除甲醛类）
	装饰物（如墙纸、墙布、化纤地毯、挂毯、人造革等）	1. 涂敷甲醛消除剂 2. 喷涂光催化剂 3. 通风 4. 使用空气净化器（除甲醛类）
	化学制品（化妆品、清洁剂、杀虫剂、防腐剂）	1. 通风 2. 使用空气净化器（除甲醛类）
苯系物	装修材料（如油漆、涂料、稀释剂、胶黏剂等）	1. 通风 2. 升温（冬季治理） 3. 喷涂光催化剂 4. 使用空气净化器（除吸附类） 5. 种植扶郎花、菊花、月季和铁树等绿色植物

续表

室内常见污染物	主 要 来 源	常见治理方法
TVOC	装修材料（如油漆、涂料、胶黏剂、人造板、家具、壁橱、天花板、地板、护墙板、隔热材料、防水材料等）	1．通风 2．喷涂光催化剂 3．使用空气净化器（即挥发性有机气体类） 4．室内绿化
	装饰物（如墙纸、墙布、化纤地毯、挂毯、人造革等）	1．通风 2．使用空气净化器（除挥发性有机气体类）
	化学制品（如化妆品、清洁剂、杀虫剂、防腐剂等）	1．通风 2．涂敷甲醛消除剂 3．喷涂光催化剂 4．使用空气净化器（除挥发性有机气体类）
	办公用品（如复印机、打印机等）	1．通风 2．使用空气净化器（除挥发性有机气体类）
二氧化碳	呼吸	加强通风
	燃烧	室内绿化：种植洋乡球、秋海棠、文竹、仙人掌
	吸烟	禁止在室内吸烟
一氧化碳	煤气泄漏或不完全燃烧	1．加强通风 2．新风装置 3．室内绿化：种植垂挂兰、仙人掌
	吸烟	1．禁止在室内吸烟 2．通风
氨	阻燃剂、增白剂、混凝土外加防冻剂	1．加强通风 2．新风装置 3．使用空气净化器（化学吸附类、化学吸收类）
	美容店使用的喷发胶	1．加强通风 2．新风装置 3．使用空气净化器（化学吸附类、化学吸收类）
	卫生间	1．加强通风 2．使用空气净化器（化学吸附类、化学吸收类）
	宅基地和土壤	1．地基处理：铺垫隔离层、加强防渗层结构、密封地面接缝处 2．通风稀释 3．使用空气净化器（除尘类） 4．安装新风净化装置使室内形成正压
	建筑材料	1．严禁使用放射性核素超标的建筑材料 2．加强通风 3．安装新风装置 4．使用空气净化器（除尘类）
臭氧	办公用品（如复印机、激光印刷机以及具有高压发生装置的家用电器等）	1．修理或更换释放过量臭氧的各类装置 2．加强通风 3．使用空气净化器（化学吸附类、化学吸收类）

续表

室内常见污染物	主 要 来 源	常见治理方法
臭氧	净化、消毒装置	1. 修理或更换释放过量臭氧的各类装置 2. 加强通风
	大气侵入	使用新风气净化装置（化学吸附类、化学吸收类）
二氧化硫	燃煤	1. 加强通风 2. 使用空气净化器（化学吸附类、化学吸收类） 3. 室内绿化：种植栀子花、石榴花、洋乡球、秋海棠、文竹、仙人掌、杜鹃、木槿、紫薇等
	大气侵入	使用新风气净化装置（化学吸附类、化学吸收类）
	燃煤	1. 加强通风 2. 使用空气净化器（化学吸附类、化学吸收类）
	大气侵入	使用新风气净化装置（化学吸附类、化学吸收类）
可吸入颗粒物	空调或中央空调	1. 定期清洗通风系统 2. 安装通风系统空气净化装置 3. 使用空气净化器（除尘类） 4. 安装新风净化装置 5. 湿法清扫表面浮尘
	人与人的活动	1. 使用空气净化器（除尘类） 2. 湿法清扫表面浮尘
	厨房油烟	1. 加强排风 2. 安装厨房油烟净化装置（除油烟、油雾、除油呛味类）
	吸烟	1. 禁止在室内吸烟 2. 使用空气净化器（除尘类）
	大气侵入	安装新风净化装置
细菌	空调或中央空调	1. 定期清洗、消毒通风系统 2. 控制冷凝水 3. 安装通风系统空气净化消毒装置 4. 使用空气净化器（除尘除菌类） 5. 安装新风净化消毒装置 6. 湿法清扫表面浮尘、控制扬尘
	人与人的活动	1. 使用空气净化器（除尘除菌类） 2. 湿法清扫表面浮尘 3. 及时清除生活垃圾
	建筑结构	1. 建筑结构 2. 控制室内相对湿度≤70% 3. 加强厨房、卫生间、阳台地漏水封 4. 保持厨房、卫生间环境干燥 5. 预防天井拔风形成窜气 6. 预防下水道污染 7. 安装新风净化消毒装置使室内形成正压 8. 喷涂光催化剂 9. 使用抗菌装修材料
	大气侵入	安装新风净化消毒装置

4. 对施工现场进行预处理

在治理实施前及实施过程中，需要对施工现场进行清理、遮盖等预处理，主要注意事项如表 2.14 所示。在整个实施过程中，以控制工程质量为主，以控制工程进度为辅，不断督导检查，以执行标准为设计依据、以工程验收标准为检验依据，保证工程的顺利完成，直至工程验收。

表 2.14 施工预处理事项

施工过程节点	注意事项
进场后的准备工作	首先请客户验收施工所需产品，然后与客户沟通施工中的注意事项（如家具的移动、贵重物品的放置、不适合喷涂部位等），确认无误后，方可进行施工
进出施工现场	施工人员进出施工现场时，须穿戴鞋套，进入有地毯或木制地板的房间时，鞋套必须更换后方可进入，以免弄脏地毯或木质地板
隔离	对治理作业区进行隔离，在作业区与建筑物其他区域之间建立一个屏障，以减少作业区外空气中悬浮尘粒的增加和对其他区域交叉污染。 一般情况的隔离应用于没有微生物污染物的民用、工业、商业、航运建筑物的通风系统清洗。一般情况的隔离应采取以下措施：对作业区进行干净、保护性的覆盖。 特殊情况的隔离用于存在微生物污染或严重危害物的各类建筑，尤其是卫生保健建筑内的净化消毒，应采取以下措施：对超出作业区的室内地板、设备和家具进行覆盖；对作业区的地板、四周及顶篷进行隔离，隔离物的衔接处应严格密封
遮盖	应对台面、床、电视、计算机等物品进行遮盖，以免灰尘或药液散落其上
化学制剂的识别	治理工程开始前必须确认所使用的化学药剂的类型和挥发的气体。应尽量控制挥发物的扩散，使用户和施工人员不受到伤害。治理过程中使用的化学药品应满足国家有关法律和相关标准的要求，不应对室内环境和施工人员造成损害

5. 安全文明施工

“安全第一，预防为主”是治理工程的基本方针之一。加强安全防范意识，确保安全施工，使各项安全工作认真落到实处。进入施工现场的治理员同时需要注意文明施工。

1）安全施工（表 2.15）

表 2.15 安全措施

安全措施	说明
安全教育考试合格方可进入现场	参加治理的每一位人员都必须接受安全教育，经考试合格后，方可进入现场
进入治理现场前，进行安全生产教育	在每次调度会上，都将安全生产放到议事日程上，做到处处不忘安全生产，时刻注意安全生产
治理现场的标准化管理	治理现场工作人员必须严格按照安全生产、文明施工的要求，积极推行治理现场的标准化管理，按施工组织设计，科学组织施工
临时设施安全防护	按照施工总平面图设置临时设施，严禁侵占场内道路及安全防护等设施
隔离	将治理现场与非治理区域隔离，以防非治理区被污染
噪声控制	现场使用的设备必须是静音设备或采取有效的隔噪措施，以防给周围环境带来噪声污染

续表

安全措施	说明
严格执行安全技术规程	治理现场人员必须严格执行《建筑安装工程安全技术规程》和《建筑安装工人安全技术操作规程》
正确使用劳动保护用品	治理员应正确使用劳动保护用品，进入治理场地应穿戴防护鞋套；触碰天花板、墙壁以及家具时需戴干净的手套。 高处作业必须系安全带。严格执行操作规程和治理现场的规章制度，禁止违章指挥和违章作业
用电安全	施工用电、现场临时电线路、设施的安装和使用必须按照建设部颁发的《施工临时用电安全技术规范》规定操作，严禁私自拉电或带电作业。治理现场用电需有熔断装置，开关和门锁齐全。确认所用电器工具的功率是否与工地的“火表”的容量相匹配。确认使用电气设备、电动工具应可靠保护接地
工具妥善保管	随身携带和使用的工具应搁置在顺手稳妥的地方，以防发生事故伤人
高处作业安全防护	高处作业必须设置防护措施，并应符合《建筑施工高处作业安全技术规范》的要求。治理施工用的高凳、梯子、人字梯、高架车等，在使用前必须认真检查其牢固性。梯子外端应采取防滑措施，并不得垫高使用。在通道处使用梯子，应有人监护或设围栏。 吊装作业时，机具、吊索必须先经严格检查，不合格的禁止使用，防止发生事故。立杆时，应有统一指挥，紧密配合，防止杆身摆动，在杆上作业时，应系好安全绳
不可抗力应对措施	遇到不可抗力因素（如暴风、雷雨），影响某些作业施工安全时，按有关规定办理停止作业手续，以保障人身、设备等安全
安全事故处置	当发生安全事故时，由项目组负责查原因，提出改进措施，上报项目经理，由项目经理与有关方面协商处理；发生重大安全事故时，公司应立即报告有关部门和业主，按政府有关规定处理，做到四不放过：事故原因不明不放过，事故不查清责任不放过，事故不吸取教训不放过，事故不采取措施不放过。 项目组负责现场施工技术安全的检查和督促工作，并记录
安全防范重点	应防范以下事故：2m 以上的高空坠落事故；触电事故；物体打击事故；设备机具伤害事故
控制点的管理	制度健全无漏洞；检查无差错；设备无故障；人员无违章

2）文明施工

（1）进入治理现场的有关人员（含治理员、管理员、技术员）必须戴好安全帽，佩戴工作卡。

（2）治理过程中，治理员必须严格尊重客户的意愿，不得在客户处坐卧，更不得私自翻动客户的任何物品，应随时保持治理现场的清洁，不得随意丢弃任何物品。

（3）污染物处理。治理施工中的废弃物要及时打扫，干一层清一层，做到活完场清，应始终保持现场整齐、清洁、道路畅通。

从现场除掉的污染物应进行封装，以防止交叉污染，并应按照相关的国家或地方规定进行分类处理。

（4）注意治理现场环境卫生，严禁在治理现场吸烟和用火，切勿随地吐痰。

（5）所有治理员进入治理现场必须自觉遵守有关部门规定，遵守各项规章制度，穿戴整齐，正确使用各种劳动保护用品，工作中要团结协作，互相帮助。

（6）治理现场要有严格的分片包干和个人岗位责任制。

（7）治理员在工地期间不许打架、喝酒等。

（8）项目副经理负责治理现场文明卫生检查和督促工作，并按文明施工技术组织措施对治理员进行考核。

（9）在治理过程中要做到不影响周边环境，不产生二次污染，不增加环境噪声。

6. 施工后现场清理

施工结束后的处理应注意以下几点：

（1）应将所有移动的家具或物品归回原位，将所有家具与地面擦拭干净。

（2）征询客户意见并请客户在施工报告上签字确认，在施工报告的“意见建议书”部分填写客户意见，以便公司及时进行反馈和完善。

（3）对需要二次施工的客户，应与客户确定施工时间，并保持沟通。

（4）将施工报告交回公司，并按售后服务规程开展售后服务。

（5）在敏感环境或含有有害物的建筑中进行清洗，或用户有特殊要求的情况是，宜实施工程监控措施。

7. 竣工验收

竣工验收是施工的最后环节。竣工验收时，由治理单位与客户组成验收小组，由验收组织把验收结果填入施工竣工报验单并签字，其他验收人员在此报验单上签名（表 2.16）。

表 2.16 竣工验收需要提交的文件资料

资料名称	要求
治理前后的室内空气中污染物浓度检测报告	由客户认可的第三方检测单位提供
施工竣工报验单	由治理单位开具，客户签收，验收人员签字确认
客户报告	客户对治理施工提出客观的评价

三、室内环境检测与治理收费标准

（一）检测收费参考标准

民用建筑工程验收时，必须对室内环境污染物浓度进行检测，检测项目为氡、甲醛、苯、氨与 TVOC，这里以这五项检测收费为例提供收费标准参考（表 2.17）。实际报价时，不同企业会有所不同。

表 2.17 检测收费项目及标准

序号	检测项目	计算单位	收费标准/元	备注
1	氡	点	600	已装修房间需检测：氡、甲醛、苯、氨、TVOC，合 2000 元/点
2	甲醛	点	300	
3	苯	点	400	
4	氨	点	400	
5	TVOC	点	300	

（二）治理收费标准

针对室内环境污染的特点，人们已经掌握了多种不同的净化方法，可以解决室内环境的污染问题，常见的净化方法有通风法、涂敷法、喷雾法、空气净化器法等，这里以常用的治理方法收费为例提供收费标准参考（表 2.18）。实际报价时，不同企业、不同品牌会有所不同。

表 2.18　治理工作内容和报价

序　号	工 作 内 容	单　位	数　量	单价/元	金额/元
1	通风（机械）	m^2	1	8	8
2	用甲醛去除剂治理污染源	m^2	1	25	25
3	喷雾去味	m^2	1	10	10
4	新风机	台	1	1200	1200
5	空气净化器	台	1	3800	3800
合　计					

实践活动 2　室内环境检测与治理业务开展模拟

客户陈先生来访反映，他家的住房为三室一厅，面积共 $120m^2$，其一家三口已在此居住三年，小孩上学住校，每周末回家。前不久刚完成装修，其中客厅和卧室全部用人造板吊顶、围护装饰；门与窗套、窗台用柚木加清水涂敷；地板为柚木板材；主卧室购置全套柚木家具，客厅购置中密度板家具与全套真皮沙发。白天上班出门时将房屋门窗关闭，晚上回家一开门，一股装修的异味扑鼻而来。夫妻两人近来经常有喉咙痛痒、头晕、咳嗽等症状，之前没有此症状。陈先生要求提供咨询服务。

模拟操作：

（1）记录客户的相关信息资料。

根据了解咨询情况，填写客户基本信息表（表 2.19），以便于业务的开展及跟踪。

表 2.19　客户基本信息表

表格编号		记录人		记录日期	
单位名称					
联系地址				邮编	
联系人姓名		性别		年龄	
联系电话		传真		手机	
室内环境的性质：					
室内情况：					
人员情况： 装修完成时间：					

（2）记录客户室内环境污染对人体影响的相关信息资料。

____

（3）客户反映的表象问题。

____

（4）初步判断污染源（表 2.20）。

表 2.20 初步判断居室污染源

表　象	污染源判别
装修的异味扑鼻而来	
人造板吊顶、围护装饰	
门与窗套、窗台用柚木加清水涂敷	
柚木板材	
柚木家具	
中密度板家具	
真皮沙发	

（5）根据污染情况提出初步解决方法。

____

____

项 目 小 结

对室内环境检测实验室 CMA 认证的内容、申请流程熟悉，熟悉 CMA 认证方案拟定过程。对室内环境检测与治理的业务流程熟悉，通过实践能独立开展相关业务工作。

课 后 自 评

是否掌握室内环境检测实验室 CMA 认证的基本定义？如果要成立一家室内环境检测公司，申请 CMA 认证，是否了解相关工作流程？是否能够针对不同的室内环境情况，进行相应的检测业务及治理业务的开展？

【知识链接】

实验室CMA、CNAS、AQSIQ认证的意义

CMA 即计量认证，通过认证从事检测检验工作，并允许其在检验报告上使用 CMA 标记。有 CMA 标记的检验报告可用于产品质量评价、成果及司法鉴定，具有法律效力。CNAS 即国家实验室认可，表明实验室具备了检测或校准的技术能力，获得鉴定互认协议的 40 多个国家与地区实验室认可机构的承认，有利于消除非关税贸易技术壁垒；最大好处是提高知名度和经济效益。AQSIQ 即国家质量监督检验检疫总局，针对进出口检验鉴定机构有严格的法律依据和规范。可以承接国际业务，是中国面向国际市场的重要表现。

项目3　室内环境污染分析及检测方案制定

学习目标

（1）掌握室内空气污染分析、其他污染分析（噪声污染、光污染、热污染）、室内空气污染检测方案的制订；

（2）理解噪声污染、光污染、热污染的特点、来源、危害及其检测标准；

（3）掌握室内空气污染物的检测方案的制订、检测数据的处理，为后续具体检测任务提供基本知识点。

相关知识

（1）室内空气污染物的存在状态；

（2）室内空气污染物的种类及其危害、来源；

（3）室内其他污染的危害及其来源、相应的检测标准；

（4）室内空气污染的采样及其采样效率评价；

（5）检测数据处理相关知识。

案例导入

某市客户陈先生来访反映，他家住房为四室两厅，共162m^2，一家三口已在现住址某小区5栋3单元1205室居住三年，未有任何症状，家里小孩住校，每周回家一天。两个月前刚刚装修完。其中客厅、卧室全部用人造板吊顶，门与窗套、窗台用柚木加清水涂敷，地板为柚木板材，主卧购置全套柚木家具，客厅购置中密度板家具与全套真皮沙发。白天上班出门时将门窗关闭，晚上回家，室内一股异味扑鼻而来。夫妻二人现在经常出现喉咙痛痒、头晕、咳嗽等症状。

针对上述情况，通过学习本项目，你能说出陈先生家中的污染物的种类吗？你了解各种污染物的来源及其危害吗？又有哪些相关检测标准？

课前自测题

（1）室内空气污染物的存在状态有哪些？

（2）室内空气污染物的种类及其危害、来源有哪些？

（3）室内其他污染的危害及其来源、相应的检测标准有哪些？

（4）室内空气中甲醛的检测方案如何制定？

3.1　室内空气污染分析

一、污染物在空气中的存在状态

污染物本身的理化性质及其形成过程决定了污染物在空气中的存在状态，气象参数对其也有一定的影响。室内空气中的污染物可以分为气态污染物和颗粒污染物两大类。

（一）气态和蒸气

气态是指某些污染物质，在常温下以气体形式分散在空气中。常见的气态污染物有一氧化碳、氮氧化物、氯气、氟化氢、臭氧、甲醛和其他各种易挥发性有机化合物。

蒸气，是指某些在常温、常压下是液体或固体，但由于它们的沸点低，因而能以气态挥发到空气中的物质，如苯、苯酚、汞等。

无论是气体分子还是蒸气分子，它们的运动速度都较大，扩散速度快并且在空气中分布较均匀。另外扩散情况与其相对密度有关，相对密度小的向上飘浮，相对密度大的向下沉降。当受到温度和气流的影响时，它们随着气流以相等速度扩散，故空气中许多气体污染物常能扩散到很远的地方，引起污染。

（二）颗粒物

2014 年 3 月，第十二届全国人大二次会议通过的《政府工作报告》中指出，要深入防治大气污染，以雾霾频发特大城市和区域为重点，以细颗粒物（$PM_{2.5}$）和可吸入颗粒物（PM_{10}）治理为突破口，实行区域联防联控，深入实施大气污染防治行动计划。

1. 颗粒物的形态与分类

颗粒物可分为液态、固态两种状态，同时存在于空气中，其存在形态、化学成分、密度各异。

颗粒物按其粒径的大小，将颗粒物可分为降尘、总悬浮微粒（TSP）、可吸入颗粒物、细颗粒物。其中可吸入颗粒物（PM_{10}）为能进入呼吸道的空气动力学当量直径≤10μm的颗粒物。因其能较长期地在大气中飘浮，也称飘尘；而细颗粒物（$PM_{2.5}$）是指环境空气中空气动力学当量直径≤2.5μm 的颗粒物，其直径相当于人类头发 1/20～1/10。它能较长时间悬浮于空气中，其在空气中含量浓度越高，就代表空气污染越严重。

2. 颗粒物的来源与危害

室内的悬浮颗粒物来源有很多，主要来自室外和室内的人为活动。研究指出，$PM_{2.5}$可以直接进入心血管系统导致心血管系统病变，诱发哮喘病，降低人体的免疫功能。飘尘表面具有催化作用，如 Fe_2O_3 微粒表面吸附 SO_2 经催化作用转化为 SO_3，吸水后转化为 H_2SO_4，毒性要比 SO_2 高 10 倍。如 1952 年伦敦烟雾事件中，在不良的气象条件下，可吸入颗粒物的浓度比平时高 5 倍，SO_2 含量也增高，二者的协同作用造成了危害极大的严重污染事件。与较粗的大气颗粒物相比，$PM_{2.5}$因其粒径小，进入呼吸道的部位深，活性强，易附带有毒、有害物质（如重金属、微生物等），且在大气中的停留时间长、输送距离远，因而对人体健康和大气环境质量的影响更大。在肺部沉积率最高的是粒径 1μm 左右的颗粒物，这些颗粒物在肺泡上沉积下来，损伤肺泡和黏膜，引起肺组织的慢性纤维化，导致肺心病，加重哮喘病，引起慢性鼻咽炎、慢性支气管炎等一系列病变，严重的可危及生命。

目前，$PM_{2.5}$与急性下呼吸道感染（肺炎）、COPD（老慢支）、冠心病、出血性中风、缺血性中风等疾病都有较明确的因果关系，其中，心血管系统疾病最为明显。

二、室内空气主要污染物种类

室内空气污染物按其性质分类可分为化学污染物、物理污染物、生物污染物。室内空气污染主要是人为因素的污染，以化学污染最为突出，尽管化学污染物的浓度较低，但是多种污染物共同存在于室内，长时间共同作用于人体，而且还可以通过呼吸道、消化道、皮肤等途径进入人体，对健康危害很大。本书将在项目四中详细介绍室内主要污染物的性质、危害及检测方法。

（一）物理污染物

室内物理污染是指因物理因素引起的污染。主要为放射性、电磁辐射、静电污染等。

1. 电磁辐射污染

电磁辐射主要来自电器设备如冰箱、电视机、计算机、微波炉、电磁炉、手机、办公设备、照明设备等的普遍使用。电磁辐射超过一定强度（安全卫生标准限值）称为电磁污染。电磁辐射能对人体神经系统、生殖系统、心血管系统、免疫系统以及眼睛等产生影响。

另外放射性物质一般也被列入物理性污染因素。天然放射性物质很多，分布很广。岩石、土壤、天然水、大气及动物体内都含有天然放射性物质（如氡，为主要的放射性物质）。房基地本身渗透的氡及其子体以及各种建筑物材料中的放射性物质，也统称为电磁辐射污染或放射性污染。

天然石材也有一定的放射性，它的放射性主要是镭、钍、钾三种放射性元素在衰变中产生的放射性物质。1982 年联合国原子辐射效应科学委员会的报告指出，建筑材料是室内氡的最主要来源，如花岗岩、砖砂、水泥及石膏之类，特别是含有放射性元素的天然石材，易释放出氡。室内的氡及其子体的污染来源主要有以下几个方面。

1）从房基土壤中析出的氡

在地层深处含有铀、镭、钍的土壤、岩石中可以发现高浓度的氡。这些氡可以通过地层断裂带，进入土壤和大气层。建筑物建在上面，氡就会沿着地的裂缝扩散到室内。

2）来自于建筑材料和室内装饰材料

建筑材料是室内氡的最主要来源。如花岗岩、砖砂、水泥及石膏之类，特别是含有放射性元素的天然石材，易释放出氡。

3）从户外空气中进入室内的氡

在室外空气中，氡被稀释到很低的浓度，几乎对人体不构成威胁。可是一旦进入室内，就会在室内大量的积聚。

4）从供水及用于取暖和厨房设备的天然气中释放出的氡

只有水和天然气的含量比较高时才会有危害。

由于氡及其子体对人体及周围环境为危害的突出性及致癌性，所以一般将氡作为室内放射性污染的代表物质。氡通常的单质形态是氡气，无色、无嗅、无味，具有放射性，当人吸入体内后，氡发生衰变产生的α粒子可在人的呼吸系统造成辐射损伤，引发肺癌。

2. 静电污染

物体本身的带电现象称为静电，当固体面与固体面、固体面与液体面间接接触和撞击，或者固体断裂、液体飞溅时，都可能产生静电。

静电的危害不可轻视，经常可以引起信号失误、控制失灵，可使人体受到电击，严重时可引起痉挛，甚至导致死亡。电吹风、电风扇和洗衣机在开启时外壳上都有静电。人体如长期接触静电就会出现静电综合征，主要表现为头疼、胸闷、咳嗽、呼吸困难、紧张忧虑等。

（二）化学污染物

化学污染是指因化学物质，如甲醛、苯及苯系物、氨、二氧化硫和悬浮颗粒物等引起的污染。主要来自装修、家具、玩具、煤气热水器、杀虫喷雾剂、化妆品、吸烟、厨房的油烟等，主要包括甲醛、苯及其同系物（甲苯、二甲苯）、醋酸乙酯、甲苯二乙氰酸酯等挥发的有机物和NH_3、CO、CO_2等无机化合物。它们的理化性质及来源将在项目四中详细介绍。

（三）生物污染物

室内生物污染对人类的健康有着很大危害，能引起各种疾病，如各种呼吸道传染病、哮喘、建筑物综合征等。加拿大一项调查表明，室内空气质量问题有 21%是微生物污染造成的。室内环境中的生物污染主要包括细菌、真菌（包括真菌孢子）、花粉、病毒、生物体有机成分等生物性污染物质。这类污染物种类繁多，且来自多种污染源头，主要有以下几种。

1. 尘螨

尘螨是螨虫的一种，主要存在于室内的被褥、枕头、床垫、羊毛毯下面、沙发套、窗帘、毛绒玩具、装饰品等物品上，特别是空调的普遍使用，为尘螨的繁殖提供了有利的条件。

尘螨是引起过敏性疾病的罪魁祸首之一，尘螨的致敏作用，最典型的是诱发哮喘，同时还可以引起过敏性鼻炎、过敏性皮炎、慢性荨麻疹等。

2. 军团菌

目前已知军团菌是一类细菌，可寄生于天然淡水和人工管道水中，也可在土壤中生存。经常处于密闭的空调环境中的人群，军团菌感染率远高于一般环境。军团病的潜伏期为 2～20d 不等，主要症状表现为发热、伴有寒颤、肌疼、头疼、咳嗽、胸痛、呼吸困难，病死率高达 15%～20%，且不易与一般肺炎鉴别。我国的一项调查表明，军团病占成人肺部感染的 11%，占小儿肺部感染的 5.45%。军团病全年均可发生，以夏秋季为高峰，军团菌经空气的传播性很强。老年人、吸烟酗酒者以及免疫功能低下者易患此病。

3. 霉菌

霉菌是一种能够在温暖和潮湿环境中迅速繁殖的微生物，其中一些能够引起恶心、呕吐、腹痛等症状，严重的会导致呼吸道及肠道疾病，如哮喘、痢疾等。患者会因此精神萎靡不振，严重时则出现昏迷、血压下降等症状。

4. 呼吸系统病源、花粉、代谢物等污染

当室内存在某种病原微生物的传染体，来自人体或动物的某些病原微生物（白喉杆菌、溶血性链球菌、金黄色葡萄球菌、军团菌、感冒病毒、SARS 病毒等），而室内空间过于狭小时，呼吸道和肺部疾病就会在人群中传播。

室内花卉的花粉和浆液也会引起一些人的花粉过敏反应，如鼻子发痒、流泪和气喘等。特别是干性皮肤，或有脂溢性皮炎的人，而有一些患者在几年后合并哮喘，病情逐年加重。

宠物皮屑及其产生的其他具生物活性物质，如毛、唾液、尿液等对空气污染也会带来健康危害。喂养宠物的室内空气环境会使这部分人群的哮喘、过敏性鼻炎等变态反应性疾病发生率升高。

三、室内空气主要污染物来源

室内空气污染物的来源有很多，根据各种污染物形成的原因和进入室内的不同渠道，可分为室外污染源和室内污染源两个方面。

（一）室外污染源

室外来源的污染物原本存在于室外环境中，一旦遇到适当的条件，则可通过门窗、孔隙或其他途径进入室内。

1. 室外空气污染

室外空气与室内空气流通，当室外空气受到污染后，污染物通过门窗、缝隙、通风孔等途径进入室内，影响室内空气质量。特别是居住在工厂周围、道路附近的住宅受到的危害最大，主要污染物有 SO_2、NO_x、氯气、烟雾、油雾、氨、硫化氢、花粉等。

2. 房基地

有的房基地的地层或回填土中含有某些可逸出或挥发出有害物质，这些有害物质可通过地基的缝隙进入室内。这些有害物质的来源主要有三类：一是地层中固有的，例如氡及其子体等；二是地基在建房前已遭某些农药、化工原料等污染；三是该房屋原已受到污染，原使用者迁出时并未处理或处理干净，使得后迁入者遭受危害。

3. 质量不合格的生活用水

生活用水往往用于饮用、室内淋浴、冷却空调、加湿空气等方面，以喷雾形式进入室内。不合格的水中可能存在的致病菌或化学污染物可随着水喷雾进入室内空气中，如军团菌、苯等。

4. 人为带入室内

人们有各种各样的工作环境，经常出入不同的场所，当人们回家时，便把室外的污染物带入室内，如苯、铅、石棉等。

（二）室内污染源

室内装修使用各种建筑材料和装饰材料时，也把污染带回了家。日常生活中的各种化学品的使用，也向室内挥发有毒有害的污染物。另外，室内烹饪、人体代谢、人为活动等也加剧了室内污染。室内空气污染的主要来源包括以下几个方面。

1. 室内燃料燃烧产物

目前我国常用生活燃料有以下几种：固体燃料主要有原煤、蜂窝煤和煤球，用于炊事和取暖；气体燃料主要有天然气、煤气和液体石油气，气体燃料是我国城市居民的主要家用燃料。另外，少数民族农村地区，还有使用生物燃料作为家庭取暖和做饭的燃料。生活燃料在明火或没有烟囱的开放炉灶上做饭和取暖导致室内空气污染。

1）煤

我国是耗煤大国。燃煤的方式可以分为原煤和型煤（包括蜂窝煤和煤球）燃烧。部分地区农村甚至是在室内堆煤燃烧，或使用地炉等开放式烧煤，因此造成室内严重的空气污染。煤的燃烧伴有各种复杂的化学反应，产生不同的化学物质，其主要成分可以分为 7 大类。

（1）碳氧化物。碳氧化物主要 CO_2、CO。在供氧不足时，主要产物是 CO，在氧气充足时，碳化物几乎全部转化为 CO_2。在实际燃烧时，总有局部供氧不足，因此总会有 CO 产生。

（2）含氧类烃。煤燃烧时，碳氧化物结构发生断裂，一些不饱和烃与氧结合，形成脂肪烃、芳香烃、醛和酮等，其中以醛类对人体的危害最大。

（3）多环芳烃。一些不挥发的碳化合物，通过高温燃烧合成多环芳烃及杂环化合物，其中苯并（a）芘均具有强致癌性，对人体的危害最大。

（4）硫氧化物。这类化合物是煤中杂质硫的燃烧产物，主要有 SO_2、SO_3、亚硫酸、硫酸及各种硫酸盐。

（5）氟化物。我国有 14 个省、市、自治区的部分煤矿可生产高氟煤，其含氟量一般在 200～2000mg/kg。在燃煤型氟病区，居民以高氟煤为燃料做饭、取暖，可使空气中氟浓度高达 0.016～0.590mg/m^3，超过日平均允许浓度的 2～84 倍；此外，高寒潮湿地区的居民，食用了经煤烘烤后的食物和蔬菜，导致摄入的氟大大超过了 WHO 推荐的每日摄入量 2mg 的标准，也超过了我国的 3.5mg 的规定标准。

（6）金属和非金属氧化物。煤中含有砷、铅、镉、铁、锰、镍、钙等多种金属和非金属，燃烧时可生成相应的氧化物，其中大多数氧化物不但具有较强的毒性，而且具有致癌性。例如砷、铅、镍等化合物，已被国际肿瘤组织公布。

（7）悬浮颗粒物。燃烧时产生的颗粒物质，可以吸附很多有害物质，它们粒径很小，可以直接沉积在人的呼吸道，危害人体健康。

除上述提到的燃烧高砷或高氟煤可致砷、氟中毒外，燃煤产生的污染物还可以引起肺癌。现已证实，我国云南宣威肺癌的高发，就是由于在室内燃煤，且无烟囱，从而造成室内大量的致癌物污染。这些污染物主要是苯并（a）芘等多环芳烃类物质。

2）煤制气

煤制气又称煤气，俗称管道煤气，其组成是一氧化碳和氢气，以及少量的氮气和甲烷等。一般说来，煤制气的主要燃烧产物是一氧化碳和二氧化碳，还会产生氮氧化物和颗粒物。如果在制气过程中脱硫不充分，则燃烧产物中会有一定量的二氧化硫。此外，煤气本身就是有毒的，煤气管道渗漏会给家庭和个人的安全带来隐患。

3）液化石油气

液化石油气的成分主要是 C_3～C_5 的烷烃，其成分可因产地不同而异，在常温常压下呈气态，但加压或冷却后很容易液化。它的燃烧产物中二氧化硫很少，颗粒物浓度也很低，但氮氧化物通常较高，CO 和甲醛也较多。液化石油气不完全燃烧时，产生的可吸入颗粒物占 93%以上，而且颗粒物中还含有大量的直接和间接的致突变物质，潜在的致癌性更强。

4）天然气

天然气是多种气体的化合物，主要为甲烷。天然气燃烧比较完全，污染较轻，但也会有一氧化碳和二氧化氮产生。来自煤层的天然气往往含有一定的硫化物，因此燃烧物中仍有一定的二氧化硫产生，来自石油的天然气成分与液化石油气相似。

5）生物燃料

生物燃料主要是指木材、植物秸秆及粪便（主要是指大牲畜如马、牛、骆驼等的干粪）。生物燃料燃烧的主要污染物有悬浮颗粒物、碳氢化合物和 CO 等。悬浮颗粒物是燃烧不完全所产生的一种混合物。接触生物燃料的烟气对健康的危害程度类似接触烟草烟雾。

2. 烹调油烟产生的污染物

烹调油烟是食用油加热后产生的，是一组混合性污染物，有 200 余种成分，含有一氧化碳、二氧化碳、氮氧化物、二氧化硫等气体及未完全氧化的烃类——羟酸、醇、苯并呋喃及丁二烯和颗粒物。

烹调油烟中含有多种致突变性物质，它们主要来源于油脂中不饱和脂肪酸和高温氧化和聚合反应。

3. 日用化学品

现代家庭中广泛使用着各种日用化学品。如除虫剂、消毒剂、洗涤剂、干洗剂和化

妆品等，它们方便了人们的生活，但是也带来了一定的室内污染。室内所使用的清洁剂、洗涤剂、杀虫剂、除臭剂中含有挥发性有机物，会对人体造成伤害。

1）洗涤产品

是指用以去除物体表面污垢，使被清洁对象通过洗涤达到去污目的的专用配方产品，如洗衣粉、洗衣皂、洗发水、沐浴露等。

2）清洁产品

包括厨房器具清洁剂、地毯清洁剂、服装干洗剂、去污粉、地板或汽车抛光剂、厕所清洁剂等。

3）化妆品

包括面部及皮肤用化妆品，这类化妆品如各种面霜、浴剂等；头发专用化妆品，这类化妆品如香波、摩丝、喷雾发胶等；面部美容产品，如护肤水、防晒霜等；还有添加有特殊作用药物的化妆品如染发剂等。化妆品挥发出的各类有机物，会污染室内空气。具体各种化妆品的对人体健康的影响如表 3.1 所示。

表 3.1　各种化妆品的对人体健康的影响

化妆品名称	影　响	化妆品名称	影　响
唇膏	对细胞损伤最大	香水	刺激皮肤
乌发乳	对皮肤潜在毒性	烫发剂、染发剂	侵害皮肤，使皮肤过敏，并有潜在毒性
护肤品	易细菌感染		

4）其他化学品

包括家用医用药品和樟脑丸、卫生球、杀虫剂、消毒剂、灭鼠剂等。

日用化学品所带来的室内空气污染最突出的问题是有些家庭常见的物品和材料中能释放出各种有机化合物，如苯、三氯乙烯、甲苯、氯仿和苯乙烯等，或者其本身含有害有毒物质（如铅、汞、砷等），给健康带来危害。

4. 家用电器污染

家电在给家庭带来方便、快捷和乐趣的同时，也产生了对室内环境的不良影响，长期接触会出现家电综合征。

1）电磁辐射污染

电视机、显示器荧光屏会产生电磁辐射，长时间看屏幕会使视力下降、视网膜感光功能失调、眼睛干涩、引起视神经疲劳，造成头痛、失眠。屏幕表面和周围空气由于电子束存在而产生静电，使灰尘、细菌聚集附着于人的皮肤表面而造成疾病。电视机、电脑荧光屏在高温作用下可产生一种叫溴化二苯并呋喃的有毒气体，这种气体具有致癌作用。

环境电磁波对人体的慢性作用，主要为神经衰弱综合征。表现为头痛、头晕、乏力、记忆力减退以及失眠、多梦、易激怒等症状。此外，还有月经周期紊乱，轻度白细胞减少，受微波作用的人也常出现血小板减少症状。

2）空调使用时新风量不足带来的污染

空调机可调节室内的温度、湿度、气流，但在使用时关闭了门窗，为了节能而很少或根本不引进新风量，故因人员的活动及室内装修产生的污染及致病的微生物等不能及时清除，而逐渐在室内聚集，造成污染，致使人感到烦闷、乏力、嗜睡、肌肉痛、感冒发生率高、工作效率低、健康状况明显下降。

另外空气中的负离子具有良好的健康效应，被誉为“空气中的维生素”。而在使用空调时，室外空气通过空调机的风道时，因与管壁碰撞，可使空气中负离子吸附或中和而损失掉。当空调在过滤灰尘和细菌的同时，也吸附了部分空气负离子。空调系统闭路循环时，如不引进新风，负离子损失更为严重。所以，长时间空调的使用会使室内空气品质恶化。

3）燃气热水器使用时引起的空气污染

燃气热水器造成室内 CO、CO_2 的污染，在燃烧时还能产生 NO_x、SO_2 等污染物，热水器在安装不当、质量不过关时，可造成室内严重污染以致人死亡。

4）细菌污染

电话机的细菌污染可直接侵害人的呼吸系统，加湿器中的细菌可随水气散发到室内空气中、空调系统中的冷却水潜藏着军团菌可随空气传播。洗衣机中的细菌可污染被洗的衣服，故应定期清除家电中的灰尘、微生物，尤其在细菌容易滋生的地方。

5. 室内人群活动产生的污染

1）吸烟烟雾

吸烟产生的烟气是常见的室内空气污染物。目前已鉴定出烟草的烟雾成分含 3000 多种化学物质，它们在空气中以气态、气溶胶状态存在，其中气态物质占 90%以上，气态污染物有 CO、CO_2、NO_x、氰化氢、氨甲醛、烷烃、烯烃、芳香烃、含氧烃、亚硝胺、联氨等。气溶胶状态物质主要成分是焦油和烟碱（尼古丁），每支香烟可产生 0.5～3.5mg 尼古丁。焦油中含有大量的致癌物质，如多环芳烃（2～8 环）、砷、镉、镍等。具体香烟散发的部分气溶胶及气体污染物种类及污染物的量如表 3.2 所示。

表 3.2　香烟散发的部分气溶胶及气体污染物种类及污染物的量

污染物	污染物量	污染物	污染物量	污染物	污染物量
二氧化碳	10%～60%	甲醛	0.015%～0.05%	甲苯	0.02%～0.2%
一氧化碳	1.8%～17%	丙烯醛	0.02%～0.15%	甲烷	0.2%～1%
焦油	0.5%～35%	苯	0.015%～0.1%	尼古丁	0.05%～2.5%

2）由人体代谢排出

人体内大量的代谢废物，主要通过呼吸、大小便、汗液等排出体外。同时，人在室内活动，会增加室内温度，促进细菌、病毒等微生物大量繁殖。人体呼吸的气体中主要有 CO_2、CO、水蒸气、一些氨类化合物等内源性气态物质及氯仿等十几种有害气态物质。此外，呼吸道传染病患者贺或带菌者通过咳嗽、喷嚏、谈话等活动，可将其病原体随飞

沫喷出，污染室内空气，如流感病毒、结核杆菌、链球菌。皮肤是人体最大的污染源，经它排泄的废物多达 271 种，汗液 151 种。这些物质包括二氧化碳、一氧化碳、丙酮、苯、甲烷等。

3）饲养宠物

宠物身上的寄生虫，直接诱发人体生病，其他代谢产物、皮屑及其产生的其他具生物活性物质，如毛、唾液、尿液等不仅能直接传染疾病，且污染环境，使室内有特殊的臭味。喂养宠物的室内空气环境会使这部分人群的哮喘、过敏性鼻炎等变态反应性疾病发生率升高。

6. 建筑材料和装饰材料

室内不合理的装修，以及在没有认清各类石材、涂料等建筑材料和装饰材料的品质就大量使用时，就会在装修的同时带来后患，将污染带回家。

1）无机材料和再生材料

无机建筑以及再生的建筑材料，比较突出的健康问题是辐射问题。有些石材、砖、水泥和混凝土等材料中含有高本底的镭，镭可蜕变成氡及其子体，通过墙缝、窗缝等进入室内，造成室内空气氡的污染。

泡沫石棉是新型轻质高效的保温节能材料，以天然矿物石棉纤维为原料，石棉纤维在安装、维护和清除时，会飘散到空气中，随着呼吸进入人体内，对人体的健康造成严重的危害。

2）合成隔热板材

合成隔热板材是一类常用的有机隔热材料。主要的品种有聚苯乙烯泡沫塑料、聚氯乙烯泡沫塑料、聚氨酯泡沫塑料、脲醛树脂泡沫塑料等。另外，随着使用时间的延长或遇到高温，这些材料会发生分解，产生许多气态的有机化合物释放出来，造成室内空气的污染。这些污染物的种类很多，主要有甲醛、氯乙烯、苯、甲苯、醚类等。

3）壁纸、地毯

化纤纺织物壁纸可释放出甲醛等有害气体，塑料壁纸在使用过程中可向室内释放各种有机污染物，如甲醛、氯乙烯、苯、甲苯、二甲苯、乙苯等。纯羊毛地毯的细毛绒是一种致敏源，可引起皮肤过敏。化纤地毯可向空气中释放甲醛以及其他一些有机化学物质，如甲苯、二甲苯、丙烯腈、丙烯等。

4）人造板材及人造板家具

人造板材在生产过程中需要加入胶黏剂进行粘接，家具的表面还要涂刷各种油漆。这些胶黏剂和油漆中都含有大量的挥发性有机物。另外，人造板家具中还加有防腐、防蛀剂。这些物质都释放到室内空气中，造成室内空气污染。

5）涂料

在建筑上涂料和油漆是同一概念。涂料的成分十分复杂，含有很多有机化合物，涂料的溶剂是室内重要的污染源。例如刚刚涂刷涂料的房间空气中可检测出大量的苯、甲苯、乙苯、二甲苯、丙酮、乙醛等 50 多种有机物。涂料中的颜料和助剂还可能含有多种重金属，如铅、铬、镉、汞、锰以及砷等有害物质。

6）胶黏剂

胶黏剂主要分为两大类：天然的胶黏剂和合成的胶黏剂。天然胶黏剂中的胶水有轻度的变应原性质，合成胶黏剂对周围空气的污染是比较严重的。这些胶黏剂在使用时可以挥发出大量有机污染物，主要有酚、甲酚、甲醛、乙醛、苯乙烯、甲苯、乙苯等。

7）吸声及隔声材料

常用的吸声材料包括无机材料如石膏板凳，有机材料如软木版、胶合板等，多孔材料如泡沫玻璃等，纤维材料如矿渣棉、工业毛毯等。隔声材料一般有软木、橡胶、聚氯乙烯塑料板等。这些吸声及隔声材料都可向室内释放多种有害物质，如石棉、甲醛、酚类、氯乙烯等。不同建材排放的污染物的种类如表 3.3 所示。

表 3.3　各种建材排放的污染物

室内污染物	建 材 名 称
甲醛	酚醛树脂、脲醛树脂、三聚氰胺树脂、涂料、复合木材、壁纸、壁布、家具、人造地毯、泡沫塑料、胶黏剂等
VOC	涂料中的溶剂、稀释剂、胶黏剂、防水材料、壁纸和其他装饰品
氨	高碱混凝土膨胀剂等
氡	土壤岩石中的铀、钍、镭、钾的衰变产物，花岗岩、水泥、建筑陶瓷、卫生洁具等

7. 公共场所中有害物质污染物

公共场所是指人群聚集的地方，如超市、商场、饭店、医院、候车室等，其特点是人员流动性大。各不同功能的场所，存在着不同的污染因素，其通过空气、水、用具传播疾病和污染室内环境，危害人体健康，各不同场所产生的污染物见表 3.4。

表 3.4　各不同场所产生的污染物

公共场所名称	产生的污染物的种类
医院、诊所、疗养院	①医院装饰、装修、使用中央空调；②新增加的电器设备、检测仪器；③病菌、病毒污染
超市、商场、候车室	①新风量不足；②细菌总数、可吸尘浓度高；③噪声污染
饭店、餐厅、食堂	①油烟污染；②食物腐烂变质；③不清洁餐具及炊事用具

3.2　室内其他污染分析

室内环境除了要有好的空气质量外，还涉及对人体舒适性产生重要影响的室内空间布置、噪声、振动、温度、湿度、光照、通风、小气候等，既互相制约又相互依存的诸多因子构成了室内要素而作用于人体，舒适度反映了人体对环境的满意程度。本部分内容主要介绍室内噪声污染、光污染及热污染。

一、噪声污染

所谓噪声是指影响人们正常学习、生活、工作和休息的或在某些场合不需要的、不和谐的声音。居室、教室、办公室等室内噪声污染作为现代社会的一种主要的环境污染，自20世纪70年代以来，被称为城市环境问题的四大公害之一，室内噪声问题正日益受到社会的广泛关注。

（一）噪声污染特点

噪声与其他有害物质引起的公害有很大的区别，主要体现在以下几个方面。

1. 噪声是感觉公害

噪声污染是感觉污染，是一种物理污染，它不带来化学污染物质，噪声产生的污染没有后效作用，声源停止，噪声消失，无积累现象，不留痕迹。只是当声能作用于人的耳朵就会产生危害。但噪声对人听力造成的损失是具有累积性的。

2. 噪声具有局限性和分散性

噪声的分布广泛而分散，噪声污染的影响范围是有限的，声音会随着传播距离的增加而衰减，因此噪声的传播范围不远。

3. 可利用性不大

同其他污染相比，噪声的再利用价值不大。声源的声功率只是设备总功率中以声波形式辐射出去的极少部分。因此，人们对声能的回收并不重视。

（二）来源、危害与标准

1. 室内噪声来源

室内环境噪声的来源有两个方面，一是室外环境噪声通过门窗等辐射进入室内，主要来自交通噪声、城市建筑施工噪声和工业噪声；二是以室内家用电器发出的噪声、给排水管道噪声等为主的室内噪声源。

1）室外环境噪声辐射

交通噪声对室内环境的危害最大，工业噪声是室内噪声污染的另一主要来源。像纺织车间、锻压车间、粉碎车间和钢厂、水泥厂、气泵房、水泵房都有着比较严重的噪声污染问题。社会生活噪声指人为活动所产生的一类噪声，如歌厅或商店的高音喇叭、群众聚集场所产生的噪声等，这类噪声也让人难以忍受。

2）室内声源

室内产生的噪声主要包括两个方面，一是邻里间的相互影响，如楼上的碰撞声、邻居的电视声等；二是各种公用设施运行时产生的噪声，如变压器、电梯、水泵、排风机、中央空调、楼内热交换室等。

目前，以家用电器为主要噪声源的室内低频噪声正成为不可忽视的噪声源。实际检测表明：吸尘器为 60～80dB（A），家庭影院可达到 60～80dB（A），这明显增加了居室噪声的污染程度。

家庭生活中经常会听到管道的水流声音，在夜间更是明显。管道噪声是指水流在管道中流动时所产生的噪声。给水管道产生噪声的最根本原因是流速和压力过大，主要有流水噪声、气蚀噪声和压力冲击噪声。排水管道产生噪声主要是由于管道内压力波动较大，使管道内空气压缩、抽吸或水封冒气泡、涌动而产生噪声。此外，卫生器具在充水和排水时也会产生噪声。常见家庭设备噪声值见表 3.5。

表 3.5　常见家庭设备噪声值　　单位：dB（A）

常见家庭设备	噪声级范围	常见家庭设备	噪声级范围	常见家庭设备	噪声级范围
高压锅（喷气）	58～65	电冰箱	40～55	窗式空调	55～65
电视机	55～80	电风扇	40～65	脱排油烟机	55～60
钢琴	62～96	通风机、吹风机	45～75	洗衣机	47～71

2. 危害

室内噪声危害的严重性虽然不像空气和水污染那样可引起人的疾病，甚至死亡，但居民多数时间都是在室内度过的，噪声可干扰人们的日常生活，影响人的心理状况，导致听觉、神经系统、内分泌系统等出现病变。

1）干扰睡眠

噪声在 35dB（A）以下，是理想的睡眠环境。影响人的睡眠质量和数量，出现呼吸频繁、神经兴奋等，第二天会出现疲倦、影响工作效率，长此以往会引起失眠、耳鸣多梦、记忆力减退等症状，尤其是夜间的突发噪声传入室内对人的影响更大，这种病的发病率可达到 50%～60%。

2）对听觉系统的影响

人长时间处于强噪声环境中，听觉疲劳难以恢复，甚至造成耳聋和听力障碍。长期接触 85dB（A）的噪声，40 年后耳聋发病率为 21%。

3）对生理状况的影响

噪声作用于人的大脑中枢神经系统，以致影响到全身各个器官，给人体消化、神经、免疫系统等带来危害。暴露在高噪声环境下如纺织车间，可使人出现头晕、头痛、失眠、多梦、全身乏力、记忆力减退、呼吸急促等症状。

医学实验证明，长期接触噪声可使体内肾上腺分泌增加，血压上升，在平均 70dB（A）的噪声中长期生活的人，心肌梗死发病率增加 30%左右，夜间噪声会使发病率更高。调查发现，生活在高速公路旁的居民，心肌梗死发病率增加了 30%左右。

噪声能使人们消化机能减退、胃功能紊乱、消化系统分泌异常、胃酸度降低，以致造成消化不良、食欲不振、患胃炎及胃溃疡、十二指肠溃疡等疾病。有些调查指出，在某些噪声污染严重的工业行业中，消化性溃疡的发病率比低噪声条件下要高 5 倍。

4）对心理状况的影响

噪声过大，超过 85dB（A），可使人出现烦躁、萎靡不振、易怒等情绪。室内的家用电器噪声一般是宽带噪声，但通常在这些宽带噪声中会出现单频噪声及其谐波，与相同 A 声级的宽带噪声相比，就会使人感觉到噪度、响度、烦躁度的增加。

5）对儿童和胎儿的影响

室内噪声对儿童的身心健康影响更大。无论是胎儿还是婴儿，噪声均可损伤听觉器官，会造成先天性损失等，严重的可导致胎儿流产。噪声对智力发育和身体发育都有影响。有研究表明吵闹环境下儿童智力发育比安静环境下的低 20%。

3. 标准

有关室内噪声环境的标准，应从室外和室内两方面来考虑。室内噪声很大程度上取决于区域环境噪声。

1）室内环境噪声允许标准

（1）室内环境噪声标准。国际标准化组织（ISO）在 1971 年提出的环境噪声允许标准中规定：住宅区室内环境噪声的允许声级为 35～45dB，并根据不同时间和地区提出了修正值，具体参见表 3.6 与表 3.7。对于非住宅区的环境噪声的允许声级如表 3.8 所示。我国民用建筑室内允许噪声级具体参见表 3.9。

表 3.6　一天不同时间的声级修正值

不同时间	修正值 L_{PA}/dB
白天	0
晚上	−5
深夜	−15～−10

表 3.7　不同地区住宅的声级修正值

不同地区	修正值 L_{PA}/dB
农村、医院、休养区	0
市郊区、交通很少地区	5
市居住区	10
少量工商业与交通混合区附近的住宅	15
市中心（商业区）	20
工业区（重工业区）	25

表 3.8　非住宅区的室内噪声允许声级

房间功能	修正值 L_{PA}/dB
大型办公室、商店、百货公司、会议室、餐厅	35
大餐厅、秘书室	45
大打字间	55
车间（根据不同用途）	45～75

表 3.9 我国民用建筑室内允许噪声级

建筑物类型	房间功能或要求	允许噪声级 L_{PA}/dB			
		特级	一级	二级	三级
医院	病房、休息室	—	40	45	50
医院	门诊室	—	55	55	60
	手术室	—	45	45	50
	测听室	—	25	25	30
住宅	卧室、书房	—	40	45	50
	起居室	—	45	50	50
学校	一般教室	—	—	50	—
	无特殊安静要求	—	—	—	55
旅馆	客房	35	40	45	55
	多用途大厅	40	45	50	—
	办公室	45	50	55	55
	餐厅、宴会厅	50	55	60	—

（2）室内环境噪声隔振措施。住宅室内应加强防噪隔声措施，制定住户间和户外噪声的隔声对策，并对管道、泵和电梯等采取隔声、隔振措施。《民用建筑隔声设计规范》（GB 50118—2010）中规定了住宅室内允许噪声标准应符合表 3.10、学校建筑中各种教学用房内、辅助教学用房内的噪声级应符合表 3.11 规定。

表 3.10 住宅室内环境噪声标准

房间名称		允许噪声级（A 声级）/dB		
		一级	二级	三级
卧室、书房	昼间	≤40	≤45	≤50
	夜间	≤30	≤35	≤40
起居室	昼间	≤45	≤50	≤50
	夜间	≤35	≤40	≤40

表 3.11 学校建筑中各种教学用房内、辅助教学用房内环境噪声标准

房间名称	允许噪声级/dB	房间名称	允许噪声级/dB
语言教室、阅览室	≤40	音乐教室、琴房	≤45
普通教师、实验室、计算机房	≤45	舞蹈教室	≤50
教室办公室、休息室、会议室	≤45	教学楼中封闭的走廊、楼梯间	≤50

2）室外环境噪声允许标准

《社会生活环境噪声排放标准》（GB 22337—2008）规定了社会生活噪声排放源位于噪声敏感建筑物内情况下，营业性文化娱乐场所和商业经营活动中产生的环境噪声通过建筑物

结构传播至噪声敏感建筑物室内时，噪声敏感建筑物室内等效声级不得超过表 3.12 所示。

表 3.12 结构传播固定设备室内噪声排放限值（等效声级）

房间类型 / 时段 / 噪声敏感建筑物声环境所处功能区类别	A 类房间		B 类房间	
	昼间/dB（A）	夜间/dB（A）	昼间/dB（A）	夜间/dB（A）
0	40	30	40	30
1	40	30	45	35
2、3、4	45	35	50	40

注：A 类房间——指以睡眠为主要目的，需要保证夜间安静的房间，包括住宅卧室、医院病房、宾馆客房等。
B 类房间——指主要在昼间使用，需要保证思考与精神集中，正常讲话不被干扰的房间，包括学校教室、会议室、办公室、住宅中卧室以外的其他房间等。

二、光污染

（一）光环境

室内光环境是在建筑物内部空间由光照射而形成的环境。舒适的室内光环境应该包括以下几个方面：合适的照度，合理的照度分布，舒适的光亮及光亮分布，宜人的光色，自然光的合理利用等。

光是能量的一种存在形式，是以电磁波形式传播的辐射能。能使人眼产生光感的波长范围在 380～780nm，这部分电磁波称为可见光，这些范围以外的光称为不可见光。

室内照明是依靠自然光线和灯光将居室的一切映在人的眼中，人的视力有识别物体大小、形态的能力，适宜的采光与照明，使人感到舒适和谐，可减少视力疲劳，提高工作效率和学习效率，有益于人的身心健康。

照明的效果最终由人眼来评定，因此仅用能量参数来描述各类光源的光学特性是不够的，因此还必须引入基于人眼视觉的光量参数——光通量来衡量。照明一般用照度表示，照度是指落在物体表面的光通量，单位是勒克斯（lx），1lx 的光强度为 1 流明（lm）的光通量均匀地照射在面积为 $1m^2$ 上的光照度。勒克斯（lx）是较小的单位，例如晴天中午室外地平面上的照度大概在 80000lx，在装有 40W 白炽灯的台灯下看书，桌面照度平均为 200～300lx。国际照明委员会 CIE 对不同作业和活动推荐的照度如表 3.13 所示。

表 3.13 国际照明委员会 CIE 对不同作业和活动推荐的照度 单位：lx

作业或活动类型	照度范围	作业或活动类型	照度范围	作业或活动类型	照度范围
衣帽间、门厅	100～200	绘图、检验室	500～1000	讲堂、粗加工	200～500
办公室、控制室	300～750	精密检验、手工雕刻	1000～2000	手术室、微电子装配	>2000

坎德拉（cd）为发光强度的单位，表示为一定条件下，某一光源在给定方向上的发光强度。发光强度常用于说明光源和照明灯具发出的光通量在空间各方向或者选定方向

上的分布密度。

（二）光污染来源、危害与标准

光污染的概念最早是 20 世纪 30 年代由国际天文学界的专家们首先提出来的。20 世纪 70 年代，国际上就对光污染问题引起了重视。2010 年对武汉市民进行的调查结果显示，72.6%的人认为所处的地方光污染很严重。可见光污染已经成为继水、气、声、固体废弃物之后的第五类城市常见环境污染。

我国科学技术名词审定委员会审定公布光污染的定义：过量的光辐射对人类生活和生产环境造成不良影响的现象，主要包括波长在 100nm～1mm 的光辐射。包括可见光、红外线和紫外线造成的污染。例如，玻璃幕墙的反光，城市景观的过度照明，汽车的远视灯，建筑工地电焊作业产生的弧光，相机的闪光，人类活动使用的激光、紫外线和红外线等。

1. 光污染特点

光波是一种电磁波，光污染又是一种物理性的环境污染。因此，光污染具有如下特点。

第一，光污染对人体和物体的危害程度，与光源的辐射强度有关，而光辐射的强度只与光源的温度和光波频率有关。第二，光污染还与离开光源的距离有关系。离开光源的距离越远，受到的伤害越小。因此，广场、街边的广告牌等的照明，安装时尽量避免在住户窗前，应隔有一定的距离，防止路灯灯光射入居民室内、干扰人们休息。第三，光污染自身没有残留物。如果光污染源消失，则光污染的危害作用立即消失。第四，光污染很难像其他环境污染那样通过稀释、分解和转化等方式减轻或消除。

2. 来源、危害与标准

1）来源

按光的物理特性分，有可见光污染、红外光污染和紫外线污染三类，而国际上一般将光污染分成三类，即白亮污染、人工白昼和采光污染。我国天津大学马剑教授则根据光污染的发生和造成影响的时间为分类标准，将光污染分为“昼光光污染”和“夜光光污染”。有些学者还根据光污染所影响的范围的大小，将其分为室内、室外、局部光环境污染三种，其中，室内环境光污染包括室内装修、室内不合理的灯光设计、室内不良的光色环境。

（1）室内建筑材料和装饰装修材料。室内环境中的建筑材料以及装饰材料是产生光污染的一个重要原因。如室内装修采用镜面、釉面砖墙、磨光大理石以及各种涂料等装饰材料产生的反射光线多明亮晃眼、夺目炫眼，这样的室内环境是光污染的重灾区。因此，在室内装修墙壁粉刷时，应用一些浅色，主要是米黄、浅蓝等，代替刺眼的白色。

（2）室内人工白昼。室内光污染的第二个来源是“人工白昼”，指的是一些不合理的灯光设计；室内灯光配置设计的不合理性，致使室内光线过亮或过暗。时下，人们对照明设计的理解存在着种种误区，认为照明设计就是简单的选择和布置灯具。

（3）室内采光污染。室内光污染的第三个来源是“采光污染”，就是一些自然采光的

效果不佳。例如，由于窗户位置或者是窗帘等的使用不当造成的室外强光的投射，或者是夜间室外建筑物灯光的影响产生的干扰光，会影响人们正常的生活。夜间室外照明，特别是建筑物的泛光照明产生的干扰光，有的直射到人的眼睛造成眩光，有的通过窗户照射到室内，把房间照得很亮，影响人们的正常生活。

上述来源导致室内产生了不同程度的光污染，影响了人们的视觉环境，进而威胁到人类的健康生活和工作。

2）危害

室内环境中的光污染已经成为一个很重要的环境公害问题。良好的照明条件与人体的视力健康紧密相关，也影响着人的心理健康。

（1）光污染对人体身体健康的危害。室内眩光的出现会影响视度，轻者降低工作效率，重则完全丧失视力，给我们的生活和工作带来非常大的危害。研究表明：过分的光亮及各种装饰面的强烈反射光会伤害人的眼角膜和虹膜，导致视力下降，增加白内障的发病率，诱发神经衰弱、失眠，打乱人体正常生理节律；室内光线构造得过分阴暗，则易使人沉闷、忧郁，不利于保护视力。在室内办公室工作时的照明需要200lx以上。

商业酒会、豪华会所绚丽四射、昏幽的各式灯光就是采光污染。由此产生的紫外线强度比太阳光里的紫外线强得多，对人体有害影响持续时间更长。长时间照射，可能诱发流鼻血、脱牙、白内障。频闪彩色光会干扰中枢神经，让人头晕目眩，皮肤细胞加速老化，甚至出现恶心呕吐、失眠等症状，导致亚健康。

（2）光污染对人体心理健康的危害。长时间在白亮环境下工作的人，眼睛酸涩疲劳，长此以往或许就会头昏心烦、食欲下降、情绪低落，会使生物钟发生紊乱，影响正常生活，诱发神经衰弱，甚至导致精神疾病。

（3）光污染对室内动植物的影响。室内的花卉、绿草，受到不均匀的光照会导致植物出现黄化现象或者扁冠，破坏植物生存的自然规律，扰乱了他们的"植物钟"。夜间强烈的灯光使短日照植物不能开花结果，对植物开花周期也会产生影响，花期也会提前或延后。过量的光辐射，会改变动物的生活习性，打乱了动物昼夜生活的生物钟的节律，使之不能入睡和休息。受到光的长时间照射，其生活的光周期被打乱，从而影响到它们的正常生长和发育，甚至导致死亡。

（4）光污染的其他影响。街道上的高楼大厦的玻璃幕墙的溢散光，除了影响司机和行人交通安全之外，溢散光侵入居民室内，可导致室内温度升高4～6℃，加速家用电器和家具的老化，减少使用寿命。

3）标准或规范

评价一个光环境质量的好坏，不仅应包括带有物理指标的客观评价，还应包括人们对光环境的主观评价。为了建立人对光环境的主观评价与客观的物理指标之间的关系，各国的研究学者通过大量的研究，其成果已被列入各国的照明规范、照明标准或者照明设计指南中，成为光环境设计和评价的依据和准则。

（1）日照标准。根据国家标准《城市居住区规划设计规范》（GB 50180—1993）（2002年修订版）和《住宅设计规范》（GB 50096—2011），住宅的日照标准应符合表3.14的规定，每套住宅至少有一个居住空间能获得日照，当一套住宅中居住空间总数超过4个时，其中至少要有两间居室达到日照标准。

表 3.14　住宅日照标准

气候区划分	Ⅰ、Ⅱ、Ⅲ、Ⅶ气候区		Ⅳ气候区		Ⅴ与Ⅵ气候区
	大城市	中小城市	大城市	中小城市	
日照标准日	大寒日		冬至日		
日照时数/h	≥2	≥3	≥1		
有效日照时间带/h	8～16		9～15		
计算起点	住宅底层窗台面				

注：Ⅰ类建筑气候区的代表城市为哈尔滨、长春、沈阳、呼和浩特等；Ⅱ类建筑气候区的代表城市为北京、天津、石家庄、济南、太原、郑州、西安、兰州等；Ⅲ类建筑气候区的代表城市为上海、南京、杭州、合肥、武汉、南昌、福州、长沙、成都、重庆等；Ⅳ类建筑气候区的代表城市为广州、香港、南宁、海口等；Ⅴ类建筑气候区的代表城市为贵阳、昆明；Ⅵ建筑气候区的代表城市为拉萨、西宁；Ⅶ类建筑气候区的代表城市为银川、乌鲁木齐为建筑气候区。

（2）采光标准。采光设计标准是评价天然光环境质量的准则，也是建筑采光设计依据。2013 年 5 月 1 日起正式实施的《建筑采光设计标准》（GB 50034—2013）及《建筑照明设计标准》（GB 50034—2013）中规定了住宅照明的照度标准值，本标准于 2014 年 6 月 1 日起正式实施。

（3）眩光标准。眩光污染是最普遍、最广泛、最重要的光污染形式，是指在空间环境里，高强度光源的直射，或者物体的高强度反射产生光辐射，或者视野中的物体与背景之间巨大的亮度差，或者由于其急剧变化所引起的视觉不适或视力损伤的光污染现象。例如，夜间行驶的汽车的远视灯，空防用的探照灯、建筑工地的电焊的弧光等造成的光污染，都是眩光污染。国际照明委员会推荐采用国际通用眩光指数法（CGI）见表 3.15。

表 3.15　室内照明眩光指数的限定值

场　所	限定标准	视觉效应	场　所	限定标准	视觉效应
一般办公室	19	可以忍受	医院手术室	10	有感觉
制图室	16	可以忍受	粗装配车间	28	不能忍受
学校教室	16	可以忍受	普通加工车间	25	不舒适
医院病房	13	有感觉	精密加工车间	22	不舒适

（4）立法标准。我国室内光环境污染的立法一直处在空白点。针对光污染控制的需要，我国的建筑、照明等行业制定了与光污染防治相关的基础标准及技术规范；各地方政府也针对光污染的现状制定了相应的地方标准防治城市建设中的光污染。如《室内照明测量方法》（GB 5700—1985）《作业场所激光辐射卫生标准》（GB/J 10435—1989）《珠海市环境保护条例》《城市环境（装饰）照明规范》等。2004 年 9 月 1 日起上海正式实施的《城市环境（装饰）照明规范》，被誉为上海市乃至全国首部限制光污染的地方性标准，但是它仅是一部行业技术规范，不具有法律强制力，对于灯光使用单位没有强制力，也缺乏相应的处罚权。上述这些标准在衡量人工白昼污染方面只有简单的项目，因此，我国急需光环境立法标准。

三、热污染

早在20世纪初，一些发达国家就已开始了对室内热环境的研究，我国的室内热环境研究起步比较晚。现在，人们对住宅建筑的要求已不仅局限于能居住，而且要宽敞明亮、温湿度适宜、空气清新，使居住者感到舒适。即人们更加关注影响人体热感觉、热舒适的居室热环境指标。

室内热环境由室内空气温度、湿度、空气流速和平均辐射温度4要素综合形成，以人的热舒适程度作为评价标准，其中环境热辐射是不易感知的因素。室内热环境质量的高低对人们的身体健康、生活水平、工作学习效率将产生重大影响。

（一）室内热环境参数

1. 温度

室内气温是表征室内热环境的主要指标，它直接影响人体通过对流和辐射的显热交换，是影响人体热舒适的主要因素。根据调查研究表明，空气温度在20℃左右时，脑力劳动的工作效率最高；低于18℃或高于28℃，工作效率急剧下降。如以20℃时的工作效率为100%，则35℃时只有50%，10℃时只有30%。卫生学将12℃作为建筑热环境的下限。一般认为室温应保持在：夏季24～28℃、冬季19～22℃为宜，昼夜温差不要超过6℃。

2. 湿度

湿度是表示空气干湿程度的物理量，是表示空气中水蒸气含量多少的指标。空气湿度直接影响人体皮肤表面的蒸发散热，从而影响人体的舒适感。湿度过低，人体皮肤因缺少水分而变得粗糙甚至开裂，人体的免疫系统也会受到伤害导致对疾病的抵抗力大大降低甚至丧失。湿度过高，不仅影响人体的舒适感，还为室内环境中的细菌、霉菌及其他微生物创造了良好的生长繁殖条件，加剧室内微生物的污染。研究表明，室内最适合温度应保持在室温达18℃时，相对湿度应保持在30%～40%，室温达25℃时，相对湿度应宜保持在40%～50%。

3. 空气流速

室内空气的流动在一定程度上加快人体的对流散热和蒸发散热，提供冷却效果，同时也促进室内空气的更新。当室内空气流动性较低时，室内环境中的空气得不到有效的通风换气，各种有害化学物质不能及时排到室外，造成室内空气质量恶化。而且，由于室内气流小，人们在室内生活中所排出的各种微生物相对聚集于空气中或在某些角落大量增生，致使室内空气质量进一步恶化。化学性污染物和有害微生物共同作用，将损害人体健康。

风速大有利于人体散热、散湿，提高热舒适度。但风速过大，会导致有吹风感。风速在一定程度上可以补偿环境温度的升高，从节能角度考虑，用增大空气流动速度来补偿温度的升高有重大意义，通过保证室内人员所处的位置有令人满意的气流速度，房间可维持在较传统空调高的舒适温度，从而降低空调设备容量，减少运行费用。

在热环境中还有一个重要的参数，就是空气的新鲜感，与此感觉有关的就是气流速度。据测定，在舒适的温度区段内，一般气流速度达到 0.15m/s，即可感到空气清新，有新鲜感。而在室内，即使室温适宜，但空气不流动（或流动速度很小），也会产生沉闷的感觉。

4. 环境热辐射

热辐射包括太阳辐射和人体与周围环境之间的辐射。当物体温度高于人体皮肤温度时，热量从物体向人体辐射，使人体受热，这种辐射一般称作正辐射。当强烈的热辐射持续作用于人体皮肤时，容易造成中暑。当物体温度低于人体皮肤温度时，就会产生负辐射。人体对负辐射的反射性调节不很敏感时，容易引发感冒等病症。

5. 新风量

新风量是指在门窗关闭的状态下，单位时间内由空调系统通道、房间的缝隙进入室内的空气总量，单位为 m^3/h。空气交换率是指单位时间内由室外进入到室内总容量与该室室内空气总量之比，单位 h^{1}。就一般情况而言，新风量越多，对人体的健康越有利。国内外许多实例表明，产生病态建筑综合征的一个重要原因就是新风量不足。新风虽然不存在过量的问题，但是超过一定限度，必然伴随着冷、热负荷的过多消耗，带来不利的后果。

国际标准确定的新风量不应小于 $30m^3$/（h · 人），这是根据人体的生理需要量而定的。

（二）来源、危害与标准

热环境的各影响因素对人体的影响是复合的，而各因素之间又是互相影响的，因此，应该把热环境看作一个整体，综合考虑各因素对人体的影响。

1. 来源

室内热污染主要来自两个方面。第一是室外的辐射能量进入室内造成的，如在炎热地区，夏季气温高，主要是墙和屋顶内表面的辐射，特别是通过窗口进入的太阳辐射热造成的。第二是室内物体辐射量的大小和辐射方向，对热环境的质量有很大影响。冶炼、热轧等车间，熏烤、烹饪等环节，都有强烈的室内辐射热源，造成高温环境。

2. 危害

室内温度过高或过低，会造成人们的工作效率下降，室内湿度过大时，人体皮肤周围的水蒸气分压力比较大，从而抑制了汗液的分泌，导致人体内部热量不能及时散发出去，从而引起人体的不舒适。湿度很小时人体皮肤变得粗糙干裂，也使人感觉不舒适。室内空气流动慢，会产生沉闷，流动过快会造成热量损失。人体对环境的热辐射感应不敏感时，会造成中暑或者感冒等不适症状。

3. 标准

对热环境的评价可根据三类不同的标准进行。一是生存标准。人在休息时能保持体温恒定在（37±0.5）℃左右，超过或低于标准体温 2℃时，在短期内还可以忍受，但如持续时间太长时，就会损害健康，甚至危及生命。二是舒适性标准。人可生存、适应的热环境往往并不一定使人感到舒适，在人类赖以生存的热环境范围内，只有较小的范围可定义为热舒适区域。三是工作效率标准。热环境会影响人的敏感、警觉、疲乏、专注和厌烦程度，通过上述作用对体力劳动和脑力劳动的效率产生影响。室内的热环境参数如温度、湿度、空气流速参数等参见《室内空气质量标准》。

另外，《采暖通风与空气调节设计规范》（GB 50019 —2003）中给出了设计采暖时，冬季主要建筑的室内温度一般最低温度：浴室、更衣室为 25℃；办公室、休息室为 18℃；盥洗室、厕所为 12℃。室内热环境以人的热舒适程度作为评价标准，《采暖通风与空气调节设计规范》（GB 50019 —2003）给出了室内的舒适性参数如表 3.16 所示。

表 3.16　舒适性空气调节室内计算参数

参　数	冬　季	夏　季
温度/℃	18～24	22～28
风速/（m/s）	≤0.2	≤0.3
相对湿度/%	30～60	40～65

上述各项标准是否仍满足人们的舒适要求，是否是最节能的标准，应该综合室内热环境质量和节能两方面，主客观全面兼顾，得出一套可供借鉴和参考的室内热环境的空调、采暖标准。

3.3　室内空气检测方案制定

一、采样点资料收集与采样点位设置

（一）采样点资料收集

1. 污染源分布及排放情况

调查小区内的污染源类型、数量、位置、排放的主要污染物及排放量，同时还应了解室内所用原料、燃料及消耗量。要注意因室内建材、家具、家电以及燃料燃烧排放的污染物种类区分开来。

2. 气象资料

污染物在室内的扩散、输送和一系列的物理、化学变化在很大程度上取决于当时的气象条件。因此，要收集室内风向、风速、气温、气压、相对湿度等资料。

（二）采样布点的原则

采样点的布置同样会影响室内污染物检测的准确性，如果采样点布置不科学，所得的检测数据并不能科学地反映室内空气质量。采样点的选择应遵循下列原则。

1. 代表性

这种代表性应根据检测目的与对象来决定，以不同的目的来选择各自典型的代表，如可按居住类型分类、燃料结构分类、净化措施分类。

2. 可比性

为了便于对检测结果进行比较，各个采样点的各种条件应尽可能选择类似的；所用的采样器及采样方法，应做具体规定，采样点一旦选定后，一般不要轻易改动。

3. 可行性

由于采样的器材较多，需占用一定的场地，故选点时，应尽量选有一定空间可供利用的地方，切忌影响居住者的日常生活。因此，应选用低噪声、有足够的电源的小型采样器材。

（三）采样布点方法

应根据检测目的与对象进行布点，布点的数量视人力、物力和财力情况，合理选用。

1. 采样点的数量

根据检测对象的面积大小和现场情况来决定，以期能正确反映室内空气污染的水平。公共场所可按 $100m^2$ 设 2～3 个点；居室面积小于 $50m^2$ 的房间设 1～3 个点，50～$100m^2$ 设 3～5 个点 $100m^2$ 以上至少设 5 个点。

2. 采样点的分布

除特殊目的外，一般采样点分布应均匀，在对角线上或梅花式均匀分布，两点之间相距 5m 左右。为避免室壁的吸附作用或逸出干扰，采样点离墙应不少于 0.5m，并离开门窗一定的距离，避开正风口，以免局部微小气候造成影响。

在做污染源逸散水平检测时，可以污染源为中心在与之不同的距离（2cm、5cm、10cm）处设定。

3. 采样点的高度

采样点的高度应与人的呼吸带高度相一致，相对高度 0.5～1.5m。

4. 室外对照采样点的设置

在进行室内污染检测的同时，为了掌握室内外污染的关系，或以室外的污染浓度为对照，应在同一区域的室外设置 1～2 个对照点。也可用原来的室外固定大气监测点做对比，这时室内采样点的分布，应在固定监测点的半径500m范围内才较合适。

二、室内空气样品的采样方法

（一）气态和蒸汽态污染物的采样方法

1. 直接采样法

当空气中被测组分浓度较高，或所用的分析方法灵敏度很高时，可选用直接采取少量气体样品的采样法。用该方法测得的结果是瞬时或者短时间内的平均浓度，而且可以比较快的得到分析结果。直接采样法常用的容器有以下几种。

1）注射器采样

用100mL的注射器直接连接一个三通活塞（图3.1）。采样时，先用现场空气抽洗注射器3～5次，然后抽样，密封进样口，将注射器进气口朝下，垂直放置，使注射器的内压略大于大气压。要注意样品存放时间不宜太长，一般要当天分析完。此外，所用的注射器要做磨口密封性的检查，有时需要对注射器的刻度进行校准。

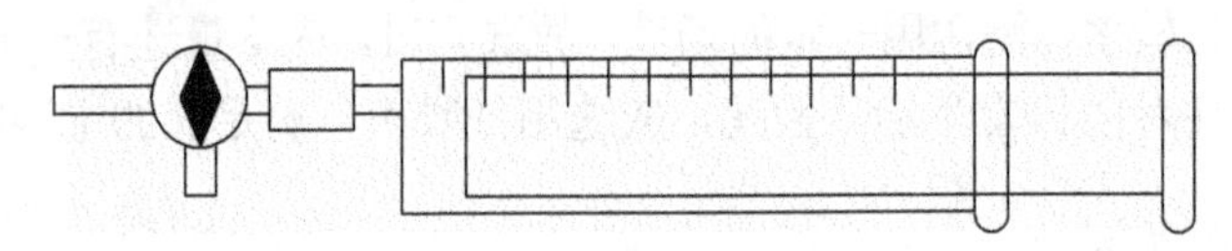

图3.1　注射器采样器

2）塑料袋采样

常用的塑料袋有聚乙烯、聚氯乙烯和聚四氟烯袋等，用金属衬里（铝箔等）的袋子采样，能防止样品的渗透。为了检验对样品的吸附或渗透，建议事先对塑料袋进行样品稳定性实验。稳定性较差的，用已知浓度的待测物在与样品相同的条件下保存，计算出吸附损失后，对分析结果进行校正。使用前要作气密性检查：充足气后，密封进气口，将其置于水中，不应冒气泡。使用时用现场气样冲洗3～5次后，再充进样品，夹封袋口，带回实验室分析。

3）采气管采样

采气管是两端具有旋塞的管式玻璃容器，其容积为100～500mL，如图3.2所示。采样时，打开两端旋塞，将二联球或抽气泵接在管的一端，迅速抽进比采气管大6～10倍的欲采气体，使采气管中原有的气体被完全置换出，关上两端旋塞，采气体积即为采气管的容积。

4）真空瓶采样器

真空瓶是一种用耐压玻璃制成的固定容器，容器为500～1000mL，如图3.3所示。采样前，先用抽气真空装置将来气瓶内抽至剩余压力达1.33kPa左右，如瓶内预先装入吸收液，可抽至溶液冒泡为止，关闭旋塞。采样时，打开旋塞，被采空气即进入瓶内，关闭旋塞，则采样体积为真空采样瓶的容积。如果采气瓶内真空达不到1.33kPa，实际采样体积要根据剩余压力进行计算。

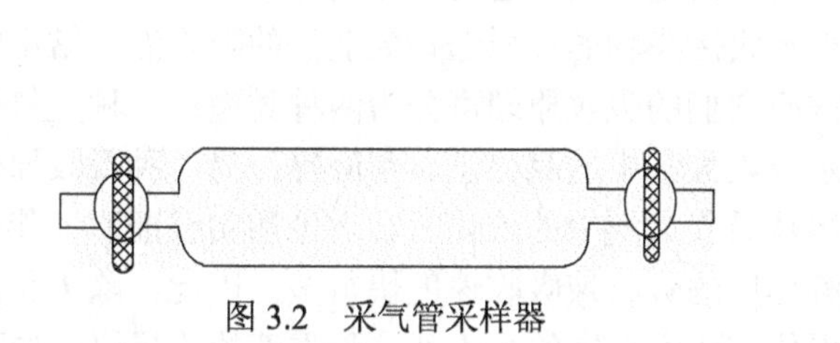
图 3.2　采气管采样器

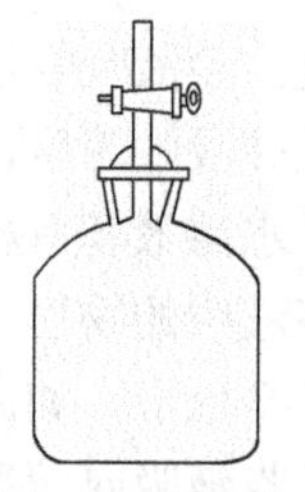
图 3.3　真空瓶

当用闭管压力计测量剩余压力时，现场状态下的采样体积按式（3.1）计算。

$$V = V' \times \frac{P - P'}{P} \tag{3.1}$$

式中：V——现场状态下的采样体积，L；

V'——真空采气瓶的容积，L；

P——大气压力，kPa；

P'——闭管压力计读数，kPa。

当用开管压力计测量采气瓶内的剩余压力时，现场状态下的采样体积按式（3.2）计算：

$$V = V' \times \frac{P_k}{P} \tag{3.2}$$

式中：P_k——开管压力计读数，kPa。

2. 有动力采样法

有动力采样法是用一个抽气泵，将空气样品通过吸收瓶（管）中的吸收介质，使空气样品中的待测污染物浓缩在吸收介质中。吸收介质通常是液体和多孔状的固体颗粒物，其目的不仅浓缩了待测污染物，提高了分析灵敏度，并有利于去除干扰物和选择不同原理的分析方法。

室内空气中的污染物质浓度一般都比较低，虽然目前的测试技术有很大的进展，出现了许多高灵敏度的自动测定仪器，但是对许多污染物质来说，直接采样法远远不能满足分析的要求，故需要用富集采样法对室内空气中的污染物进行浓缩，使之满足分析方法灵敏度的要求。另一方面，富集采样时间一般比较长，测得结果代表采样时段的平均浓度，更能反映室内空气污染的真实情况。这种采样方法有液体吸收法、固体吸附法和低温冷凝法。

1）液体吸收法

用一个气体吸收管，内装吸收液，后面接有抽气装置，以一定的气体流量，通过吸收管抽入空气样品。当空气通过吸收液时，在气泡和液体的界面上，被测组分的分子被吸收在溶液中，取样结束后倒出吸收液，分析吸收液中被测物的含量，根据采样体积和含量计算室内空气中污染物的浓度。这种方法是气态污染物分析中最常用的样品浓缩方法，它主要用于采集气态和蒸汽态的污染物。

（1）气体吸收原理。当空气通过吸收液时，在气泡和液体的界面上，被测组分的分子由于溶解作用或化学反应很快进入吸收液中。同时气泡中间的气体分子因存在浓度梯度和运动速度极快，能迅速扩散到气液界面上。因此，整个气泡中被测气体分子很快被

溶液吸收。溶液吸收法的吸收效率主要决定于吸收速度、样气与吸收液的接触面积。

欲提高吸收速度，必须根据被吸收污染物的性质选择效能好的吸收液。常用的吸收液有水、水溶液和有机溶剂等。按照它们的吸收原理可分为两种类型：一种是气体分子溶解于溶液中的物理作用，如用水吸收大气中的氯化氢、甲醛等；另一种吸收原理是基于发生化学反应，如用氢氧化钠溶液吸收大气中的硫化氢。理论和实践证明，伴有化学反应的吸收液吸收速度比单靠溶解作用的吸收液吸收速度快得多。因此，除采集溶解度非常大的气态物质外，一般都选用伴有化学反应的吸收液。吸收液的选择原则如下。

① 与被采样的物质发生化学反应快或对其溶解度大。

② 污染物质被吸收液吸收后，要有足够的稳定时间，以满足分析测定所需时间的要求。

③ 污染物质被吸收后，应有利于下一步分析测定，最好能直接用于测定。

④ 吸收液毒性小、价格低、易于购买，且尽可能能够回收利用。

（2）吸收管的种类。增大被采气体与吸收液接触面积的有效措施是选用结构适宜的吸收管（瓶）。常用的吸收管有气泡吸收管、冲击式吸收管、多孔筛板吸收瓶，如图 3.4 所示，气泡吸收管适用于采集气态和蒸汽态物质，不适合采集气溶胶态物质；冲击式吸收管适宜采集气溶胶态物质，而不适合采集气态和蒸汽态物质；多孔筛板吸收瓶，当气体通过吸收瓶的筛板后，被分散成很小的气泡，且滞留时间长，大大增加了气液接触面积，从而提高了吸收效果，除适合采集气态和蒸汽态物质外，也能采集气溶胶态物质。

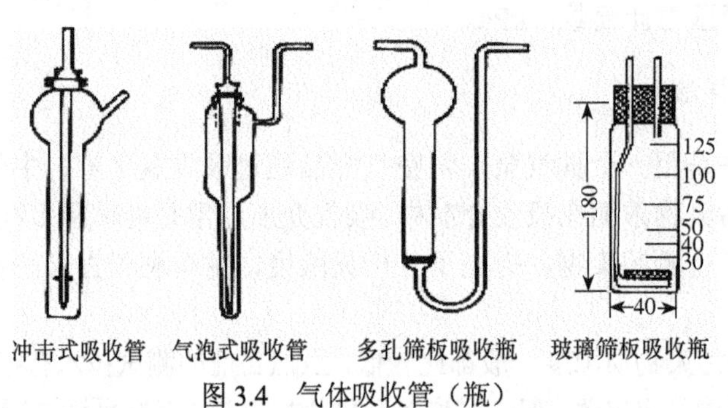

图 3.4　气体吸收管（瓶）

（3）在使用溶液吸收法时，应注意以下几个问题。

① 当采气流量一定时，为使气液接触面积增大，提高吸收效率，应尽可能的使气泡直径变小，液体高度加大，尖嘴部的气泡速度减慢。但不宜过度，否则管路内压增加，无法采样。建议通过实验测定实际吸收效率来进行选择。

② 由于加工工艺等问题，应对吸收管的吸收效率进行检查，选择吸收效率为 90%以上的吸收管，尤其是使用气泡吸收管和冲击式吸收管时。

③ 新购置的吸收管要进行气密性检查，将吸收管内装适量的水，接至水抽气瓶上，两个水瓶的水面差为 1m，密封进气口，抽气至吸收管内无气泡出现，待抽气瓶水面稳定后，静置 10min，抽气瓶水面应无明显降低。

④ 部分方法的吸收液或吸收待测污染物后的溶液稳定性较差，易受空气氧化、日光照射而分解或随现场温度的变化而分解等，应严格按操作规程采取密封、避光或恒温采

样等措施，并尽快分析。

⑤ 吸收管路的内压不宜过大或过小，可能的话要进行阻力测试。采样时，吸收管要垂直放置，进气管要置于中心的位置。

⑥ 现场采样时，要注意观察不能有泡沫抽出。采样后，用样品溶液洗涤进气口内壁三次，再倒出分析。

2）固体吸附法

固体吸附法又称填充柱采样法。填充柱采样管用一根长 6～10cm、内径 3～5cm 的玻璃管或塑料管，内装颗粒状填充剂制成，如图 3.5 所示。填充剂可以用吸附剂或在颗粒状的单体上涂以某种化学试剂。采样时，让气体以一定流速通过填充柱，被测组分因吸附、溶解或化学反应等作用被滞留在填充剂上，达到浓缩采样的目的。采样后，通过解析或溶剂洗脱，使被测组分从填充剂上释放出来进行测定。根据填充剂阻留作用的原理，可分为吸附型、分配型和反应型 3 种类型。

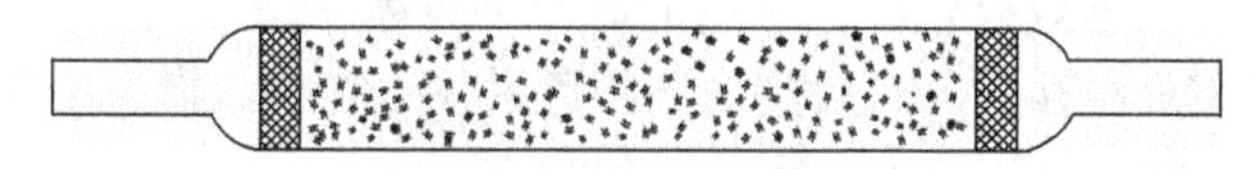

图 3.5　填充柱采样管

（1）吸附型填充剂。吸附型填充剂是颗粒状固体吸附剂，如活性炭、硅胶、分子筛、高分子多孔微球等。它们都是多孔物质，比表面积大，对气体和蒸气有较强的吸附能力。有两种表面吸附作用，一种是由于分子间引力引起的物理吸附，吸附力较弱，另一种是由于剩余化学键力引起的化学吸附，吸附力较强。极性吸附剂如硅胶等，对极性化合物有较强的吸附能力；非极性吸附剂，如活性炭等，对非极性化合物有较强的吸附能力。一般来说，吸附能力越强，采样效率越高，但这往往会给解吸带来困难。因此，在选择吸附剂时，既要考虑吸附效率，又要考虑易于解吸。

（2）分配型填充柱。这种填充柱的填充剂是表面高沸点的有机溶剂 （如异十三烷）的惰性多孔颗粒物（如硅藻土），类似于气液色谱柱中的固定相，只是有机溶剂的用量比色谱固定相大。当被采集气样通过填充柱时，在有机溶剂中分配系数大的组分保留在填充剂上而被富集。

（3）反应型填充柱。这种柱的填充物是由惰性多孔颗粒物（如石英砂、玻璃微球）或纤维状物 （如滤纸、玻璃棉）表面涂渍能与被测组分发生化学反应的试剂制成。也可以用能和被测组分发生化学反应的纯金属丝毛或细粒做填充剂。气样通过填充柱时，被测组分在填充剂表面因发生化学反应而被阻留，采样后，将反应产物用适宜的溶剂洗脱或加热吹气解析下来进行分析。

（4）填充柱采样法的特点与应注意的问题。

① 可以长时间采样，可用于空气中污染物日平均浓度的测定。而溶液吸收法因吸收液在采气过程中有液体蒸发损失，一般情况下，不适宜长时间的采样。

② 选择合适的固体填充剂对于蒸气和气溶胶都有较好的采样效率。而溶液吸收法对气溶胶往往采样效率不高。

③ 污染物浓缩在填充剂上的稳定性，一般都比吸收在溶液中要长得多，有时可放几

天，甚至几周不变。

④ 在现场采样填充柱比溶液吸收管方便得多，样品发生再污染，撒漏的机会要小得多。

⑤ 填充柱的吸附效率受温度等因素的影响较大，一般而言，温度升高，最大采样体积将会减少。水分和二氧化碳的浓度较待测组分大得多，用填充柱采样时对它们的影响要特别留意，尤其对湿度（含水量）。由于气候等条件的变化，湿度对最大采样体积的影响更为严重，必要时，可在采样管前接一个干燥管。

⑥ 实际上，为了检查填充柱采样管的采样效率，可在一根管内分前、后段填装滤料，如前段装100mg，后段装50mg，中间用玻璃棉相隔。但前段采样管的采样效率应在90%以上。

3）低温冷凝浓缩法

空气中某些沸点比较低的气态物质，在常温下用固体吸附剂很难完全被阻留，用制冷剂将其冷凝下来，浓缩效果较好。常用的制冷剂有冰-盐水、干冰-乙醇等。经低温采样，被测组分冷凝在采样管中，然后接到气相色谱仪进样口，撤离冷肼，在常温下或加热气化，通入载气，吹入色谱柱中进行分离和测定。

低温冷凝法采样，在不加填充剂的情况下，制冷温度至少要低于被浓缩组分的沸点80～100℃，否则效率很差。这是因为空气样品在冷却时凝结形成很多小雾滴，含有一部分被测物随气流带走，若加入填充剂可起到过滤雾滴的作用。因此，这时对温差的要求可以降低一些。例如，用内径2mm U形玻璃管，内装10cm 6201担体，在冰-盐水中低温采集空气中醛类化合物（乙醛、丙烯醛、甲基丙烯醛、丁烯醛等），采样后，加热至140℃解吸，用气相色谱测定。

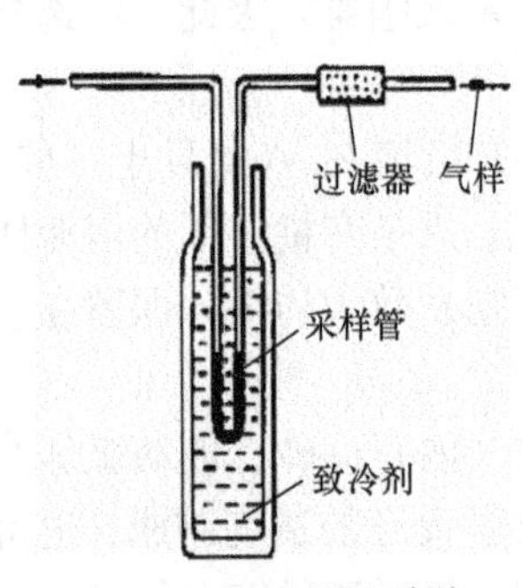

图3.6 低温冷凝采样

用低温冷凝采集空气样品（图3.6），比在常温下填充柱法的采气量大得多，浓缩效果较好，对样品的稳定性更有利。但是用低温冷凝采样时，空气中水分和二氧化碳等也会同时被冷凝，若用液氮或液体空气作制冷剂时，空气中氧也有可能被冷凝阻塞气路。另外，在气化时，水分和二氧化碳也随被测组分同时气化，增大了气化体积，降低了浓缩效果，有时还会给下一步的气相色谱分析带来困难。所以，在应用低温冷凝法浓缩空气样品时，在进样口需接某种干燥管（如内填过氯酸镁、烧碱石棉、氢氧化钾或氯化钙等的干燥管），以除去空气中水分和二氧化碳。

3. 被动式采样法

被动式采样器是基于气体分子扩散或渗透原理采集空气中气态或蒸汽态污染物的一种采样方法，由于它不用任何电源或抽气动力，所以又称无泵采样器。这种采样器体积小，非常轻便，可制用一支钢笔或一枚徽章大小，用作个体接触剂量评价的检测，也可放在欲测场所，连续采样，间接用作环境空气质量评价的检测。目前，常用于室内空气污染和个体接触剂量的评价检测。

（二）颗粒态污染物的采样方法

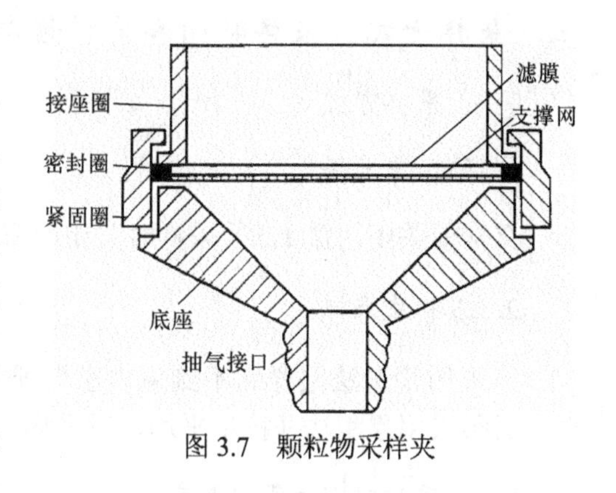

图 3.7　颗粒物采样夹

空气中颗粒物质的采样方法主要有滤料法和自然沉降法。自由沉降法主要用于采集颗粒物粒径大于 30μm 的尘粒；滤料法根据末子切割器和采样流速等的不同，分别用于采集空气中不同粒径的颗粒物，该方法是将过滤材料如滤膜放在采样夹上，用抽气装置抽气，则空气中的颗粒物被阻留在过滤材料上，称量过滤材料上富集的颗粒物质量，根据采样体积，即可计算出空气中颗粒物的浓度。颗粒物采样夹如图 3.7 所示。

滤料采集空气中气溶胶颗粒物基于直接阻截、惯性碰撞、扩散沉降、静电引力和重力沉降等作用。滤料的采集效率除与自身性质有关外，还与采样速度、颗粒物的大小等因素有关。低速采样，扩散沉降为主，对细小颗粒物的采集效率高；高速采样，经惯性碰撞作用为主，对较大颗粒物的采集效率高。空气中的大小颗粒物共同时并存的，当采样速度一定时，就可能使一部分粒径小的颗粒物采集效率偏低。此外，在采样过程中，还可能发生颗粒物从滤料上弹回或吹走现象。

常用的滤料有纤维状滤料，如滤纸、玻璃纤维滤膜、过氯乙烯滤膜等，筛孔状滤料，如微孔滤膜、核孔滤膜、银薄膜等。

选择滤膜时，应根据采样目的，选择采样效率高、性能稳定、空白值低、易于处理和采样后易于分析测定的滤膜。

（三）两种状态共存的污染物的采样方法

实际上，空气中的污染物大多数都不是以单一状态存在的，往往同时存在于气态和颗粒物中，尤其是部分无机污染物和有机污染物。综合采样法就是针对这种情况提出来的。选择好合适的固体填充剂的填充柱采样管对某些存在于气态和颗粒物中的污染物也有较好的采样效率。若用滤膜采样器后接液体吸收管的方法，可实现同时采样。但这种方法的主要缺陷是采样流量受限制，而颗粒物需要在一定的速度下，才能被采集下来。

浸渍试剂滤料法，是将某种化学试剂浸渍在滤纸或滤膜上。这种滤纸适宜采集气态与气溶胶共存的污染物。采样中，气态污染物与滤纸上的试剂迅速反应，从而被固定在滤纸上。所以，它具有物理（吸附和过滤）和化学两种作用，能同时将气态和气溶胶污染物采集下来。浸渍试剂使用较广、尤其是对于以蒸气和气溶胶状态共存的污染物是一个较好的采样方法。如用磷酸二氢钾浸渍过的玻璃纤维滤膜采集大气中的氟化物，用聚乙烯氧化吡啶及甘油浸渍的滤纸采集大气中的砷化物，用碳酸钾浸渍的玻璃纤维滤膜采集大气中的含硫化合物，用稀硝酸浸渍的滤纸采集铅烟和铅蒸气等。

三、采样方式、采样时间和采样频率的确定

（一）采样方式

1. 筛选法采样

采样前关闭门窗 12h，采样时关闭门窗，至少采样 45min。

2. 累积法采样

当采用筛选法采样达不到室内空气质量标准中室内空气监测技术导则规定的要求时，必须采用累积法（按年平均、日平均、8h 平均法）的要求采样。

（二）采样时间和采样频率

采样时间系指每次采样从开始到结束经历的时间，也称采样时段。采样频率是指在一定时间范围内的采样次数。这两个参数要根据检测目的、污染物分布特征及人力、物力等因素决定，采样时间短，试样缺乏代表性、检测结果不能反映污染物浓度随时间的变化，仅适用于事故性污染、初步调查等情况的应急检测。为增加采样时间，一是可以增加采样频率，即每隔一定时间采样测定 1 次，取多个试样测定结果的平均值为代表值。第二种增加采样时间的方法是使用自动采样仪器进行连续自动采样。若再配用污染组分连续或间歇自动检测仪器，其检测结果能很好地反映污染物浓度的变化，得到任何一段时间的代表值。

（1）检测年平均浓度时，至少采样 3 个月；检测日平均浓度时，至少采样 18h；检测 8h 平均浓度至少采样 6h；检测 1h 平均浓度至少采样 45min；采样时间应涵盖通风最差的时间段。

（2）长期累计浓度的监测，这种监测多用于对人体健康影响的得出一定时间内的平均浓度。由于是累计式的采样，故样品分析方法的灵敏度要求就较低，缺点是对样品和检测仪器的稳定性要求较高。另外，样品的本底与空白的变异，对结果的评价会带来一定的困难，更不能反映浓度的波动情况和日变化曲线。

（3）短期浓度的检测，为了了解瞬时或短时间内室内污染物浓度的变化，可采用短时间的采样方法，间歇式或抽样检验的方法，采样时间为几分钟至 1h。短期浓度检测可反映瞬时的浓度变化，按小时浓度变化绘制浓度的日变化曲线，主要用于公共场所及室内污染的研究，只是本法对仪器及测定方法的灵敏度要求较高，并受日变化及局部污染变化的影响。

四、采样记录

采样过程获取的第一手资料，对于检测结果分析、环境质量评价、事故原因分析具有重要的参考价值。在实际工作中，不重视采样记录，往往会导致由于采样记录不完整而使一大堆检测数据无法统计而报废。采样记录是要对现场情况、各种污染物以及采样表格中采样日期、时间、地点、数量、布点方式、大气压力、气温、相对湿度、风速以及采样者签字等做出详细记录，随样品一同报到实验室。因此，检测过程中必须规范采样记录管理，认真填写采样记录。某环境检测站采样记录与样品交接记录如表 3.17 所示。

表 3.17　空气采样及样品交接记录

任务来源				采样地点及编号						天气	
采样日期				采样高度/m							
采样器型号及编号											
采样时段											
项目名称											
样品编号											
采样流量/（L/min）											
采样时间/min											
采样体积/L											
大气温度/℃											
大气压力/kPa											
标准体积换算系数											
风向											
风速/（m/s）											
相对湿度/%											
备注											

五、采样效率及其评价

（一）采样效率及其评价

一个采样方法的采样效率是指在规定的采样条件（如采样流量、气体浓度，采样时间等）下所采集到的量占总量的百分数。采样效率评价方法一般与污染物在大气中存在状态有很大关系，不同的存在状态有不同的评价方法。

1. 评价采集气态和蒸汽态的污染物的方法

采集气态和蒸汽态的污染物常用溶液吸收法和填充柱采样法。评价这些采样方法的效率有绝对比较法和相对比较法两种。

1）绝对比较法

精确配制一个已知浓度的标准气体，然后用选用的采样方法采集标准气体，测定其浓度，比较实测浓度 c_1 和配气浓度 c_0，采样效率 K 为

$$K = c_1/c_0 \times 100\% \tag{3.3}$$

用这种方法评价采样效率虽然比较理想，但是，由于配制已知浓度标准气体有一定困难，往往在实际应用时受到限制。

2）相对比较法

配制一个恒定浓度的气体，而其浓度不一定要求已知。然后用 2 个或 3 个采样管串联起来采样，分别分析各管的含量，计算第一管含量占各管总量的百分数，采样效率 K 为

$$K=C_1/(C_1+C_2+C_3)\times 100\% \tag{3.4}$$

式中，C_1、C_2 和 C_3 分别为第 1 管、第 2 管和第 3 管中分析测得的浓度，用此法计算采样效率时，要求第 2 管和第 3 管的含量与第 1 管比较是极小的，这样 3 个管含量相加之和就近似于所配制的气体浓度。有时还需串联更多的吸收管采样，以期求得与所配制的气体浓度更加接近。用这种方法评价采样效率也只是用于干定浓度范围的气体，如果气体浓度太低，由于分析方法灵敏度所限，则测定结果误差较大，采样效率只是一个估计值。

2. 评价采集气溶胶的方法

采集气溶胶常用滤料和填充柱采样法。采集气溶胶的效率有两种表示方法，一种是颗粒采样效率，就是所采集到的气溶胶颗粒数目占总的颗粒数目的百分数；另一种是质量采样效率，就是所采集到的气溶胶质量数占总的质量的百分数。只有当气溶胶全部颗粒大小完全相同时，这两种表示方法才能统一。但是实际上这种情况是不存在的，微米以下的极小颗粒在颗粒数上总是占绝大多数，而按质量计算却占很小的部分，即一个大的颗粒质量可以相当于成千上万个小的颗粒。所以质量采样效率总是大于颗粒采样效率。由于 1μm 以下的颗粒对人体健康影响较大所以颗粒采样效率有卫生学上的意义。当要了解大气中气溶胶质量浓度或气溶胶中某成分的质量浓度时，质量采样效率是有用的，目前在大气测量中、评价采集气溶胶的方法的采样效率；一般是以质量采样效率表示，只是在有特殊目的时，采用颗粒采样效率表示。

评价采集气溶胶方法的效率与评价气态和蒸汽态的采样方法有很大的不同。一方面是由于配制已知浓度标准气溶胶在技术上此配制标准气体要复杂得多，而且气溶胶粒度范围也很大，所以很难在实验室模拟现场存在的气溶胶各种状态；另一方面用滤料采样像一个滤筛一样，能漏过第一张滤纸或滤膜的更小的颗粒物质也有可能会漏过第二张或第三张滤纸或滤膜，所以用相对比较气溶胶的采样效率就有困难。评价滤纸和滤膜的采样效率要用另一个已知采样效率高的方法同时采样，或串联在后面进行比较得出。颗粒采样效率常用一个灵敏度很高的颗粒计数器记录滤料前和通过滤料后的空气中的颗粒数来计算。

3. 评价采集气态和气溶胶共存状态的物质的方法

对于气态和气溶胶共存的物质的采样更为复杂，评价其采样效率时，这两种状态都应加以考虑，以求其总的采样效率。

（二）影响采样效率的主要因素

一般认为采样效率 90%以上为宜，采样效率太低的方法和仪器不能选用，这里简要归纳几条影响采样效率的因素，以便正确选择采样方法和仪器。

（1）根据污染物存在状态选择合适的采样方法和仪器，每种采样方法和仪器都是针对污染物的一个特定状态而选定的，如以气态和蒸汽态存在的污染物是以分子状态分散于空气中，用滤纸和滤膜采集效率很低，而用液体吸收管或填充柱采样；则可获得较高的采样效率。以气溶胶存在的污染物，不易被气泡吸收管中的吸收液吸收，宜用滤料或填充柱采样，如用装有稀硝酸的气泡吸收管采集铅烟，采样效率很低，而选用滤纸采样，则可得到较好的采样效率。对于气溶胶和蒸汽态共存的污染物，要应用对于两种状态都有效的采样方法如浸渍试剂的滤料或填充柱采样法，因此，在选择采样方法和仪器之前，首先要对污染物做具体分析。分析其在空气中可能以什么状态存在，根据存在状态选择合适的采样方法和仪器。

（2）根据污染物的理化性质选择吸收液、填充剂或各种滤料。用溶液吸收法采样时，要选用对污染物溶解度大或者与污染物能迅速起化学反应的作为吸收液。用填充柱或滤料采样时，要选用阻留率大并容易解吸下来的作填充剂或滤料。在选择吸收液、填充剂或滤料时，还必须考虑采样后应用的分析方法。

（3）确定合适的抽气速度，每一种采样方法和仪器都要求有才定的抽气速度，超过规定的速度，采样效率将不理想，各种气体吸收管和填充柱的抽气速度一般不宜过大，而滤料采样则可在较高抽气速度下进行。

（4）确定适当的采气量和采样时间，每个采样方法都有一定采样量限制。如果现场浓度高于采样方法和仪器的最大承受量时，采样效率就不太理想。如吸收液和填充剂都有饱和吸收量，达到饱和后吸收效率立即降低，此时，应适当减少采气量或缩短采样时间。反之，如果现场浓度太低，要达到分析方法灵敏度要求，则要适当增加采气量或延长采样时间。采样时间的延长也会伴随着其他不利因素发生，而影响采样效率。例如长时间地采样，吸收液中水分蒸发会造成吸收液成分和体积变化。长时间采样，大气中水分和二氧化碳的量也会被大量采集，影响填充剂的性能。长时间采样，其他干扰成分也会大量被浓缩，影响以后的分析结果。此外，长时间采样，滤料的机械性能减弱，有时还会破裂。因此，应在保证足够的采样效率前提下，适当地增加采气量或延长采样时间。如果现场浓度不清楚时，采气量或采样时间应根据标准规定的最高容许浓度范围所需的采样体积来确定，这个最小采气量用式（3.5）初步估算。

$$V=2a/A \tag{3.5}$$

式中：V——最小采气体积，L；

a——分析方法的灵敏度，μg；

A——被测物质的最高容许浓度，mg/m^3。

采样方法和仪器选定后，正确地掌握和使用才能最有效地发挥其作用。因此，严格按照操作规程采样，是保证有较高采样效率的重要条件。

六、采样体积及污染物浓度的计算方法

（一）气体体积计算

为了计算空气中污染物的浓度，必须正确地测量空气采样的体积，它直接关系到检测数据的质量。采样方法不同，采样体积的测量方法也有所不同。

1. 直接采样法

用注射器、塑料袋和固定容器直接取样时，当压力达到平衡，并稳定后，这些采样器具的容积即为空气采样体积。只要校准了这些器具的容积，就可知道准确的采样体积。

2. 有动力采样法

常用以下 4 种方法测量空气采样体积。

（1）用转子流量计和孔口流量计测定采样系统的空气流量。采样时，气体流量计连接在采样泵之前，采样泵选用恒流抽气泵。采样前需对采样系统中的气体流量计的流量刻度进行核准。当采样流量稳定时，用流量乘以采样时间计算空气体积。

（2）用气体体积计量器以累积的方式，直接测量进入采样系统中的空气体积。如湿式流量计或煤气表，可以准确地记录在一定量下累积的气体采样体积。气体体积计量器应连接在采样泵后面采样泵和两者连接不应漏气。使用前需对气体体积计量器的刻度校准。

（3）用质量流量计测量进入采样系统中的空气质量，换算成标准采样体积。由于质量流量计测定的是空气质量流量，所以不需要对温度和大气压力校准。

（4）用类似毛细管或限流的临界孔稳流器来稳定和测定采样流量。根据事先对毛细管或限流临界孔稳流器来稳定和测定采样流量。采样系统中，临界孔稳流器应连接在采样泵之前，要求采泵真空度应维持至 66.7kPa 左右，否则不能保证恒流。由于环境温度会引起临界孔径的改变，使通过的气体体积的流量发生变化，所以应将临界孔处于恒温状态，这对长时间采样（如 24h 采样）尤为重要。在采样开始前和结束后，应用皂膜计测量采样的流量，采样过程中观察采样泵上真空表的变化，以检查临界孔是否被堵塞或其他原因引起流量改变。应该指出，在有动力的采样中，所用流量计，除质量流量计外，大多数为体积流量计。体积流量计受采样系统中各种装置（如收集器、吸收管、滤膜采样夹、保护性过滤器和流量调节阀等）所产生的气阻和测定环境条件（如气温和气压）的影响。为此，校准流量计必须尽可能在使用状况下，按照实际采样方式进行。采样时，要记录温度和大气压力，将采样体积换算成标准状况下采样体积。

① 可采用式（3.6）计算现场状态下的采样体积 V_t

$$V_t = Q \times t \tag{3.6}$$

式中：V_t——通过一定流量采集一定时间后获得的气体样品体积，L；

Q——采样流量，L/min；

t——采样时间，min。

② 现场状态下的体积 V_t 换算成标准状态下的体积 V_0。

气体体积是温度和大气压力的函数，随温度、压力的不同而发生变化。我国空气质量标准是以标准状态下（0℃，101.325kPa）时的气体体积为对比依据。为使计算出的污染物浓度具有可比性，应将检测时的气体采样体积换算成标准状态下的气体体积。

$$V_0=\frac{V_t \times 273 \times P}{(273+T) \times 101.325} \tag{3.7}$$

式中：V_0——标准状态下的体积，L；

P——采样现场的大气压，KPa；

T——采样现场的气温，℃；

V_t——现场状态下气体样品体积，L。

例：已知某采样点的温度为 27℃，大气压力为 100kPa，现用溶液吸收法测定 SO_2 的日平均浓度，每隔 4h 采样一次，共采集 6 次，每次采样 30min，采样流量 0.5L/min，将 6 次气样的吸收液定容至 50.00mL，取 10.00mL 用分光光度法测知含 SO_2 2.0 g，求该采样点大气在标准状态下的 SO_2 日平均浓度（以 mg/m^3 和 ppm 表示）。（已知：SO_2 的分子质量为 64kg/mol）

解：已知 V_t=0.5×30×6=90（L）

V_0=（90×273×100）/［（273+27）×101.325］=80.8（L）

C（SO_2，mg/m^3）=［（2.0×5）×1000］/（80.8×1000）=0.124（mg/m^3）

C_P（SO_2）=22.4/64×C=0.043（mg/m^3）

3. 被动式采样法

用被动式采样器采样时，以采样器的采样速率 K 乘以暴露采样时间，计算空气采样体积。

（二）污染物浓度表示

大气中污染物浓度的表示方法有两种，即单位体积内所包含污染物的质量和污染物体积与气样总体积的比值。

1. 单位体积内所包含污染物的质量数

常用单位为 mg/m^3 或 $\mu g/m^3$，对任何状态的污染物都适用。

2. 污染物体积与气样总体积的比值

常用单位为 ppm 或 ppb。ppm 指在 100 万体积空气中含有害气体或蒸气的体积数，表示百万分之一，1ppm=10^{6}；ppb 是 ppm 的 1/1000，1ppb=10^{9}。显然，这种浓度表示方法仅适用于气态或蒸汽态物质。

3. 两种单位换算关系

以上两种单位可以按式（3.8）互相换算，

$$C_p=22.4 \times C/M \tag{3.8}$$

式中：C_p——以 ppm 表示的气体浓度；

C——以 mg/m^3 表示的气体浓度；

M——污染物质的分子质量，kg/mol。

七、检测数据的处理

（一）基本概念

1. 真值与误差

任何一个物理量，在一定的条件下，都具有确定的量值，这是客观存在的，这个客观存在的量值称为该物理量的真值。测量的目的就是力求得到被测量的真值。我们把测量值与真值之差称为测量的绝对误差。若被测量的真值为 μ，测量值为 x，则绝对误差 E 为

$$E=x-\mu \tag{3.9}$$

由于误差是不可避免的，故真值往往是得不到的。所以绝对误差的概念只有理论上的价值。

2. 最佳值与偏差

在实际测量中，为了减小误差常常对某一物理量进行多次等精度测量，得到一系列测量值 x_1, x_2，…，x_n，则测量结果的算术平均值为：

$$\overline{x}=\frac{x_1+x_2+\cdots+x_n}{n}=\frac{1}{n}\sum_{n=1}^{i}x_i \tag{3.10}$$

算术平均值并非真值，但它比任一次测量值的可靠性都要高。当系统误差忽略不计时算术平均值可作为最佳值，称为近真值。我们把测量值与算术平均值之差称为偏差（或残差）：

$$v_i=x_i-\overline{x} \tag{3.11}$$

3. 标准误差与标准偏差

采用算术平均值作为测量结果可以削弱随机误差。但是，算术平均值只是真值的估计值，不能反映各次测量值的分散程度。采用标准误差来评价测量值的分布程度既方便又可靠。对物理量 x 进行 n 次测量，其标准误差（标准差）定义为：

$$\sigma(x)=\lim_{x\to\infty}\sqrt{\frac{1}{n}\sum_{n=1}^{i}(x_i-x_0)^2} \tag{3.12}$$

在实际中测量中，测量次数 n 总是有限的，而且真值也不可知。因此标准误差只有理论上的价值。对标准误差 σ（x）的实际处理只能进行估算。估算标准误差的方法很多，最常用的是贝塞尔法，它用实验标准（偏）差 S（x）近似代替标准误差 σ（x）。实验标准误差的表达式如下：

$$S(x)=\sqrt{\frac{1}{n}\sum_{n=1}^{i}(x_i-x_0)^2} \tag{3.13}$$

4. 随机误差

随机误差又叫偶然误差，是由测定过程中某些偶然因素作用造成的。如测量环境大气压强的变化，仪器的微小变化，测试人员对试样处理时的微小差别等。这些不可避免

的偶然原因，都将给测试结果带来一定的随机误差。由于误差是由不确定因素造成的，所以是可变的，因此随机误差又称为不定误差。

随机误差虽难以确定，但如果消除了系统误差之后，在相同条件下测定多次，可以发现随机误差服从高斯正态分布，如图 3.8 所示。

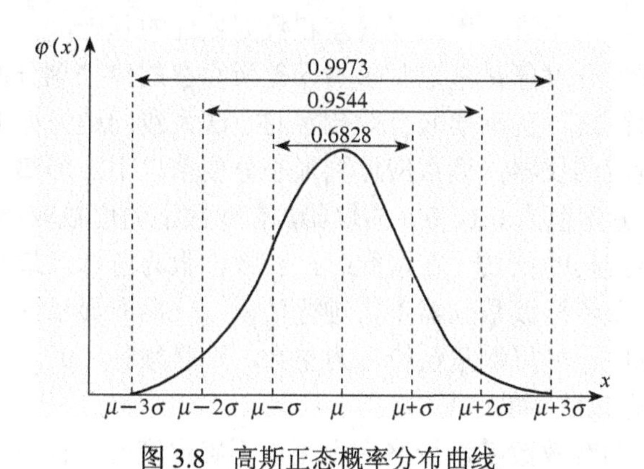

图 3.8　高斯正态概率分布曲线

正态概率密度函数为

$$\varphi(x)=\frac{1}{\sigma\sqrt{2\pi}}e^{-\frac{(x-\mu)^2}{2\sigma^2}} \tag{3.14}$$

其中：x——由此分布中抽出的随机样本值；

μ——总体均值，是曲线最高点的横坐标，曲线对 $x=\mu$ 对称；

σ——总体标准偏差，反映了数据的离散程度。

正态分布曲线说明：

（1）小误差出现的概率大于大误差，即误差的概率与误差的大小有关。

（2）大小相等，符号相反的正负误差数目近于相等，故曲线对称。

（3）出现大误差的概率很小。

（4）算术均值是可靠的数值。

实际工作中，有些数据本身不呈正态分布，但将数据通过数学转换后可显示正态分布，最常用的转换方式是将数据取对数。若监测数据的对数呈正态分布，称为对数正态分布。例如，大气监测当 SO_2 成颗粒物浓度较低时，数据经实验证明一般呈对数的正态分布，有些工厂排放废水的浓度数据也呈对数正态分布。

（二）数据处理

1. 有效数字的记录

1）有效数字

把测量结果中可靠的几位数字加上可疑的一位数字，统称为测量结果的有效数字。测量数据的记录，计算、修约和呈报必须要注意有效数字。需要特别指出的是，一个物理量的测量值和数学上的一个数有着不同的意义。在数学上，13.5mL 和 13.50mL 没有区别，但是从测量的意义看，13.5mL 表示十分位上的“5”是可疑的一位数字，而 13.50mL 表示十分位上的“5”是准确测量出来的，而百分位上的“0”才是可疑的。

2）直接测量量的有效数字的读取

在进行直接测量时，要用到各种各样的仪器和量具。从仪器和量具上直接读数，必须正确读取有效数字，它是进一步估算误差和数据处理的基础。

一般而言，仪器的分度值是考虑到仪器误差所存在的位来划分的。由于仪器多种多样，读数规则也略有区别。正确读取有效数字的方法大致归纳为如下。

（1）对于一般刻度的仪器，读数应读到最小分度值以下。即最小分度所在的位加上一位估读数。而对于分度值为 0.2、0.5 的仪器，有效数字的位数取该仪器的最小分度值。

（2）对于有游标结构的仪器，在读数时，有效位数为游标尺最小分度值所在的位。

（3）数字式仪器及步进读数仪器不需进行估读，仪器所显示的末位即可疑的一位。

（4）在读取数据时，如果测量值恰巧为整数，则必须补“0”，至可疑位为止。

3）间接测量量有效数字的运算

间接测量量结果的有效数字，最终应由测量不确定度的所在位来决定。但是在计算不确定度之前，间接测量量需要经过一系列的运算过程，在运算时，参加运算和各物理量的有效位数各不相同，如果数字相乘，位数会增加；如果相除而又除不尽时，位数可以无止境。为了简化运算过程，一般可按以下过程规则运行运算。

（1）几个数进行加减运算时，其结果的有效数字末位和参加运算的各数中末位数数量级最大的那一位取齐，称为“尾数取齐”。

（2）几个数进行乘除运算时，其结果的有效数字的位数与参加运算的各数中有效位数最少的那个相同，称为“位数取齐”。

（3）一个数进行乘方或开方运算，其结果的有效数字位数与被乘方、开方的有效数字的位数相同。

（4）对数、指数、三角函数运算结果的有效数字位数，小数位的位数一般与原数字的小数位的位数相同。

（5）在运算过程中的中间结果的有效数字的位数应多保留一位，以避免多次取舍而造成的累积效应。

2. 数据修约规则

在处理数据时，涉及的各测量值的有效数字可能不同，但各数据的误差都会传递到最终的分析结果中。为了保证结果的准确度，就要使每一个测量数据只有最后一位是可疑数字。即必须确定各测量值的有效数字位数，确定了有效数字位数后，要将多余的数字舍弃，即为数据的修约。

各种测量、计算的数据需要修约时，应遵守下列规则：四舍六入五待定，五后非零则进一，五后皆零视偶奇，奇进偶不进，修约一次性。

小数点后第二位数字为 5，其右面皆为零，则视左面一位数字，若为偶数（包括零）则不进，若为奇数则进一。若拟舍弃的数字为两位以上数字，应按规则一次修约，不得连续多次修约。

3. 有效数字的运算

1）加减法

多个数据相加减的后果，其小数点后的位数应与各数据中小数点后位数最小的相同。如：158.4＋25.72＋1.1911，其中，数据 158.4 小数点后的位数最少，因此结果取 185.1。

2）乘除法

多个数据相乘除的后果，其有效数字的位数应与各数据中有效数字位数最少的数据相同。如：21.6×2.02÷9.345，其中 21.6 的有效数字位数最少，因此，结果取 4.7。

3）乘方和开方

一个数据经乘方或者开方后，其结果有效数字的位数与原数据有效数字位数相同。如：1.69^2＝2.8561，修约为 2.86。

4）取对数

在对数运算中，所得结果的小数点后位数（不包括首数）应与真数的有效数字位数相同。如：［H^+］＝5.3×10^{-2}mol/L 时，pH-lg［H^+］＝1.28（两位有效数字）。pH 一般保留一位或两位有效数字。

5）常数和系数

在处理过程中，常数（πe 等）和系数、倍数等非测量值，可认为其有效数字位数是无限的。在运算中可根据需要取任意位数。

6）误差和偏差的表示

表示误差和偏差的数据，其有效数字通常取 1～2 位。

4. 可疑数据的取舍

在一定条件下，进行重复测定得到的一系列数据具有一定的分散性，这种分散性反映了随机误差的大小。这些数据可以认为是来自同一总体的。

与正常数据不是来自同一分布总体，明显歪曲试验结果的测量数据，称为离群数据。可能会歪曲试验结果，但尚未经检验断定其是离群数据的测量数据，称为可疑数据。

在数据处理时，必须剔除离群数据以使测定结果更符合客观实际。正确数据总有一定分散性，如果人为地删去一些误差较大但并非离群的测量数据，由此得到精密度很高的测量结果并不符合客观实际。因此对可疑数据的取舍必须遵循一定的原则。

（三）数据检验及结果表述

测量中发现明显的系统误差和过失误差，由此而产生的数据应随时剔除。而可疑数据的舍取应采用统计方法判别，即离群数据的统计检验。检验的方法很多，现介绍最常用的两种。

1. 数据检验方法

1）狄克逊（Dixon）检验法

此法适用于一组测量值的一致性检验和剔除离群值，本法中对最小可疑值和最大可疑值进行检验的公式因样本的容量（n）不同而异，检验方法如下。

（1）将一组测量数据从小到大顺序排列为 x_1，x_2，…，x_n，x_1 和 x_n 分别为最小可疑值和最大可疑值；

（2）按表 3.18 计算式求 Q 值；

表 3.18 狄克逊检验统计量 Q 计算公式

n 值范围	可疑数据为最小值 x_1 时	可疑数据为最大值 x_n 时	n 值范围	可疑数据为最小值 x_1 时	可疑数据为最大值 x_n 时
3～7	$Q=\frac{x_2-x_1}{x_n-x_1}$	$Q=\frac{x_n-x_{n-1}}{x_n-x_1}$	11～13	$Q=\frac{x_3-x_1}{x_{n-1}-x_1}$	$Q=\frac{x_n-x_{n-2}}{x_n-x_2}$
8～10	$Q=\frac{x_2-x_1}{x_{n-1}-x_1}$	$Q=\frac{x_n-x_{n-1}}{x_n-x_2}$	13～25	$Q=\frac{x_3-x_1}{x_{n-2}-x_1}$	$Q=\frac{x_n-x_{n-2}}{x_n-x_3}$

（3）根据给定的显著性水平（ ）和样本容量（n），从表 3.19 查得临界值（Q_α）；

表 3.19 狄克逊检验临界值（Q_α）表

n	显著性水平（n）		n	显著性水平（n）	
	0.05	0.01		0.05	0.01
3	0.941	0.988	15	0.525	0.616
4	0.765	0.889	16	0.507	0.595
5	0.642	0.780	17	0.490	0.577
6	0.560	0.698	18	0.475	0.561
7	0.507	0.637	19	0.462	0.547
8	0.554	0.683	20	0.450	0.535
9	0.512	0.635	21	0.440	0.524
10	0.477	0.597	22	0.430	0.514
11	0.576	0.679	23	0.421	0.505
12	0.546	0.642	24	0.413	0.497
13	0.521	0.615	25	0.406	0.489
14	0.0546	0.641	—	—	—

（4）若 $Q \leqslant Q_{0.05}$ 则可疑值为正常值；

若 $Q_{0.05} Q \leqslant Q_{0.01}$ 则可疑值为偏离值；

若 $Q > Q_{0.01}$ 则可疑值为离群值。

例：一组测量值从小到大排序：11.75、11.84、11.85、11.86、11.86、11.87、11.87、11.89。检验 11.75 和 11.89 是否为离群值？

解：查表知：$Q_{0.05}=0.554$，$Q_{0.01}=0.683$。

检验最小值 11.75：

$$Q=\frac{x_2-x_1}{x_{n-1}-x_1}=\frac{11.84-11.75}{11.87-11.75}=0.75$$

可知，$Q>Q_{0.01}$，因此，11.75 为离群值，舍去。

检验最大值 11.89 时，此时的样本数 $n=7$：

$$Q=\frac{x_n-x_{n-1}}{x_n-x_1}=\frac{11.89-11.87}{11.89-11.84}=0.4$$

可见，$Q<Q_{0.05}$，故 11.89 是正常值，保留。

2）格鲁勃斯（Grubbs）检验法

此法适用于检验多组测量值均值的一致性和剔除多组测量值中的离群均值；也可用于检验一组测量值一致性和剔除一组测量值中的离群值，方法如下：

（1）有 l 组测定值，每组 n 个测定值的均值分别为 $\bar{x}_1$、$\bar{x}_2$、…、$\bar{x}_i$、…、$\bar{x}_l$，其中最大均值记为 $\bar{x}_{max}$，最小均值记为 $\bar{x}_{min}$。

（2）由 n 个均值计算总均值（$\bar{\bar{x}}$）和标准偏差（$s_{\bar{x}}$）：

$$\bar{\bar{x}}=\frac{1}{l}\sum_{i=1}^{l}\bar{\bar{x}}_i \tag{3.15}$$

$$s_{\bar{x}}=\sqrt{\frac{1}{l-1}\sum_{i=1}^{l}(\bar{x}_i-\bar{\bar{x}})^2} \tag{3.16}$$

（3）可疑均值为最大值（$\bar{x}_{max}$）或最小值（$\bar{x}_{min}$）时，分别按下式计算统计量（T）：

$$T=\frac{\bar{x}_{max}-\bar{\bar{x}}}{s_{\bar{x}}} \text{ 或 } T=\frac{\bar{\bar{x}}-\bar{x}_{min}}{s_{\bar{x}}} \tag{3.17}$$

（4）根据测定值组数和给定的显著性水平（α），从表 3.20 查得临界值（T）。

（5）若 $T\leqslant T_{0.05}$，则可疑均值为正常均值；若 $T_{0.05}<T\leqslant T_{0.01}$，则可疑均值为偏离均值；若 $T>T_{0.01}$，则可疑均值为离群均值，应予剔除，即剔除含有该均值的一组数据。

表 3.20　格鲁勃斯检验临界值（*T*）表

n	显著性水平（*n*）		*n*	显著性水平（*n*）	
	0.05	0.01		0.05	0.01
3	1.153	1.155	11	2.234	2.485
4	1.463	1.492	12	2.285	2.050
5	1.672	1.749	13	2.331	2.607
6	1.822	1.944	14	2.371	2.659
7	1.938	2.097	15	2.409	2.705
8	2.032	2.221	16	2.443	2.747
9	2.110	2.322	17	2.475	2.785
10	2.176	2.410	18	2.504	2.821

续表

n	显著性水平（n）		n	显著性水平（n）	
	0.05	0.01		0.05	0.01
19	2.532	2.854	23	2.624	2.963
20	2.557	2.884	24	2.644	2.987
21	2.580	2.912	25	2.663	3.009
22	2.603	2.939	—	—	—

例：六个实验室测定同一标准样品，各实验室 6 次的测定结果均值分别为：8.80，8.90，8.91，8.92，8.92 和 8.93。试用 Grubbs 法检验最小均值 8.80 是否为离群均值。

解：$\bar{\bar{x}}=\frac{1}{l}\sum\bar{x}_i=8.90$　　$S_{\bar{x}}=\sqrt{\frac{1}{l-1}\sum_{i=1}^{l}(\bar{x}_i-\bar{\bar{x}})^2}=0.0486$

检验最小值$\bar{x}_{min}$，按下式计算统计量 T：

$T=\frac{\bar{\bar{x}}-\bar{x}_{min}}{s_{\bar{x}}}=2.06$　　据 $l=6$，查表，得 $T_{0.05}=1.822$，$T_{0.01}=1.944$

可知，$T>T_{0.01}$，则可疑值为离群均值，应予剔除。

2. 检测结果的表述

对一个试样某一指标的测定，其结果表达方式一般有如下几种。

（1）用算术均数（$\bar{x}$）代表集中趋势。

测定过程中排除系统误差和过失误差后，只存在随机误差，根据正态分布的原理，当测定次数无限多（$n\to\infty$）时的总体均值（μ）应与真值（x_t）很接近，但实际只能测定有限次数。因此样本的算术均数是代表集中趋势表达检测结果的最常用方式。

（2）用算术均数和标准偏差表示测定结果的精密度（$\bar{x}\pm s$）。

算术均值代表集中趋势，标准偏差表示离散程度。算术均值代表性的大小与标准偏差的大小有关，即标准偏差大，算术均数代表性小，反之亦然，故而检测结果常以（$\bar{x}\pm s$）表示；

（3）用（$\bar{x}\pm s$，c_v）表示结果。

标准偏差大小还与所测均数水平或测量单位有关。不同水平或单位的测定结果之间，其标准偏差是无法进行比较的，而变异系数是相对值，故可在一定范围内用来比较不同水平或单位测定结果之间的变异程度。例如，用镉试剂法测定镉，当镉含量小于 0.1mg/L 时，最大相对偏差和变异系数分别为 7.3%和 9.0%。

3. 数据的检验和异常值处理

均数置信区间是考察样本均数（x）与总体均数（ ）之间的关系，即以样本均数代表总体均数的可靠程度。从正态分布曲线可知，68.26%的数据在 $\mu\pm\sigma$ 区间之中，95.44%的数据在 $\mu\pm2\sigma$ 区间之间。正态分布理论是从大量数据中列出的。当从同一总体中随机抽取足够量的大小相同的样本，并对它们测定得到一批样本均数，如果原总体是正态分布，则这些样本均数的分布将随样本容量（n）的增大而趋向正态。

样本均数的均数符号为$\bar{\bar{x}}$；样本均数的标准偏差符号为$s_{\bar{x}}$。标准偏差（S）只表示个体变量值的离散程度，而均数标准偏差是表示样本均数的离散程度。

均数标准偏差的大小与总体标准偏差成正比，与样本含量的平方根成反比。

$$s_{\bar{x}}=\frac{s}{\sqrt{n}} \tag{3.18}$$

由于总体标准偏差不可知，故只能用样本标准偏差来代替，这样计算所得的均数标准偏差仅为估计值，均数标准偏差的大小反映抽样误差的大小，其数值越小则样本均数越接近总体均数，以样本均数代表总体均数的可靠性就越大；反之，均数标准偏差越大，则样本均数的代表性越不可靠。样本均数与总体均数之差对均数标准差的比值称为t值。

$$t=\frac{\bar{x}-}{s_{\bar{x}}} \tag{3.19}$$

整理，得

$$s_{\bar{x}}=\bar{x}-t\frac{s}{\sqrt{n}} \tag{3.20}$$

式中右面的x、s和n从测定可得，t与样本容量（n）和置信度有关，而后者可以直接要求指定。t值见表3.22。由表可知，当n一定，要求置信度越大则t越大，其结果的数值范围越大。而置信度一定时，n越大t值越小，数值范围越小。置信水平不是一个单纯的数学问题。置信度过大反而无实用价值。例如，100%的置信度，则数值区间为（$-\infty$，$+\infty$），通常采用90%～95%，置信度（0.10～0.05）。

（四）结果检验

在环境检测中，对所研究的对象往往是不完全了解，甚至是完全不了解，例如，测定值的总体均值是否等于真值？某种方法经过改进，其精密度是否有变化等，这就需要统计检验。下面讨论两均数差别的显著性检验。

1. t检验（样品均值与标准值间显著性差异检验）

相同的试样由不同的分析人员或不同分析方法所测得均数之间差异，在实验室质量考核中，对标准样的实际测定均值与其保证值之间的差异，到底是由抽样误差引起的，还是确实存在本质的差别，可用计算t值和查t表的方法来判断两均数之差是属于抽样误差的概率有多大，即对这些差异进行“显著性检验”，简称“t检验”，当抽样误差的概率较大时，两均数的差异很可能是抽样误差所致，亦即两均数的差别无显著性意义；如其概率很小，即此差别属于抽样误差的可能性很小，因而差别有显著意义。

t检验判断的通则是：

首先按照公式（2.14）计算出t，然后利用规定的置信度P和测定次数n从表3.21中查得$t_{\alpha,f}$。

$$t=\frac{|\bar{x}-\mu|}{S}\sqrt{n} \tag{3.21}$$

表 3.21 不同置信度 p 和测定次数 n 时的 t_{af} 值

自由度 f	测定次数 n	置信度（显著水平 a）		
		90%（0.10）	95%（0.05）	99%（0.01）
1	2	6.31	12.71	63.66
2	3	2.92	4.30	9.92
3	4	2.35	3.18	5.84
4	5	2.13	2.78	4.60
5	6	2.02	2.57	4.03
6	7	1.94	2.45	3.71
7	8	1.90	2.36	3.50
8	9	1.86	2.31	3.36
9	10	1.83	2.26	3.25
10	11	1.81	2.23	3.17
11	12	1.80	2.20	3.11
∝	∝	1.64	1.96	2.58

当 $t < t_{0.05(n')}$，即 $P > 0.05$，差别无显著意义；

当 $t_{0.05(n')} \leqslant t < t_{0.01(n')}$，即 $0.01 < P \leqslant 0.05$，差别有显著意义；

当 $t \geqslant t_{0.01(n')}$，即 $P \leqslant 0.01$，差别有非常显著意义。

例：分析某合金标样的含铝量。从标样说明得知改含铝量为 33.80%。现用标准方法测定分析了 9 次，数据（%）分别为：33.72，33.73，33.74，33.77，33.79，33.79，33.81，33.82，33.87。设置信度为 95%，用 t 检验法检验分析结果与标样的标准值是否存在显著性差异。

解：$n=9$，$n'=8$。$\mu=33.80\%$，计算得：

$\overline{x}=33.78\%, S=0.047\%$。则 $t=\dfrac{|\overline{x}-\mu|}{S}\sqrt{n}=1.28$

查表得，$t_{0.05(8)}=2.31>t$ 因此，该分析结果与标准值无显著性差异。

2. F，t 联合检验法（两组平均值间显著性差异检验）

若在检验一种新的方法是否可靠时找不到合适的标准样品，可以标准方法或已经成熟、公认可靠的老方法与新方法进行比较。即用两种方法对同一样品进行测定，然后比较他们的测定平均值，若两个平均值间不存在显著性差异，则它们之间的差异仅仅是因随机误差造成的，说明新方法可靠。反之，则新方法不可取。两组平均值之间是否存在显著性差异可通过 F，t 联合检验法进行判断。

1）F 检验法

F 检验法是通过比较两组数据的方差，确定它们的精密度是否有显著差异。假设两种测定的结果分别为 $\overline{x}_1$、S_1 和 n_1 以及 $\overline{x}_2$、S_2 和 n_2。首先比较 S_1 和 S_2，确定出大小，然后按照式（2.15）计算 $F_{计}$ 值。再查置信度 95%时的 F 值表 3.22。由两组数据的自由度 f 查到相应的 F，将 $F_{计}$ 与 F 作比较。若 $F_{计}>f$，则 S_1 和 S_2 有显著性差异；若 $F_{计}<f$，则

S_1 和 S_2 无显著性差异。需进一步用 t 检验法来检验 $\bar{x}_1$ 和 $\bar{x}_2$ 之间是否存在显著性差异。

$$F_{计}=\frac{S_{max}^2}{S_{min}^2} \tag{3.22}$$

表 3.22　置信度 95%时的 F 值表

f_{max} \ f_{min}	2	3	4	5	6	7	8	9	10	
2	19.00	19.16	19.25	19.30	19.33	19.36	19.37	19.38	19.39	19.50
3	9.55	9.28	9.12	9.01	8.94	8.88	8.84	8.81	8.78	8.53
4	6.94	6.59	6.39	6.26	6.16	6.09	6.04	6.00	5.96	5.63
5	5.79	5.41	5.19	5.05	4.95	4.88	4.82	4.78	4.74	4.36
6	5.14	4.76	4.53	4.39	4.28	4.21	4.15	4.10	4.06	3.67
7	4.74	4.35	4.12	3.97	3.87	3.79	3.73	3.68	3.63	3.23
8	4.46	4.07	3.84	3.69	3.58	3.50	3.44	3.39	3.34	2.93
9	4.26	3.86	3.63	3.48	3.37	3.29	3.23	3.18	3.13	2.71
10	4.10	3.71	3.48	3.33	3.22	3.14	3.07	3.02	2.97	2.54
∞	3.00	2.60	2.37	2.21	2.10	2.01	1.94	1.88	1.83	1.00

2）t 检验法

t 检验法用于继续检验 $\bar{x}_1$ 和 $\bar{x}_2$ 之间有无显著性差异。首先按照式（3.22）计算。

$$t_{计}=\frac{\left|\bar{x}_1-\bar{x}_2\right|}{S_{合}}\sqrt{\frac{n_1n_2}{n_1+n_2}} \tag{3.23}$$

式中：$S_{合}$——合并标准偏差。计算公式为（3.23）。

$$S_{合}=\sqrt{\frac{(n_1-1)\ S_1^2+(n_2-1)S_2^2}{n_1+n_2-2}} \tag{3.24}$$

例：甲乙两人用同一方法测定某样品中 CO 含量，结果为

甲：14.7，14.8，15.2，15.6

乙：14.6，15.0，15.2

求：甲乙两人测定结果有无显著性差异。

解：甲：$\bar{x}_1=15.1$　　$S_1=0.41$　　$n_1=4$

　　乙：$\bar{x}_2=14.9$　　$S_2=0.31$　　$n_2=3$

$$S_{合}=\sqrt{\frac{(n_1-1)\ S_1^2+(n_2-1)S_2^2}{n_1+n_2-2}}=0.37$$

$$t_{计}=\frac{\left|\bar{x}_1-\bar{x}_2\right|}{S_{合}}\sqrt{\frac{n_1n_2}{n_1+n_2}}=0.71$$

查表得临界值：$t_{0.05,5}=2.57$。

比较判断：$t_{计}=0.71<t_{0.05,5}=2.57$　　两人测定结果无显著性差异。

八、回归分析与统计图表

在环境检测中经常要了解各种参数之间是否有联系，例如，BOD 和 TOC 都是代表水中有机污染的综合指标，它们之间是否有关？又如在水稻田施农药，水稻叶上农药残留量与施药后天数之间是否有关？下面介绍怎样判断各参数之间的联系。

1. 相关和直线回归方程

变量之间关系有两种主要类型：

1）确定性关系

例如欧姆定律 $V=IR$，已知三个变量中任意两个就能按公式求第三个量。

2）相关关系

有些变量之间既有关系又无确定性关系，称为相关关系，它们之间的关系式叫回归方程式，最简单的直线回归方程为

$$\hat{y}=ax+b \tag{3.25}$$

式中 a、b 为常数，当 x 为 x_1 时，实际 y 值在按计算所得 $\hat{y}$ 左右波动。

上述回归方程可根据最小二乘法来建立。即首先测定一系列 x_1、x_2、…、x_n 和相对应的 y_1、y_2、…、y_n，然后按式（3.26）和式（3.27）求常数 a 和 b。

$$a=\frac{n\sum xy-\sum x\sum y}{n\sum x^2-\left(\sum x\right)^2} \tag{3.26}$$

$$b=\frac{\sum x^2\sum y-\sum x\sum xy}{n\sum x^2-\left(\sum x\right)^2} \tag{3.27}$$

2. 相关系数

从以上内容可以看出，对任何两个变量 x 和 y，都可以用最小二乘法求得一个回归方程，对应一条直线。但在实际中，只有当 y 和 x 之间存在某种线性关系是，拟合的直线才有实际意义。要检验回归直线有无意义，或者说表示变量之间线性关系的密切程度，在数学上引进了相关系数的概念。

相关系数是表示两个变量之间关系的性质和密切程度的指标，符号为 ，其值为 $-1\sim+1$。公式为

$$\gamma=\frac{\sum(x-\bar{x})(y-\bar{y})}{\sqrt{\sum(x-\bar{x})^2\sum(y-\bar{y})^2}} \tag{3.28}$$

x 与 y 的相关关系有如下几种情况：

（1）若 x 增大，y 也相应增大，称 x 与 y 呈正相关。此时 $0<\gamma<1$，若 $\gamma=1$，称完全正相关（图 3.9）。

（2）若 x 增大，y 相应减小，称 x 与 y 呈负相关。此时，$-1<\gamma<0$，当 $\gamma=-1$ 时，称完全负相关（图 3.10）。

（3）若 y 与 x 的变化无关，称 x 与 y 不相关。此时 $\gamma=0$。

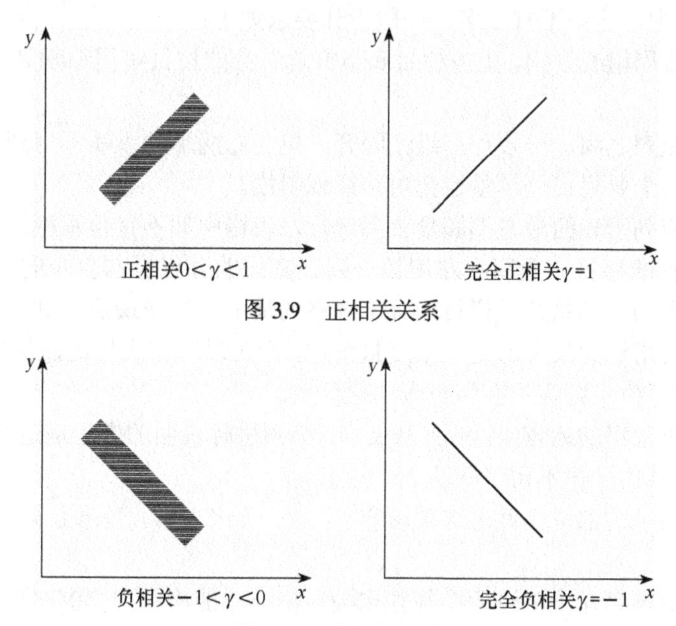

图 3.9　正相关关系

图 3.10　负相关关系

3. 回归方程检验

由图 3.9 和图 3.10 可知，| |越接近 1，两个变量的线性关系越好；反之，相关系数越接近 0，线性关系越不好。应力求相关系数| |>0.999，但在实际中很难做到。那么，实际分析中，| |大于何值时才能说明两个变量存在良好的线性关系呢？这个值成为相关系数 的临界值。当| |≥ 时，回归直线有意义，即两个变量之间呈线性相关关系；当| |< 时，回归直线无意义，即两个变量之间无线性关系。

4. 统计图表

环境检测数据经必要的加工计算后可用特定的表格列出。用统计表的形式可以将各个数据之间的相似性比较突出的表示出来。尤其是在数据量比较大，又需要从两三个方面甚至更多方面进行数据比较时，图表的优势就得到充分体现。

1）统计表格结构

统计表格一般由标题、表格主体和表底附注三部分组成。有时还需在文中对表中内容加以说明。

（1）标题。统计表的标题应该简明扼要，突出表内所要说明的主要内容，并写在表的正上方，给人一目了然的感觉。标题应简明扼要，主题突出，一些如“统计表”、“比较表”之类的文字应省去。

（2）表格主体。表格本体为统计表的主要部分，其设计对数据的说明、比较及某些特征的现实有显著影响。表中的栏目不宜过于复杂，如果必须对几个问题都要交代清楚，可分列多个表；但也不宜过简，否则反映不出数据间的规律。

表体在设计中，线条不宜过多，一般设计要求如下：

① 上下边线用粗线划出，上方栏目和下方总结性的栏目可用细线划出，中间部分不必划线。

② 表内各纵列之间，一般可用纵线隔开，但左右两端的纵线不用划出。

③ 左上角写主要栏目处尽量避免对角线或斜线。

④ 各栏目应列于表的最左侧和最上面一行，表格中间不宜再写栏目。

⑤ 说明资料的栏目一般写在左侧第一列，其他的分组标志自左向右列于表的最上行。“合计”、“平均”等总结性栏目应置于表格的最下一行或最后一列。

⑥ 表格中的指标如果全部是一个度量单位，则可以写在表格的总标题旁。如果一个栏目是一个度量单位，则应写在相对应的栏目上。

⑦ 表内列出数字的地方，不应夹杂文字，必须进行说明的数字应进行标注在表底附注部分说明。表体内一律不留“备注”一栏。

⑧ 在登记数字的部位上并无这项内容，用“—”来表示，暂未获得数据，用“……”来表示。

⑨ 某些检测项目在检测过程中往往未被检出，不能简单用“0”来表示该项检测结果，而应以“未检出”或“ND（nondetect）”来说明。

（3）表底附注。表底附注并不是每个表格都必需的，仅在当表的数据需要说明时才在表格的下方加上附注。

2）统计图

由于图表的直观性强，能形象化地反映出数据的对比关系和变化特征，一些曲线图还可以表明参数见的函数关系，所以统计图在环境资料统计成为研究分析检测资料的重要方法。

统计图表的制作原则要求简洁明了，主题突出。因此，统计图的标题应简明扼要，一般均写在图的下方。对于直接反映检测结果的图，时间和地点必不可少。下面列举几种在环境检测统计中常用的图。

（1）圆图。圆图主要用以表示某些多组分的事物中，各组分所占总量的比例。以时钟 12 点或 9 点为起点，顺时针方向按所占的百分比（每 1%相当于圆心角 3.6°）量出角度，由大到小依次划出相对应的扇形，用不同阴影或颜色加以区分，在各扇形上著名相应的百分构成数值，并写上文字说明或标以相应的图例。

（2）条图。条图是利用相同宽度的直条或横条的长度来表示某项指标值的大小的一种图形，对于内容独立的少数几类指标的比较，常常采用条图。离散型变量的频率分布也可用条图表示。

个别数值特大而无法在条图中表示时，可将长条用折断记号“≈”折断并加以说明。当比较几种指标时，可画复式条图，各个指标用不同的阴影线或不同的颜色加以区别，并附图列说明。同一组别的长条应排在一起。

（3）百分条图。简单条图只能用来表示单一指标的量，在环境样品中常常会遇到多组分的样品，当要求表示出其中各组分的相对含量时可用百分条图，即将整个长条的长度作为 100%，按各组分的百分构成将长条分成几段，每一段表示一个组成，各段用不同的阴影或颜色加以区分，并以文字或图例加以说明。

（4）放射状图。当在圆的半径上标以刻度，将圆分成若干等份，从圆心画出放射线，在各等分线上标上所代表的项目，按其数值描点，则有两种表示图。一种是连接各相邻的点，另一种是加粗由圆心到点的直线。典型的放射状图是风向频率图（图 3.11）。

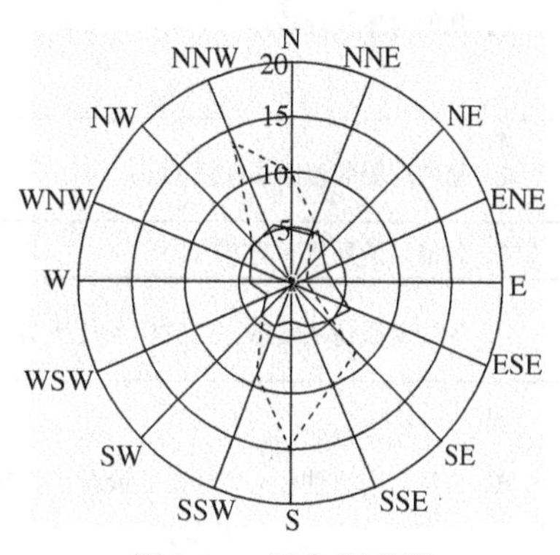

图 3.11　风向频率图

（5）线图。线图是表示污染因子或其他指标随时间与空间而变化的最常用图形。一般纵轴表示指标，横轴表示时间或空间的变化。图上描出各点的位置后，连接这些点成为线图。同时要列出多种指标时，用不同形状的线条连接点或用不同的符号如白圈、黑圈、三角、正方等来表示各点，并以文字或图例说明。同一图中不宜同时绘上过多线条，以免混淆。

（6）统计地图。污染因子在地区上的分布情况常用统计地图来表示。一般用能明确表示地形特征的额略图来代替真正的地图，在图中用数字、密点等各种形式来表明各检测点、检测区域的指标大小。

（7）散点图。散点图是把统计资料中的变量关系值直接在以这些变量为坐标轴的图上用黑点标出，借以直观地分析变量间相互关系及有无回归关系。

（8）象形图。将观测值的大小用实物图的多少来表示，此种图较醒目直观。

（9）框图。把各变量间的关系用框表示的图称为框图。

实践活动 3　室内环境污染调查分析

室内环境污染问题日益突出，您是否了解室内环境污染的危害呢？为了让您更全面的了解室内环境的污染及危害，同时采取一些措施，生活在一个更健康，更舒适的环境中，我们特开展调查，根据自己的实际情况，请如实勾选表 3.23，谢谢您的配合！

表 3.23　室内环境污染调查分析

性别	您所处的年龄段	您的职业类别	您的收入范围	您居住的周围环境	您的家中是否有绿色植物
男	20 岁以下	办公室人员	2000 元以下	市中心居民区	有
	21～35 岁	医务人员	2000～4000 元	城郊居民区	
女	35～55 岁	工人	4000～8000 元	农村	没有
	55 岁以上	其他	8000 元以上	交通干线两侧	

续表

<table>
<tr><th>性别</th><th>您所处的年龄段</th><th>您的职业类别</th><th>您的收入范围</th><th>您居住的周围环境</th><th>您的家中是否有绿色植物</th></tr>
<tr><td colspan="4">1. 您的房屋状况是：</td><td colspan="2">A. 新装修未入住；B. 装修入住半年以上并且未进行室内空气质量检测；C. 装修入住半年以上并且进行了室内空气质量检测；D. 未装修</td></tr>
<tr><td colspan="4">2. 您的房屋装修时最关注的是：</td><td colspan="2">A. 设计美观；B. 健康环保；C. 价格低；D. 使用性强</td></tr>
<tr><td colspan="4">3. 装修后的居室有异味吗？</td><td colspan="2">A. 有；B. 有一点；C. 强烈</td></tr>
<tr><td colspan="4">4. 您如何看待刚装修完工的房子及新买的家具释放难闻的气味？</td><td colspan="2">A. 正常；B. 不正常；C. 有毒气，并且需要净化</td></tr>
<tr><td colspan="4">5. 您认为可有些什么方法防止或减少异味？（可多选）</td><td colspan="2">A. 无所谓；B. 装修后要打开门窗通风；C. 用芳香剂、柚子皮茶叶、醋等清洁；D. 利用植物吸收；E. 利用空气净化设备；F. 选择天然材料</td></tr>
<tr><td colspan="4">6. 您知道的室内空气污染来源有哪些？（可多选）</td><td colspan="2">A. 建筑材料如大理石；B. 装饰材料如油漆、涂料等；C. 室内家具等；D. 壁纸、化纤地毯等；E. 燃料的燃烧如香烟；F. 其他</td></tr>
<tr><td colspan="4">7. 您知道的室内空气污染物有哪些？（可多选）</td><td colspan="2">A. 甲醛；B. 氡；C. 苯及苯系物；D. 氨；E. 挥发性有机物；F. 其他</td></tr>
<tr><td colspan="4">8. 您家是否存在室内光污染？</td><td colspan="2">A. 有；B. 有一点；C. 强烈</td></tr>
<tr><td colspan="4">9. 您家是否存在室内噪声污染？</td><td colspan="2">A. 有；B. 有一点；C. 强烈</td></tr>
<tr><td colspan="4">10. 关于室内环境污染，您想说点什么？</td><td colspan="2"></td></tr>
</table>

项目小结

通过本项目的学习，重点掌握室内空气污染物的存在状态，室内空气污染物的种类、危害及其来源；理解室内其他污染的来源、危害及其检测标准，熟练处理检测数据。本项目重点介绍了室内空气污染的相关知识，其污染物的检测技术将在后续项目中介绍。

课后自评

（1）按存在状态分，室内的 $PM_{2.5}$ 属于哪一类污染物？其危害如何？

（2）室内甲醛的来源及其危害有哪些？

（3）室内苯及苯系物的来源及其危害有哪些？

（4）室内氡的来源及其危害有哪些？

（5）室内噪声污染的危害及其来源有哪些？

（6）已知某采样点的温度30℃，采样现场的大气压力为99.2kPa，采样流量为0.35L/min，采气时间为 24h，求采样点大气在标准状况下的采样体积。

【知识链接】

人体热舒适度与热舒适指标

人体热舒适程度是人对周围热环境所做的主观满意度评价。某一热环境是否舒适需要从物理方面、生理方面与心理方面来分析。根据人体活动所产生的热量与外界环境作用下穿衣人体的失热量之间的热平衡关系，分析环境对人体舒适度的影响及满足人体舒适的条件；根据人体对冷热应力的生理反应如皮肤温度、皮肤湿度、排汗率、血压、体温等区分环境的舒适程度；通过分析人在热环境中的主观感觉，用心理学方法区分环境的冷热与舒适程度。

影响人体热舒适的因素很多，其中空气温度、平均辐射温度、相对湿度、气流速度等四个环境变量与人体活动量、衣着两个人体变量是主要因素。将其中几个或六个变量综合成单一定量参数对热环境评价，用以预测人的主观热感觉。早期的热舒适指标是有效温度、合成温度、修正有效温度、当量温度等。20 世纪 70 年代提出了新有效温度、标准有效温度、热感觉平均标度预测值、主观温度等。这些指标与早期的指标相比所综合的因素更全面、更合理。

项目4　室内环境主要污染物检测

学习目标

（1）了解室内环境常见污染物的物化性质、来源及危害；

（2）掌握室内主要污染物的分析测试方法；

（3）掌握空气颗粒物的分类与分析测试方法；

（4）了解室内放射性污染物氡及其子体的物化性质、来源及危害，并掌握常见的检测方法。

相关知识

（1）室内环境污染物的相关专业术语；

（2）主要室内污染物常用测定方法的计算公式和常用分析测定仪器的操作要点；

（3）了解空气颗粒物的粒径定义方法及空气动力学直径的定义，理解可吸入颗粒物、胸部颗粒物和呼吸性颗粒物的规定依据；

（4）了解放射性及放射性污染的概念，熟悉描述放射性物质特性常用的概念和特定单位。

案例导入

2009年底，湖北襄樊樊城区人民法院宣判了一起由于办公室装修造成的室内环境污染伤害案，法院一审宣判安利襄樊店赔偿员工刘女士人民币233.8万元，这是我国目前赔偿数额最大的一起室内环境污染伤害案。

体检时身体健康的刘女士，到新单位工作两年多之后患上慢性肾功能衰竭、尿毒症，不得不进行了换肾手术。经过环境检测部门检测和司法鉴定机构鉴定，刘女士工作的办公室空气中超标的甲醛、甲苯是致病元凶。面对换肾和术后每月高达5000多元的抗排异治疗费用，刘女士将自己的工作单位告上法庭，提出360多万元的赔偿。经过两年多的诉讼和四次司法鉴定，2009年底，刘女士终于拿到了法院的一审判决：刘女士所在单位安利公司赔偿法院认定的所需各项费用233.8万元。

那么室内主要污染物有哪些？对人体健康有什么影响？如何对室内环境中污染物进行检测？

课前自测题

（1）以室内空气中甲醛为例，说明其分析测试方法有哪些？各有何优缺点？
（2）主要颗粒物的分析测试方法有哪些？
（3）室内氡的来源及分析测试方法有哪些？

4.1　室内主要有机污染物的分析测试

一、甲醛

（一）物化性质

甲醛（化学式 HCHO）是一种无色、有强烈刺激性气味的气体，易溶于水、醇和醚。甲醛在常温下呈气态，通常以水溶液形式出现。市售商品为 35%～40%的甲醛水溶液，叫做甲醛水，俗称福尔马林。甲醛分子中的羰基与两个氢原子相连，较其他醛更活泼，极易发生缩聚反应，如与苯酚反应可以得到酚醛树脂。

（二）来源

（1）使用人造板的家具、壁橱、天花板、地板、护墙板等。生产人造板使用的胶黏剂如果以甲醛为主要原料，板材中残留的和未参与反应的甲醛会逐渐向周围环境释放，是室内空气中甲醛的主要来源。
（2）含有甲醛成分并有可能向外界散发的装修材料，如油漆、涂料、胶黏剂、保温材料、隔热材料和吸声材料等。
（3）有可能散发甲醛的装饰物，如墙纸、墙布、化纤地毯、挂毯、人造革等。
（4）燃烧后会散发甲醛的某些材料，如香烟及一些有机材料。

（三）危害及案例

甲醛的主要危害表现为对皮肤粘膜的刺激作用。甲醛在室内达到一定浓度时，人就有不适感，大于 0.08mg/m^3 的甲醛浓度可引起眼红、眼痒、咽喉不适或疼痛、声音嘶哑、喷嚏、胸闷、气喘、皮炎等。新装修的房间甲醛含量较高，是导致众多疾病的主要原因。

1. 急性中毒

甲醛浓度过高会引起急性中毒，表现为咽喉烧灼痛、呼吸困难、肺水肿、过敏性紫癜、过敏性皮炎、肝转氨酶升高、黄疸等。

2. 慢性危害

甲醛有刺激性气味，低浓度即可嗅到，人对甲醛的嗅觉阈通常是0.06～0.07mg/m^3。但有较大的个体差异性，有人可达2.66mg/m^3。长期、低浓度接触甲醛会引起头痛、头晕、乏力、感觉障碍、免疫力降低，并可出现瞌睡、记忆力减退或神经衰弱、精神抑郁；慢性中毒对呼吸系统的危害也是巨大的，长期接触甲醛可引发呼吸功能障碍和肝中毒性病变，表现为肝细胞损伤、肝辐射能异常等。

3. 导致基因突变

研究发现，甲醛能引起哺乳动物细胞核的基因突变和染色体损伤。甲醛与其他多环芳烃有联合作用，如与苯并（a）芘的联合作用会使毒性增强。

4. 致癌

研究动物发现，大鼠暴露于15μg/m^{3}甲醛的环境中11个月，可致鼻癌。美国国家癌症研究所2009年5月12日公布的一项最新研究成果显示，频繁接触甲醛的化工厂工人死于血癌、淋巴癌等癌症的几率比接触甲醛机会较少的工人高很多。研究人员调查了2.5万名生产甲醛和甲醛树脂的化工厂工人，结果发现，工人中接触甲醛机会最多者比机会最少者的死亡率高37%。研究人员分析，长期接触甲醛增大了患霍奇金淋巴瘤、多发性骨髓瘤、骨髓性白血病等特殊癌症的概率。

（四）检测方法

甲醛的测定方法有：4-氨基-3-联氨-5-巯基-1，2，4-三氮杂茂（简称AHMT）分光光度法、乙酰丙酮分光光度法、酚试剂分光光度法、变色酸分光光度法、盐酸副玫瑰苯胺分光光度法等化学法；还有气相色谱法、高效液相色谱法、电化学法等仪器法。

乙酰丙酮分光光度法（GB/T 15516—1995），操作简易、重现性好，共存的酚和乙醛等对测定无干扰；变色酸分光光度法显色稳定，但需要使用浓硫酸，操作不便，且共存的酚有干扰测定；酚试剂分光光度法可在常温下显色，且灵敏度比上述两种方法都好，但对酚试剂质量要求较高；气相色谱法选择性好，干扰因素小。酚试剂分光光度法、气相色谱法均被作为公共场所空气中甲醛卫生检验标准方法（GB/T 18204.26—2000）。AHMT法在室温下就能显色，且空气中SO_2、NO_2共存时不干扰测定，灵敏度比前述分光光度法均好，已作为居住区大气中甲醛卫生检验的标准方法（GB/T 16129—1995）。

目前国内普遍使用的电化学甲醛分析仪，可以直接在现场测定甲醛浓度，当场显示，操作方便，适用于室内甲醛浓度的现场测定，也适用于环境测试舱法测定木质板材中的甲醛释放量。我国室内空气质量标准规定AHMT分光光度法、酚试剂分光光度法、乙酰丙酮分光光度法和气相色谱法为测定室内空气中甲醛的标准方法（GB/T 18883—2002）。对于室内空气中甲醛的检测方法，《民用建筑工程室内环境污染控制规范》（GB 50325—2010）规定的有酚试剂分光光度法，也可采用简便取样仪器检测方法。

二、苯及苯系物

（一）物化性质

苯及同系物甲苯和二甲苯均为无色、有芳香气味、易挥发、燃点低的液体。它们的主要理化性质如表 4.1 所示。这些化合物微溶于水，易溶于乙醚、乙醇、氯仿和二硫化碳等有机溶剂。二甲苯有邻、间、对位 3 种异构体，一般间位 45%～70%，对位 15%～25%，邻位 10%～15%，三种异构体的理化特性极为相似（表 4.1）。

表 4.1 苯及苯系物的主要理化性质

名　称		分子式	分子量	熔点/℃	沸点/℃
苯		C_6H_6	78.11	5.5	80.1
甲苯		$C_6H_5CH_3$	92.15	−94.5	110.6
二甲苯	邻二甲苯	$C_6H_4(CH_3)_2$	106.16	−25.2	144.4
	间二甲苯			−48	139.1
	对二甲苯			13.2	138.4

（二）来源

苯和甲苯常用作漆料的溶剂，也常用于建筑、装饰材料及人造板家具的溶剂、添加剂和黏合剂。液体清洁剂中含有甲苯，木着色剂、塑料管中也含有甲苯和二甲苯。

（三）危害及案例

苯、甲苯和二甲苯以蒸气状态存在于空气中，又都属于芳香烃类，不易被人察觉。中毒作用一般是由于吸入其蒸气或皮肤接触所致。

由于苯的挥发性大，暴露于空气中很容易扩散，人和动物吸入或皮肤接触大量苯进入体内，会引起急性和慢性苯中毒。有研究表明，引起苯中毒的部分原因是由于在体内苯生成了苯酚。长期吸入会侵害人的神经系统，急性中毒会产生神经痉挛甚至昏迷、死亡。有研究指出暴露在 64.8～162mg/m^3 的苯蒸气条件下数年可以致癌，在白血病患者中，有很大一部分有苯及其有机制品接触历史。苯被世界卫生组织（WHO）和国际癌症研究中心（IARC）确定为致癌物质。

甲苯对皮肤、黏膜有刺激性，对中枢神经系统有麻醉作用。二甲苯具有中等毒性，经皮肤吸收后，对健康的影响远比苯小，对眼及上呼吸道有刺激作用，高浓度时，对中枢系统有麻醉作用。短时间内吸入较高浓度甲苯及二甲苯均可出现眼及上呼吸道明显的刺激症状、眼结膜及咽部充血、头晕、头痛、恶心、呕吐、胸闷、四肢无力、步态蹒跚、意识模糊。重症者可有躁动、抽搐、昏迷。长期接触可能神经衰弱综合征，女性有可能导致月经异常。皮肤接触常发生皮肤干燥、皲裂、皮炎。根据甲苯、二甲苯毒理学资料表明，可引起眼睛、鼻腔及咽喉刺激的二甲苯含量要达到 423～2000mg/m^3，空气中二甲苯的最低可感

含量范围在 0.6～16mg/m^3，气味阈值含量范围约在 0.87～8.7mg/m^3。WHO 于 1987 年提出的指导值为 0.1mg/m^3，基于现有动物实验结果，在同时考虑物种差异和个体差异的情况下，其国际化学品安全规划（IPCS）于 1997 年推荐 0.87mg/m^3 作为保障大众健康的指导值。

（四）检测方法

气相色谱法可以同时分别测定苯、甲苯、二甲苯，但是不能直接测定室内空气样品，须用吸附剂进行采集浓缩。根据解吸方法不同，可分为热解吸和溶剂解吸两种，气相色谱法（GB/T 11737—1989）是我国《室内空气质量标准》（GB/T 18883—2002）中规定的方法之一，对于苯的检测，规定的检测方法还有毛细管气相色谱法。对于室内空气中苯的检测方法，还应符合《民用建筑工程室内环境污染控制规范》（GB 50325—2010）附录 F 的规定。

三、总挥发性有机物（TVOC）

（一）物化性质

世界卫生组织（WHO）对总挥发性有机化合物的定义为熔点低于室温而沸点在 50～260℃的挥发性有机化合物的总称。在目前已确定的 900 多种室内化学物质和生物性物质中，挥发性有机物至少在 350 种以上（＞1μg/L），其中 20 多种为致癌物或致突变物。常见的 TVOC 有烷类、芳烃类、烯类、卤烃类、酯类、醛类、酮类及其他，包括甲醛、苯、甲苯、乙酸丁酯、乙苯、对（间、邻）二甲苯、苯乙烯、十一烷等有机物。它们单独的浓度低，但种类多，故总称 TVOC，以 TVOC 表示其总量，当若干种 VOC 共同存在于室内时，其联合毒性作用是不可忽视的。

（二）来源

室内材料如化纤地毯、纯毛地毯、地毯胶垫、装饰或家具用人造板、细木工板、胶合板、复合地板、软木、家具涂层树脂油漆、涂料漆、天然油漆、防锈涂料、隔热层、热管道等都会散发挥发性有机物（VOCs）。

建筑材料和装修材料是室内 VOCs 的主要来源，按它们随时间衰减的范围可区分为一次源和二次源。VOCs 的一次源是指非结合的 VOCs，它们的摩尔质量较小，如溶剂残留物、添加剂、抗氧化剂、增塑剂、催化剂和单分子低活性物质等。二次源是 VOCs 在不同的物理、化学条件下产生的物理、化学结合物，例如，湿混凝土基层可以使 PVC 地板材料中的酞酸盐发生水解反应，产生醇类；温度的升高能够导致聚合物结构的热分解，起到催化剂的作用；室内环境中的 VOCs 与不同的氧化剂作用会导致吸收过程和氧化过程。二次源形成过程中可能产生突然、剧烈的室内空气质量问题。

（三）危害及案例

TVOC 对人体的影响主要是刺激眼睛和呼吸道、皮肤，使人产生头痛、咽痛和乏力。通过引起机体免疫水平失调，影响中枢神经系统功能，出现头晕、头痛、嗜睡、无力、胸闷等自觉症状；还可能影响消化系统，出现食欲不振、恶心等症状，严重时可损伤肝脏和造血系统，出现变态反应等。

一般正常的、非工业性的室内环境 TVOC 浓度水平不至于导致人体的肿瘤和癌症。当 TVOC 浓度为 3.0～25mg/m^3 时，会产生刺激和不适，与其他因素联合作用时，可能出现头痛；当 TVOC 浓度大于 25mg/m^3 时，除头痛外，可能产生其他的神经毒性作用。TVOC 浓度与健康效应如表 4.2 所示。

长期的研究表明，以下五类人最容易受到室内污染空气的毒害，他们是孕妇、儿童、办公室白领、老人和患有呼吸系统或心脏疾病的人。室内装修材料中的有害物质可能是小儿白血病的一个重要诱因。

表 4.2　TVOC 浓度与健康效应

TVOC/（mg/m^3）	健康效应	分类
0.2	无刺激，无不适	舒适
0.2～3.0	与其他因素联合作用，可能出现刺激与不适	多因素协调作用
3.0～25	刺激与不适，与其他因素联合作用时，可能会出现头痛	不适
＞25	除头痛外，可能出现其他的神经毒害作用	中毒

（四）检测方法

我国目前的室内环境检测依据标准中，要求检测 TVOC 的标准有 GB/T 18883—2002、GB 50325—2010 等，检验的方法在该标准的附录中列出，是室内环境标准体系中“方法标准”的组成部分之一。TVOC 的检测方法选用气相色谱法，是用固体吸附剂管采样，然后加热解吸，用毛细管气相色谱法测定。《室内空气质量标准》（GB/T 18883—2002）规定的为其附录 C 中的热解吸/毛细管气相色谱法，《民用建筑工程室内环境污染控制规范》（GB 50325—2010）则体现在其附录 G 中。

四、苯并（a）芘

（一）物化性质

苯并（a）芘属多环芳香烃类化合物，化学式为 $C_{20}H_{12}$，沸点 475℃，熔点 170℃，相对分子质量 252，纯品为无色或微黄色针状结晶，在水中溶解度较小，易溶于苯、乙醚、丙酮、氯仿、环己环、二甲苯等有机溶剂。在苯中溶解呈蓝色或紫色荧光，在浓硫酸中呈橘红色并伴有绿色荧光。

（二）来源

苯并（a）芘主要来源于含碳燃料及有机物热解过程中的产物。在人们的生活和生产活动中，各种燃料都会产生一定量的多环芳烃，苯并（a）芘进入空气中大多被吸附在烟、尘等固体微粒上，有的也以气态形式存在于空气中。室内多环芳烃化合物为不完全燃烧的产物，燃烧过程中产生各种碳氢游离基经环化聚合而成，煤气（天然气）燃烧、厨房烹调和烟草烟气是室内空气中多环芳烃的主要来源。此外，其他日用品如卫生球、各种杀虫剂、塑料制品等，都可能释放出多环芳烃。

（三）危害及案例

苯并（a）芘为一种突变原和致癌物质，18 世纪以来，便发现其与许多癌症有关。苯并（a）芘在体内的代谢物二羟环氧苯并芘，是产生致癌性的物质。侵入途径主要为吸入、食入、经皮吸收。对眼睛、皮肤有刺激作用，是致癌物、致畸原及诱变剂。

大量流行病调查资料表明，接触沥青、煤焦油等富含多环芳烃的人群，易发生皮肤癌、肺癌等，且死亡率与苯并（a）芘浓度呈正相关。动物皮下注射、静脉注射和动物致癌实验结果表明，随着室内空气沉降颗粒物中苯并（a）芘含量增高，实验动物肺部肿瘤发生率相应增高，呈现出较明显的剂量反应关系。

（四）检测方法

苯并（a）芘进入空气中大多被吸附在烟、尘等固体微粒上，所以检测苯并（a）芘采用颗粒物采样法采样，测定方法主要是高效液相色谱法（GB/T 15439—1995），检测器可用紫外检测器，也可用荧光检测器。

实践活动 4　室内空气中主要有机污染物测定

一、室内空气中甲醛的测定

（一）AHMT 分光光度法

1. 原理

空气中甲醛被吸收液吸收，在碱性溶液中与 4-氨基-3-联氨-5-巯基-1，2，4-三氮杂茂（AHMT）发生反应，然后经高碘酸钾氧化形成紫红色化合物，其颜色的深浅与甲醛含量成正比，通过比色定量测定甲醛含量。

测定范围：若采样体积为 20L，则测定浓度范围为 0.01～0.16mg/m^3。

检出限：0.13μg。

2. 仪器及设备

（1）气泡吸收管。有 5mL 和 10mL 刻度线。

（2）空气采样器。流量范围 0～2L/min。

（3）具塞比色管。10mL。

（4）分光光度计。具有 550nm 波长，并配有 10mm 光程的比色皿。

3. 试剂和材料

1）吸收液

称取 1g 三乙醇胺，0.25g 偏重亚硫酸钠和 0.25g 乙二胺四乙酸二钠溶于水中并稀释至 1000mL 溶液。

2）氢氧化钾溶液（5mol/L、0.2mol/L）

称取 28g 氢氧化钾溶于适量蒸馏水中，稍冷后，加蒸馏水至 100mL。其中取 4.0mL 溶液加蒸馏水至 100mL，即得到 0.2mol/L 溶液。

3）0.5%AHMT 溶液

称取 0.25g AHMT 溶于 0.5mol/L 盐酸中，并稀释到 50mL，此溶液置于棕色试剂瓶中，放暗处，可保存半年。

4）1.5%高碘酸钾溶液

称取 1.5g 高碘酸钾溶于 0.2mol/L 氢氧化钾溶液中，并稀释至 100mL，于水浴上加热溶解，备用。

5）碘标准溶液［c（1/2 I2）＝0.1mol/L］

称量 40g 碘化钾，溶于 25mL 水中，加入 12.7g 碘。待碘完全溶解后，用水定容至 1000mL。移入棕色瓶中，暗处贮存。

6）碘酸钾标准溶液［c（1/6 KIO_3）＝0.1000mol/L］

准确称量 3.5667g，经过（110±2）℃烘干 2h 的碘酸钾（优级纯），溶解于水，移入 1L 容量瓶中，定容至 1000mL。

7）0.5%淀粉溶液

将 0.5g 可溶性淀粉，用少量水调成糊状后，再加入 100mL 沸水，并煮沸 2～3min 至溶液透明。冷却后，加入 0.1g 水杨酸保存。

8）1mol/L 盐酸溶液

量取 82mL 浓盐酸加水稀释至 1000mL。

9）硫代硫酸钠标准溶液［c（$Na_2S_2O_3$）＝0.1mol/L］

称量 25g 硫代硫酸钠（$Na_2S_2O_3 \cdot 5H_2O$）。溶于 1000mL 新煮沸并已放冷的水中，此溶液浓度约为 0.1mol/L。加入 0.2g 无水碳酸钠，储存于棕色瓶中，放置一周后，再标定其准确浓度。

硫代硫酸钠的标定方法：精确量取 25.00mL 碘酸钾标准溶液[c（1/6 KIO_3）＝0.1000 mol/L]，于 250mL 碘量瓶中，加入 75mL 新煮沸后冷却的蒸馏水，加 3g 碘化钾及 10mL 1mol/L 盐酸溶液，摇匀后放入暗处静置 3min。用硫代硫酸钠标准溶液滴定析出的碘，至淡黄色，加入 1mL0.5%淀粉溶液呈蓝色。再继续滴定至蓝色刚刚褪去，即为终点，记录所用硫代硫酸钠溶液体积 V，其准确浓度用式（4.1）计算

$$c=\frac{0.1000\times 25.00}{V} \tag{4.1}$$

式中：c——硫代硫酸钠标准溶液的浓度，mol/L；

V——所用硫代硫酸钠溶液体积，mL。

平行滴定两次，所用硫代硫酸钠溶液体积相差不超过 0.05mL，否则应重新标定。

10）1mol/L 氢氧化钠溶液

称量 40g 氢氧化钠，溶于水中，稀释至 1000mL。

11）0.5mol/L 硫酸溶液

取 28mL 浓硫酸缓慢加入水中，冷却后，稀释至 1000mL。

12）甲醛标准溶液

（1）甲醛标准储备溶液。取2.8mL甲醛溶液（含甲醛36%～38%）于1L容量瓶中，加0.5mL硫酸并用水稀释至刻度，摇匀。其准确浓度用下述碘量法标定。

（2）甲醛标准储备溶液标定。精确量取20.00mL甲醛标准储备溶液，置于250mL碘量瓶中。加入20.00mL 0.050mol/L碘溶液和15mL 1mol/L氢氧化钠溶液，放置15min。加入20mL 0.5mol/L硫酸溶液，再放置15min，用0.1000mol/L硫代硫酸钠标准溶液滴定，至溶液呈淡黄色时，加入1mL0.5%淀粉溶液，继续滴定至蓝色刚消失为终点，记录所用硫代硫酸钠标准溶液体积V_2。同时用水作试剂空白滴定，记录空白滴定所用硫代硫酸钠标准溶液体积V_1。

甲醛溶液的浓度用式（4.2）计算

$$c=\frac{(V_1-V_2)\times M\times 15}{20} \tag{4.2}$$

式中：c——甲醛标准储备溶液中甲醛浓度，mg/mL；

V_1——滴定空白时所用硫代硫酸钠标准溶液体积，mL；

V_2——滴定甲醛溶液时所用硫代硫酸钠标准溶液体积，mL；

M——硫代硫酸钠标准溶液的摩尔浓度，mol/L；

15——甲醛的换算值，g/mol；

20——所取甲醛标准储备溶液的体积，mL。

平行滴定两次，所用硫代硫酸钠溶液体积相差应不超过0.05mL，否则应重新标定。

上述标准溶液稀释10倍作为储备液，此溶液置于室温下可使用1个月。

（3）甲醛标准溶液。用时取上述甲醛贮备液，用吸收液稀释成1.00mL含2.00μg甲醛。临用时，将甲醛标准储备溶液用水稀释成1.00mL含10μg甲醛，立即再取此溶液20.00mL，加入100mL容量瓶中，加入10.00mL吸收原液，用水定容至100mL，1.00mL此液含2.00μg甲醛，放置30min后，用于配制标准色列管。此标准溶液可稳定24h。

4. 样品采集与保存

用一个内装5mL吸收液的气泡吸收管，以1.0L/min流量，采气20L，并记录采样时的温度和大气压力，填写室内空气采样记录表。

5. 分析步骤

1）标准曲线的绘制

用标准溶液绘制标准曲线，取7支10mL具塞比色管，按表4.3制备标准色列管。

表4.3 甲醛标准色列管

管　号	0	1	2	3	4	5	6
标准溶液体积/mL	0.0	0.1	0.2	0.4	0.8	1.2	1.6
吸收溶液体积/mL	2.0	1.9	1.8	1.6	1.2	0.8	0.4
甲醛含量/μg	0.0	0.2	0.4	0.8	1.6	2.4	3.2

各管中依次加入 5mol/L 氢氧化钾溶液 1.0mL，0.5%AHMT 溶液 1.0mL，盖上管塞，轻轻颠倒混匀三次，放置 20min。加入 0.3mL 1.5%高碘酸钾溶液，充分振摇，放置 5min。用 10mm 比色皿，在波长 550nm 下，以水作参比，测定各管吸光度。以甲醛含量为横坐标，吸光度为纵坐标，绘制标准曲线，并计算回归线的斜率，以斜率的倒数作为样品测定计算因子 B_s（μg/吸光度）。

2）样品测定

采样后，补充吸收液到采样前的体积。准确吸取 2mL 样品溶液于 10mL 比色管中，按制作标准曲线的操作步骤测定吸光度。在每批样品测定的同时，用 2mL 未采样的吸收液，按相同步骤作试剂空白值测定。

6. 结果计算

1）将采样体积换算成标准状态下采样体积

2）空气中甲醛浓度按公式（4.3）计算

$$c=\frac{(A-A_0)B_s}{V_0}\times\frac{V_1}{V_2} \tag{4.3}$$

式中：c——空气中甲醛浓度，mg/m^3；

A——样品溶液的吸光度；

A_0——试剂空白溶液的吸光度；

B_s——用标准溶液绘制标准曲线得到的计算因子，μg/吸光度；

V_0——标准状况下的采样体积，L；

V_1——采样时吸收液体积，mL；

V_2——分析时取样品体积，mL。

（二）乙酰丙酮分光光度法

1. 原理

甲醛气体经水吸收后，在 pH=6 的乙酸－乙酸铵缓冲溶液中，与乙酰丙酮作用，在沸水浴条件下，迅速生成稳定的黄色化合物，在波长 413nm 处测定吸光度。根据溶液颜色的深浅，用分光光度法测定甲醛的浓度。

在采样体积为 0.5～10.0L 时，测定范围为 0.5～800mg/m^3。

检出限：本方法检出限为 0.25μg/5mL，当采样体积为 30L 时，最低检出浓度为 0.008mg/m^3。

2. 仪器及设备

（1）空气采样器。流量范围 0.2～1.0L/min。

（2）大型气泡吸收管。有 10mL 刻度。

（3）具塞比色管。有 10mL 刻度。

（4）分光光度计。

3. 试剂和材料

（1）二次蒸馏水。

（2）0.25%乙酰丙酮溶液。称 25g 乙酸铵，加少量水溶解，加 3mL 冰乙酸及 0.25mL 新蒸馏的乙酰丙酮，混合均匀再加水至 100mL，调整 pH＝6.0，此溶液于 2～5℃储存，可稳定 1 个月。

（3）甲醛标准储备溶液。配制和标定方法同 AHMT 分光光度法。

（4）甲醛标准溶液。将甲醛标准储备溶液稀释成 5.00μg/mL 甲醛标准溶液。

4. 样品采集与保存

用一个内装 5.0mL 水及 1.0mL 乙酰丙酮溶液的气泡吸收管，以 0.5L/min 流量，采气 30L。并记录采样时的温度和大气压力，填写室内空气采样记录表。

5. 分析步骤

1）标准曲线的绘制

取 8 支 10mL 具塞比色管，按表 4.4 制备标准色列管。

表 4.4　甲醛标准色列管

管　号	0	1	2	3	4	5	6
水/mL	5.00	4.90	4.80	4.60	4.00	3.00	2.00
乙酰丙酮溶液/mL	1.00	1.00	1.00	1.00	1.00	1.00	1.00
甲醛标准溶液/mL	0.00	0.10	0.20	0.40	1.00	2.00	3.00
甲醛含量/μg	0.00	0.50	1.00	2.00	5.00	10.00	15.00

各管混匀后，置于沸水浴加热 3min，取出冷却至室温，在波长 413nm 处，用 1cm 的比色皿，以水作为参比，测定吸光度。以吸光度对甲醛含量绘制标准曲线。

2）样品测定

采样后，样品在室温下放置 2h，然后将样品溶液移入比色管中，按作标准曲线的步骤进行分光光度测定。同时，用现场空白吸收管未采样的吸收液进行空白测定。

6. 结果计算

（1）将采样体积换算成标准状态下采样体积。

（2）空气中甲醛浓度按公式（4.4）计算

$$c=\frac{(A-A_0)\ B_s}{V_0} \tag{4.4}$$

式中：c——空气中甲醛浓度，mg/m^3；

A——样品溶液的吸光度；

A_0——试剂空白溶液的吸光度；

B_s——用标准溶液绘制标准曲线得到的计算因子，μg/吸光度；

V_0——标准状况下的采样体积，L。

（三）酚试剂分光光度法

1. 原理

空气中的甲醛与酚试剂反应生成嗪，嗪在酸性溶液中被高铁离子氧化形成蓝绿色化合物。溶液颜色深浅与甲醛含量成正比，通过比色定量测定甲醛含量。

用5mL样品溶液，本方法测定范围为0.1～1.5mg/m^3；采样体积为10L时，可测定浓度范围为0.01～0.15mg/m^3。

检出下限：0.056mg/m^3。

2. 仪器及设备

（1）大型气泡吸收管。出气口内径为1mm，出气口至管底距离≤5mm，有10mL刻度线。

（2）恒流采样器。流量范围 0～1L/min。流量稳定可调。采样前和采样后应用皂膜流量计校准采样系列流量，流量误差应小于5%。

（3）具塞比色管。10mL。

（4）分光光度计。在630nm测定吸光度。

3. 试剂和材料

1）吸收液原液

称量0.10g酚试剂［$C_6H_4SN(CH_3)C:NNH_2 \cdot HCl$，简称MBTH］，加水溶解，倾于100mL具塞量筒中，加水至刻度。放冰箱中保存，可稳定3d。

2）吸收液

量取吸收原液5mL，加95mL水，即为吸收液。采样时，临用现配。

3）1%硫酸铁铵溶液

称量1.0g硫酸铁铵［$NH_4Fe(SO_4)_2 \cdot 12H_2O$］，用0.1mol/L盐酸溶解，并稀释至100mL。

4）甲醛标准储备溶液

配制和标定方法同AHMT分光光度法。

5）甲醛标准溶液

临用时，将甲醛标准储备溶液（1mg/mL）用水稀释成1.00mL含10μg甲醛，立即再取此溶液10.00mL，加入100mL容量瓶中，加入5mL吸收原液，用水定容至100mL，此溶液1.00mL含1.00μg甲醛，放置30min后，用于配制标准色列管。此标准溶液可稳定24h。

4. 样品采集与保存

用一个内装5mL吸收液的大型气泡吸收管，以0.5L/min流量，采气10L。并记录采样时的温度和大气压力，填写室内空气采样记录表。采样后样品在室温下应在24h内分析。

5. 分析步骤

1）标准曲线的绘制

取 9 支 10mL 具塞比色管，按表 4.5 制备标准色列管。

表 4.5 甲醛标准色列管

管　号	0	1	2	3	4	5	6	7	8
标准溶液/mL	0.00	0.10	0.20	0.40	0.60	0.80	1.00	1.50	2.00
吸收溶液/mL	5.00	4.90	4.80	4.60	4.40	4.20	4.00	3.50	3.00
甲醛含量/μg	0.00	0.10	0.20	0.40	0.60	0.80	1.00	1.50	2.00

各管中加入 0.4mL 1%硫酸铁铵溶液，摇匀放置 15min。用 1cm 比色皿，在波长 630nm 下，以水为参比，测定各管溶液的吸光度。以甲醛含量为横坐标，吸光度为纵坐标，绘制标准曲线，并计算回归线斜率，以斜率的倒数作为样品测定的计算因子 B_s（μg/吸光度）。

2）样品的测定

采样后，将样品溶液全部转入比色管中，用少量吸收液洗吸收管，合并使总体积为 5mL。按绘制标准曲线的操作步骤测定吸光度。在每批样品测定的同时，用 5mL 未采样的吸收液做试剂空白，按相同步骤测定试剂空白的吸光度。

6. 结果计算

（1）将采样体积换算成标准状态下采样体积。

（2）空气中甲醛浓度按公式（4.5）计算

$$c=\frac{(A-A_0)\ B_s}{V_0} \tag{4.5}$$

式中：c——空气中甲醛浓度，mg/m³；

A——样品溶液的吸光度；

A_0——试剂空白溶液的吸光度；

B_s——用标准溶液绘制标准曲线得到的计算因子，μg/吸光度；

V_0——标准状况下的采样体积，L。

（四）其他测定方法

在 GB 50325—2010 中民用建筑工程室内空气中甲醛检测，也可采用简便取样仪器检测方法，甲醛简便取样仪器应定期进行校准，测量结果在 0.01～0.60mg/m³，测定范围内的不确定度应小于 20%。当发生争议时，应以现行国家标准《公共场所空气中甲醛检验方法》（GB/T 18204.26）中酚试剂分光光度法的测定结果为准。下面简要介绍这种甲醛检测的现场检测方法。

1. 原理

由泵抽入的样气通过电化学传感器，受扩散和吸收控制的甲醛气体分子在适当的电极电压下发生氧化反应，产生的扩散电极电流与空气中甲醛的浓度成正比。这电流可转换成可测电压或者直接读出。

2. 仪器及设备

电化学甲醛测定仪。

3. 分析步骤

（1）检查电池。
（2）按说明书进行仪器调零。
（3）现场检测，读取结果。

二、室内空气中苯及苯系物的测定

室内空气中苯及苯系物的测定采用气相色谱法。

1. 原理

空气中苯、甲苯和二甲苯用活性炭管采集，然后经热解吸或用二硫化碳提取出来，再经聚乙二醇6000色谱柱分离，用氢火焰离子化检测器检测，以保留时间定性，峰高定量。

测定范围：用活性炭管采样10L进行热解吸时，苯的测量范围为0.005～10mg/m^3，甲苯为0.01～10mg/m^3，二甲苯为0.02～10mg/m^3；用1mL二硫化碳提取，进样1μL，苯的测量范围为0.025～20mg/m^3，甲苯为0.05～20mg/m^3，二甲苯为0.1～20mg/m^3。

2. 仪器及设备

（1）活性炭采样管。用长150mm，内径3.5～4.0mm，外径6mm的玻璃管，装入100mg椰子壳活性炭，两端用少量玻璃棉固定。装好管后再用纯氮气于300～350℃温度条件下吹5～10min，然后套上塑料帽封紧管的两端。此管放于干燥器中可保存5d。若将玻璃管熔封，此管可稳定3个月。

（2）空气采样器。流量范围0.2～1L/min，流量稳定。使用时用皂膜流量计校准采样系统在采样前和采样后的流量。流量误差应小于5%。

（3）注射器。1mL。体积刻度误差应校正。

（4）微量注射器。1μL，10μL。体积刻度误差应校正。

（5）具塞刻度试管。2mL。

（6）热解吸装置。主要由加热器、控温器、测温表及气体流量控制器等部分组成。调温范围为100～400℃，控温精度±1℃，热解吸气体为氮气，流量调节范围为50～100mL/min，读数误差±1mL/min。所用热解吸装置的结构应使活性炭管能方便地插入加热器中，并且各部分受热均匀。

（7）气相色谱仪（配备氢火焰离子化检测器）。

（8）色谱柱。长2m，内径4mm不锈钢柱，内填充聚乙二醇6000-6201担体（5∶100）固定相。

3. 试剂和材料

（1）苯、甲苯、二甲苯（色谱纯）。
（2）二硫化碳。分析纯，需经纯化处理，保证色谱分析无杂峰。
（3）椰子壳活性炭。20～40 目，装入活性炭采样管。
（4）纯氮（99.99%）。
（5）色谱固定液（聚乙二醇 6000）。
（6）6201 担体（60～80 目）。

4. 样品采集与保存

在采样地点打开活性炭管，两端孔径至少 2mm，与空气采样器入气口垂直连接，以 0.5L/min 的速度，抽取 10L 空气。采样后，将管的两端套上塑料帽，并记录采样时的温度和大气压力。样品可保存 5d。

5. 分析步骤

1）色谱分析条件
由于色谱分析条件常因实验条件不同而有差异，所以应根据所用气相色谱仪的型号和性能，制定能分析苯、甲苯和二甲苯的最佳的色谱分析条件。
2）绘制标准曲线和测定计算因子
在与样品分析的相同条件下，绘制标准曲线和测定计算因子。
（1）用混合标准气体绘制标准曲线。用微量注射器准确取一定量的苯、甲苯和二甲苯（20℃时，1μL 苯重 0.8787mg，甲苯重 0.8669mg，邻、间、对二甲苯分别重 0.8802，0.8642，0.8611mg），分别注入 100mL 注射器中，以氮气为本底气，配成一定浓度的标准气体。取一定量的苯、甲苯和二甲苯标准气体分别注入同一个 100mL 注射器中相混合，再用氮气逐级稀释成 0.02～2.0μg/mL 范围内 4 个浓度点的苯、甲苯和二甲苯的混合气体。取 1mL 进样，测量保留时间及峰高。每个浓度重复 3 次，取峰高的平均值。分别以苯、甲苯和二甲苯的含量（μg/mL）为横坐标，平均峰高（mm）为纵坐标，绘制标准曲线。并计算回归线的斜率，以斜率的倒数 B_g［μg/（mL · mm）］作样品测定的计算因子。
（2）用标准溶液绘制标准曲线。于 3 个 50mL 容量瓶中，先加入少量二硫化碳，用 10μL 注射器准确量取一定量的苯、甲苯和二甲苯分别注入容量瓶中，加二硫化碳至刻度，配成一定浓度的贮备液。临用前取一定量的贮备液用二硫化碳逐级稀释成苯、甲苯和二甲苯含量为 0.005μg/mL、0.01μg/mL、0.05μg/mL、0.2μg/mL 的混合标准液。分别取 1μL 进样，测量保留时间及峰高，每个浓度重复 3 次，取峰高的平均值，以苯、甲苯和二甲苯的含量（μg/μL）为横坐标，平均峰高（mm）为纵坐标，绘制标准曲线。并计算回归线的斜率，以斜率的倒数 B_s［μg/（μL · mm）］作样品测定的计算因子。
（3）测定校正因子。当仪器的稳定性能差，可用单点校正法求校正因子。在样品测定的同时，分别取零浓度和与样品热解吸气（或二硫化碳提取液）中含苯、甲苯和二甲苯浓度相接近时标准气体 1mL 或标准溶液 1μL，按绘制标准曲线的操作方法，测量零浓度和标准的色谱峰高（mm）和保留时间，用式（4.6）计算校正因子。

$$f=\frac{c_s}{h_s-h_0} \tag{4.6}$$

式中：f——校正因子，μg/（mL · mm）（对热解吸气体）或μg/（μL · mm）（对二硫化碳提取液样）；

c_s——标准气体或溶液浓度，μg/mL或μg/μL；

h_s——标准溶液平均峰高，mm；

h_0——试剂空白溶液平均峰高，mm。

3）样品分析

（1）热解吸法进样。将已采样的活性炭管与100mL注射器相连，置于热解吸装置上，用氮气以50～60mL/min的速度于350℃下解吸，解吸体积为100mL，取1mL解吸气进色谱柱，用保留时间定性，峰高（mm）定量。每个样品做3次分析，求峰高的平均值。同时，取一个未采样的活性炭管，按样品管同样操作，测定空白管的平均峰高。

（2）二硫化碳提取法进样。将采样管中的活性炭倒入具塞刻度试管中，加1.0mL二硫化碳，塞紧管塞，放置1h，并不时振摇。取1μL进样，用保留时间定性，峰高（mm）定量。每个样品做3次分析，求峰高的平均值。同时，取一个未经采样的活性炭管按样品管同时操作，测量空白管的平均峰高（mm）。

6. 结果计算

（1）将采样体积换算成标准状态下采样体积。

（2）用热解吸法时。空气中苯、甲苯和二甲苯浓度按式（4.7）计算。

$$c=\frac{(h-h_0)\cdot B_g}{V_0\cdot E_g}\times 100 \tag{4.7}$$

式中：c——空气中苯或甲苯、二甲苯的浓度，mg/m^3；

h——样品峰高的平均值，mm；

h_0——空白管的峰高，mm；

B_g——用混合标准气体绘制标准曲线得到的计算因子，μg/（mL · mm）；

E_g——由实验确定的热解吸效率；

V_0——标准状况下采样体积，L。

（3）用二硫化碳提取法时。空气中苯、甲苯和二甲苯浓度按式（4.8）计算。

$$c=\frac{(h-h_0)\cdot B_s}{V_0\cdot E_s}\times 100 \tag{4.8}$$

式中：c——空气中苯或甲苯、二甲苯的浓度，mg/m^3；

h——样品峰高的平均值，mm；

h_0——空白管的峰高，mm；

B_s——由标准溶液绘制标准曲线得到的计算因子，μg/（μL · mm）；

E_s——由实验确定的二硫化碳提取的效率；

V_0——标准状况下采样体积，L。

三、室内空气中 TVOC 的测定

室内空气中 TVOC 的测定采用气相色谱法。

1. 原理

选择合适的吸附剂（Tenax GC 或 Tenax TA），用吸附管采集一定体积的空气样品，空气中的挥发性有机化合物保留在吸附管中。采样后，将吸附管加热，解吸挥发性有机化合物，待测样品随惰性载气进入毛细管气相色谱仪。用保留时间定性，峰高或峰面积定量。

测定范围：本法适用浓度范围为 0.5μg/m^3～100mg/m^3。

2. 仪器及设备

1）吸附管

外径 6.3mm、内径 5mm、长 90mm 的内壁抛光不锈钢管，吸附管的采样入口一端有标记。吸附管可以装填一种或多种吸附剂，应使吸附层处于解吸仪的加热区。根据吸附剂的密度，吸附管中可装填 200～1000mg 的吸附剂，管的两端用不锈钢网或玻璃纤维毛堵住。如果在一支吸附管中使用多种吸附剂，吸附剂应按吸附能力增加的顺序排列，并用玻璃纤维毛隔开，吸附能力最弱的装填在吸附管的采样入口端。

2）注射器

10μL 液体注射器、10μL 气体注射器、1mL 气体注射器。

3）采样泵

恒流空气个体采样泵，流量范围 0.02～0.5L/min，流量稳定。使用时用皂膜流量计校准采样系统在采样前和采样后的流量。流量误差应小于 5%。

4）气相色谱仪

配备氢火焰离子化检测器、质谱检测器或其他合适的检测器。

5）色谱柱

非极性（极性指数小于 10）石英毛细管柱。

6）热解吸仪

能对吸附管进行二次热解吸，并将解吸气用惰性气体载带进入气相色谱仪。解吸温度、时间和载气流速是可调的。冷阱可将解吸样品进行浓缩。

7）液体外标法制备标准系列的注射装置

常规气相色谱进样口，可以在线使用也可以独立装配，保留进样口载气连线，进样口下端可与吸附管相连。

3. 试剂和材料

分析过程中使用的试剂应为色谱纯。如果为分析纯，需经纯化处理，保证色谱分析无杂峰。

（1）VOCs。为了校正浓度，需用 VOCs 作为基准试剂，配成所需浓度的标准溶液或标准气体，然后采用液体外标法或气体外标法将其定量注入吸附管。

（2）稀释溶剂。液体外标法所用的稀释溶剂应为色谱纯，在色谱流出曲线中应与待测化合物分离。

（3）吸附剂。使用的吸附剂粒径为 0.18～0.25mm（60～80 目），吸附剂在装管前都应在其最高使用温度下，用惰性气流加热活化处理过夜。为了防止二次污染，吸附剂应在清洁空气中冷却至室温，储存和装管。解吸温度应低于活化温度。由制造商装好的吸附管使用前也需活化处理。

（4）纯氮（99.99%）。

4. 样品采集与保存

将吸附管与采样泵用塑料或硅橡胶管连接。个体采样时，采样管垂直安装在呼吸带；固定位置采样时，选择合适的采样位置。打开采样泵，调节流量，以保证在适当的时间内获得所需的采样体积（1～10L）。如果总样品量超过 1mg，采样体积应相应减少。记录采样开始和结束时的时间、采样流量、温度和大气压力。

采样后将管取下，密封管的两端或将其放入可密封的金属或玻璃管中。样品可保存 14d。

5. 分析步骤

1）样品的解吸和浓缩

将吸附管安装在热解吸仪上，加热，使有机蒸气从吸附剂上解吸下来，并被载气流带入冷阱，进行预浓缩，载气流的方向与采样时的方向相反。然后再以低流速快速解吸，经传输线进入毛细管气相色谱仪。传输线的温度应足够高，以防止待测成分凝结。解吸条件见表 4.6。

表 4.6　解吸条件

解吸温度/℃	250～325
解吸时间/min	5～15
解吸气流量/（mL/min）	30～50
冷阱的制冷温度/℃	−180～20
冷阱的加热温度/℃	250～350
冷阱中的吸附剂	如果使用，一般与吸附管相同，40～100mg
载气	氦气或高纯氮气
分流比	样品管和二级冷阱之间以及二级冷阱和分析柱之间的分流比应根据空气中的浓度来选择

2）色谱分析条件

可选择膜厚度为 1～5μm，50m×0.22mm 的石英柱，固定相可以是二甲基硅氧烷或 7%的氰基丙烷、7%的苯基、86%的甲基硅氧烷。柱操作条件为程序升温，初始温度 50℃保持 10min，以 5℃/min 的速率升温至 250℃。

3）标准曲线的绘制

气体外标法。用泵分别准确抽取 100μg/m^3 的标准气体 100mL、200mL、400mL、1L、

2L、4L、10L 通过吸附管，制备标准系列。

液体外标法。利用前述的进样装置分别取 1～5μL 含液体组分 100μg/mL 和 10μg/mL 的标准溶液注入吸附管，同时用 100mL/min 的惰性气体通过吸附管，5min 后取下吸附管密封，制备标准系列。

用热解吸气相色谱法分析吸附管标准系列，以扣除空白后峰面积的对数为纵坐标，以待测物质量的对数为横坐标，绘制标准曲线。

4）样品分析

每支样品吸附管按绘制标准曲线的操作步骤（即相同的解吸和浓缩条件及色谱分析条件）进行分析，用保留时间定性，峰面积定量。

6. 结果计算

（1）将采样体积换算成标准状态下的采样体积。

（2）TVOC 的计算。

① 应对保留时间在正己烷和正十六烷之间所有化合物进行分析。

② 计算 TVOC，包括色谱图中从正己烷到正十六烷之间的所有化合物。

③ 根据单一的校正曲线，对尽可能多的 VOCs 定量，至少应对十个最高峰进行定量，最后与 TVOC 一起列出这些化合物的名称和浓度。

④ 计算已鉴定和定量的挥发性有机化合物的浓度 S_{id}。

⑤ 用甲苯的响应系数计算未鉴定的挥发性有机化合物的浓度 S_{un}。

⑥ S_{id} 与 S_{un} 之和为 TVOC 的浓度或 TVOC 的值。

⑦ 如果检测到的化合物超出了（2）中 TVOC 定义的范围，那么这些信息应该添加到 TVOC 值中。

（3）空气样品中待测组分的浓度按式（4.9）计算：

$$c=\frac{F-B}{V_0}\times 1000 \tag{4.9}$$

式中：c——空气样品中待测组分的浓度，μg/m³；

F——样品管中组分的质量，μg；

B——空白管中组分的质量，μg；

V_0——标准状态下的采样体积，L。

四、室内空气中苯并（a）芘的测定

（一）高效液相色谱法

1. 原理

空气颗粒物中苯并（a）芘用玻璃纤维滤纸采集，在超声波水浴中用溶剂提取，提取液浓缩后用高效液相色谱柱分离，荧光检测器检测，用保留时间定性，峰高或峰面积定量。

测定范围：用大流量采样器（流量为 1.13m³/min）连续采集 24h，乙腈/水做流动相，最低检出浓度为 6×10^{-5}μg/Nm³；甲醇/水做流动相，最低检出浓度为 1.8×10^{-4}μg/Nm³。

2. 仪器及设备

（1）超声波发生器（250W）。
（2）大流量采样器（1.1～1.7m^3/min）。
（3）离心机（6000r/min）。
（4）具塞玻璃刻度离心管（5mL）。
（5）高效液相色谱仪（备有紫外检测器）。
（6）色谱柱。
色谱柱类型：反相，C_{18}柱，柱子的理论塔板数＞5000。
柱效计算公式（4.10）用半峰宽法计算。

$$N=5.54\times\frac{T_r^2}{W_{1/2}} \tag{4.10}$$

式中：N——柱效，理论塔板数；
T_r——被测组分保留时间，s；
$W_{1/2}$——半峰宽，s。

3. 试剂和材料

（1）乙腈（色谱纯）。
（2）甲醇。优级纯，用微孔孔径小于 0.5μm 的全玻璃砂芯漏斗过滤，如有干扰峰存在，需用全玻璃蒸馏器重新蒸馏。
（3）二次蒸馏水。用全玻璃蒸馏器将一次蒸馏水或去离子水加高锰酸钾 $KMnO_4$（碱性）重蒸。
（4）超细玻璃纤维滤膜（过滤效率不低于 99.99%）。
（5）苯并（a）芘标准贮备液（1.00μg/μL）。称取（10.0±0.1）mg 色谱纯苯并（a）芘，用乙腈溶解，在容量瓶中定容至 10mL，2～5℃避光保存。

4. 样品采集与保存

1）采样前超细玻璃纤维滤膜的处理
500℃马弗炉内灼烧半小时。其他注意事项及采样方法见 GB 6921。
2）样品贮存
将玻璃纤维滤膜取下后，尘面朝里折叠，黑纸包好，塑料袋密封后迅速送回实验室，－20℃以下保存，7d 内分析。
3）样品的处理
先将滤膜边缘无尘部分剪去，然后将滤膜等分成 n 份，取 $1/n$ 滤膜剪碎入 5mL 具塞玻璃离心管中，准确加入 5mL 乙腈，超声提取 10min，离心 10min，取上清液待分析测定。
4）注意事项
在样品运输、保存和分析过程中，应避免可引起样品性质改变的热、臭氧、二氧化氮、紫外线等因素的影响。

5. 分析步骤

1）调整仪器

（1）柱温：常温。

（2）流动相流量：1.0mL/min。

（3）流动相组成：

① 乙腈/水。线性梯度洗脱，组成变化如表 4.7 所示。

表 4.7　线性梯度洗脱组成变化

时间/min	0	25	35	45
溶液组成	40%乙腈/60%水	100%乙腈	100%乙腈	40%乙腈/60%水

② 甲醇/水。甲醇/水＝85/15。

（4）检测器：紫外检测器测定波长 254nm。

（5）记录仪：根据样品中被测组分含量调节记录仪衰减倍数，使谱图在记录纸量程内。

（6）分析第一个样品前，应以 1.0mL/min 流量的流动相冲洗系统 30min 以上，检测器预热 30min 以上。

（7）检测器基线稳定后方能进样。

2）校准

（1）标准工作液。先用乙腈将贮备液稀释成 0.100μg/μL 的溶液，然后用该溶液配制三个或三个以上浓度的标准工作液。标准工作液浓度的确定应参照飘尘样品浓度范围，以样品浓度在曲线中段为宜。2～5℃避光保存。

（2）用被测组分进样量与峰面积（或峰高）建立回归方程，相关系数不应低于 0.99，保留时间变异在±2%。

（3）每天用浓度居中的标准工作液（其检测数值必须大于 10 倍检测限）作常规校正，组分响应值变化应在 15%之内，如变异过大，则重新校准或用新配制的标样重新建立回归方程。

（4）空白试验。每批样品或试剂有变动时，都应有相应的空白试验。空白样品应经历样品制备和测定的所有步骤。

3）试验

（1）进样方式：以微量注射器人工进样或自动进样器进样。

（2）进样量：10～40μL。

（3）操作（人工进样）：先用待测样品洗涤针头及针筒三次，抽取样品，排出气泡，迅速按高效液相色谱进样方法进样，拔出注射器后用流动相洗涤针头及针筒二次。

（4）样品浓度过低，无法正常测定时，可于常温下吹入平稳高纯氮气将提取液浓缩。

4）色谱图的考察

（1）定性分析。

① 保留值：以样品的保留时间和标样相比较来定性。

② 鉴定的辅助方法：被测组分较难定性时，可在提取液中加入标液，依据被测组分

峰的增高定性。

（2）定量分析。

① 用外标法定量。

② 色谱峰的测量：连接峰的起点与终点之间的直线作为峰底，以峰最大值到峰底的垂线为峰高，垂线在时间坐标上的对应值为保留时间，通过峰高的中点作平行峰底的直线，此直线与峰两侧相交，两点之间的距离为半峰宽。

6. 结果计算

$$c=\frac{W\times V_T\times 10^{-3}}{\frac{1}{n}\times V_i\times V_0} \tag{4.11}$$

式中：c——室内空气可吸入颗粒物中苯并（a）芘浓度，μg/Nm^3；

W——注入色谱仪样品中苯并（a）芘量，ng；

V_T——提取液总体积，μL；

V_i——进样体积，μL；

V_0——标准状态下采气体积，m^3；

$\frac{1}{n}$——分析用滤膜在整张滤膜中所占的比例。

4.2 主要室内无机污染物的分析测试

一、氨（NH_3）

（一）物化性质

氨（NH_3）是一种无色、有强烈刺激性气味的气体。相对分子质量17.03，沸点−33.5℃，熔点−77.8℃，相对密度0.5962。在标准状况下，1L氨气的质量为0.7708g。在室温下，6～7个大气压时，可被液化。液态氨的相对密度（0℃时）为0.638。氨极易溶于水、乙醇、乙醚。0℃时，每升水中能溶解907g氨。氨可燃，燃烧时火焰稍带绿色，当在空气中的体积比达到16%～25%时会发生爆炸。氨在高温时分解成氮和氢，有还原作用。有催化剂存在时可被氧化成一氧化氮。

（二）来源

室内空气中氨主要来源于建筑施工时使用的混凝土添加剂。我国很多地区，在住宅楼、写字楼、宾馆、饭店等的建筑施工中，特别是我国北方冬季施工过程中，在混凝土墙体中加入以尿素和氨水为主要原料的混凝土防冻剂，以防止混凝土在冬季施工时被冻裂。这些含有大量氨类物质的外加剂在墙体中随着湿度、温度等环境因素的变化而还原成氨气，从墙体中缓慢释放出来，造成室内空气中氨浓度的大量增加。特别是夏季气温较高，氨气从墙体中释放速度较快，造成室内空气中氨浓度严重超标。

家具中木制板材的加压过程中常常使用大量黏合剂，一些黏合剂主要是甲醛和尿素加工聚合而成的，它们在室温下易释放出气态甲醛和氨，造成室内空气中氨的污染。

室内空气中的氨也可能来自室内装饰材料中的添加剂和增白剂。但是，这种污染释放期比较短，不会在空气中长期大量积存，对人体的危害相对小一些。

生活中的生物性废弃物也会释放出氨气，污染室内空气。例如粪、尿、尸体、排泄物、生活污水等；含氮有机物在细菌的作用下可分解成氨；人体分泌的汗液可分解成氨；烫发过程中氨水作为一种中和剂而被洗发店和美容院大量使用。

（三）危害及案例

氨具有很强的刺激性，对接触的皮肤组织都有腐蚀和刺激作用，并可以吸收皮肤组织中的水分，使组织蛋白变性，并使组织脂肪皂化，破坏细胞膜结构，减弱人体对疾病的抵抗力。

氨的溶解度极高，所以常被吸附在皮肤黏膜和眼结膜上，从而产生刺激和炎症。氨通常以气体形式进入人体，经呼吸道吸入时会使接触者出现嗅觉缺失、咽炎、声带水肿、咳嗽、头痛、多汗、打嗝、胸痛症状，严重时可出现支气管痉挛及肺气肿。进入肺泡内的氨，少部分可被二氧化碳所中和，余下的被吸收至血液，与血红蛋白结合，破坏红细胞的运氧功能。还有少量的氨，可随汗液、尿液或呼吸排出体外。浓度过高时，氨除腐蚀作用外，还可通过三叉神经末梢的反向作用而引起心脏停搏和呼吸停止。

短期内吸入大量氨气后可出现流泪、咽痛、头痛、恶心、呕吐、乏力等症状，严重可发生肺水肿、成人呼吸窘迫综合征，同时可能发生呼吸道刺激症状。长期接触氨的人可能会出现皮肤色素沉积或手指溃疡等症状。人对氨的嗅觉阈是0.5～1mg/m³，氨气浓度达3500mg/m³以上时，可立即致人死亡。

由于室内氨污染是我国近期出现的较特殊的情况，为了防止并控制室内空气中氨的污染，保护居住者的健康，我国《混凝土外加剂中释放氨的限量》（GB/T 18588—2001）中规定，用于具有室内使用功能建筑的混凝土外加剂释放氨的量应不超过0.10%（质量分数）。我国《室内空气质量标准》（GB/T 18883—2002）规定室内空气中氨的浓度（1h平均值）应不超过0.20mg/m³。

案例：2004年2月北京现代城“氨气污染案件”终于有了结果。1999年业主孙某、张某购买了位于朝阳区现代城公寓2号楼房屋，入住后，两位业主均感觉房间内气味难闻，具有强烈刺激性。经检测室内空气中氨浓度超标。法院于2004年2月判决被告一次性补偿原告孙某、张某各5万元。

（四）检测方法

氨的测定方法较多，主要有靛酚蓝分光光度法、纳氏试剂分光光度法、次氯酸钾-水杨酸分光光度测定法、离子选择电极法等。

靛酚蓝分光光度法（GB/T 18204.25—2000）规定了公共场所空气中氨的测定方法，也适用于居住区大气和室内空气中氨浓度的测定。该方法灵敏度高，选择性好，但操作较复杂。

纳氏试剂分光光度法用于测定工业废气和空气中氨的浓度。测量范围：在吸取液体积为 50mL，采样体积为 2.5～10L 时，测量范围为 0.5～800mg/m^3。对于浓度更高的样品，测定前必须进行稀释。最低检出限为 0.25mg/m^3。

氨气敏电极法适用于测定空气和工业废气中的氨，本方法检测限为 10mL 吸收溶液中 0.7μg 氨，但样品溶液总体积为 10mL，采样体积为 60L，最低检测浓度为 0.014mg/m^3。以氨传感器为主体的检测仪成本较高，检测数据相对准确，操作便捷，但传感器是易疲劳件，需每年更换。

二、二氧化硫（SO_2）

（一）物化性质

二氧化硫（SO_2）是有强烈辛辣刺激气味的无色有毒气体。相对分子质量 64.06，凝固点－72.7℃，沸点－10℃，液态时的相对密度为 1.434，气态相对密度约为空气的 2.92 倍。SO_2 易溶于水（常温常压下 1 体积水能溶解 40 体积的 SO_2），易溶于甲醇和乙醇，可溶于硫酸、醋酸、氯仿和乙醚。20℃3 个大气压下 SO_2 能被液化。

（二）来源

环境中的二氧化硫主要来源于含硫燃料（煤、石油）的燃烧、含硫矿石的冶炼及化工、炼油和硫酸厂等的生产过程。2013 年，全国废气中二氧化硫排放量 2043.9 万 t。

在城市大气中 SO_2 的年平均浓度已高达 0.29～0.43mg/m^3。SO_2 在大气中可被氧化成三氧化硫，还可以转化为硫酸雾，最终可以形成酸雨。它们都是 SO_2 的二次污染物，对健康的危害比 SO_2 更大。

室内 SO_2 主要来自燃烧产物。煤不完全燃烧时排放出大量污染物，其中以 SO_2 为主。烟草的不完全燃烧也是室内 SO_2 的重要来源。冬季燃煤户厨房 SO_2 的含量可达 0.86mg/m^3，卧室中 SO_2 的含量可达 0.50mg/m^3。一般来讲，厨房的 SO_2 浓度高于卧室、冬季的 SO_2 浓度高于夏季。

（三）危害及案例

1. SO_2 具有强烈的刺激性

SO_2 易溶于水，它与水结合形成亚硫酸、硫酸，刺激眼和鼻黏膜，并具有腐蚀性。SO_2 在组织液中的溶解度很高，人吸入空气中的 SO_2 后，它很快会溶解消失在上呼吸道，很少进入深部气道，如果进入血液，SO_2 仍可通过血液循环抵达肺部，产生刺激作用。当用鼻平静呼吸时，SO_2 气体实际上不会直接进入肺内，只有用口呼吸或用鼻进行深呼吸或 SO_2 吸附于尘粒表面时，肺部才能接触到 SO_2。一旦 SO_2 随着飘尘进入肺部，毒性可增加 3～4 倍，而由于 SO_2 转变成硫酸刺激性可增加 10 倍。SO_2 主要对呼吸器官有损伤，可导致支气管炎、肺炎，严重者可致肺水肿和呼吸麻痹，是慢性阻碍性肺病的主要病因之一。据报道，SO_2 浓度为 29～43mg/m^3 时，呼吸道的纤毛运动和黏膜的分泌功能皆受到抑制；浓度达 57mg/m^3 时，刺激作用明显增强，引起咳嗽、眼睛难受，即使习惯于低浓度 SO_2 的人也会感到不适；浓度为 71mg/m^3 时，气管内的纤毛运动将有 65%～70%受到障碍。

2. 协同致癌作用

动物实验表明，在SO_2和苯并（a）芘的联合作用下，动物肺癌的发病率高于苯并（a）芘单独作用时。

3. 影响新陈代谢和生长发育

在正常情况下，维生素B_1和维生素C能形成结合性维生素C，使之不易被氧化，满足人体的需要。当SO_2侵入人体后，便与血液中的维生素B_1结合，使体内维生素C的平衡失调，从而影响新陈代谢和生长发育。SO_2还能抑制和破坏或激活某些酶的活性，使糖和蛋白质的代谢发生紊乱，从而影响机体生长和发育。长期接触SO_2会对大脑皮质机能产生不良影响，使大脑劳动能力下降，不利于儿童智力发育。

我国《室内空气质量标准》（GB/T 18883—2002）规定室内空气中的SO_2浓度（1h平均值）应不超过$0.50mg/m^3$。世界卫生组织（WHO）推荐保护公众健康的指导限值（24h平均值）为$0.1\sim0.15mg/m^3$。大多数人SO_2的嗅阈值为$0.9mg/m^3$。

案例：1997年11月5日，江西某厂氯磺酸分厂硫酸工段在检修硫酸干燥塔的过程中，因指挥协调不当及违章作业，发生一起急性SO_2中毒死亡事故。

1991年8月10日，东北某有机化学厂在将一槽车重达40t的液体SO_2装卸入库时，连接管突然破裂，造成SO_2大量泄漏，有154人受到伤害，经济损失严重，并造成极坏的社会影响。

（四）检测方法

SO_2的检测方法较多，主要有甲醛溶液吸收-盐酸副玫瑰苯胺分光光度法、紫外荧光法、碘量法、火焰光度法等。

大气中SO_2含量的检验标准（GB/T 16128—1995）中规定：甲醛溶液吸收-盐酸副玫瑰苯胺分光光度法适用于居住区大气中SO_2浓度的测定，也适用于室内和公共场所空气中SO_2浓度的测定。用分光光度法测量SO_2，具有灵敏度高，可靠性强等优点，但其测量浓度与分离SO_2的酸度、显色温度、显色时间及显色剂的用量有关，因而重复性不好，操作复杂，并且试剂用量大，维护成本高。

紫外荧光法检测SO_2已经广泛应用于大气环境监测，它是基于二氧化硫受到紫外线能量而产生荧光，在测定荧光技术的基础上进行的。相比于分光光度法等其他方法，紫外荧光法测量二氧化硫用单色光激发SO_2并产生荧光，通过测量荧光的数量来计算SO_2浓度，其灵敏度更高，无需用试剂，维护成本低，数据准确率高，而且它采集大气作为样气，中间不再添加其他试剂，数据真实性高，能够实时检测、连续测量，因此紫外荧光法具有广泛的应用前景。

三、二氧化氮（NO_2）

（一）物化性质

二氧化氮（NO_2）是红褐色有特殊刺激性臭味的气体，分子量为46.01，对空气的相对密度为 1.58。在标准状况下，1L 二氧化氮气体质量为 2.0565g。气态时以红褐色的二氧化氮形式存在，固态时以白色的四氧化二氮形式存在，并具有腐蚀性和较强的氧化性，易溶于水。NO_2 在阳光作用下能生成 NO 及 O_3。大气中二氧化氮被水雾吸收，会形成气溶胶状的硝酸和亚硝酸的酸性雾滴。在强烈的日光照射下，与烃类共存时，可以形成光化学烟雾。

（二）来源

车辆尾气、火力发电站和其他工业的燃料燃烧及硝酸、氮肥、炸药的工业生产过程，是大气中二氧化氮的重要来源。室内空气中的二氧化氮主要来源于烹调、取暖所用燃料在空气中的燃烧产物以及香烟烟气。我国城市家用燃料主要是煤炭，包括原煤和型煤，占燃料总量的 50%～80%，其次是煤气和液化气，占 20%～50%。农村大部分地区以煤和生物性燃料为主。此外吸烟也可产生氮氧化物。在一些经常使用复印机的地方，氮氧化物的浓度较高，这主要是由于复印室内有大量强氧化性的臭氧，空气中的氮气被氧化生成了氮氧化物。

（三）危害及案例

由于二氧化氮难溶于水，因此对上呼吸道和眼睛的刺激作用较小，主要作用于深部呼吸道如细支气管和肺泡，并缓慢地溶于肺泡表面的水分中，形成亚硝酸、硝酸，对肺组织产生强烈的刺激和腐蚀作用，引起肺水肿。亚硝酸盐进入血液后，与血红蛋白结合生成高铁血红蛋白，引起组织缺氧。吸入高浓度的二氧化氮可引起肺水肿，长期吸入低浓度的二氧化氮可造成呼吸道不畅，肺功能下降，易发生感染，引起慢性呼吸道黏膜炎症和慢性支气管炎症。流行病学研究表明，二氧化氮还与婴儿和儿童的急性支气管炎发病有关。对儿童来说，吸入二氧化氮可能会造成肺部发育受损。

吸入人体的二氧化氮以亚硝酸根和硝酸根的形式进入血液，最终由尿排出，因此二氧化氮可以造成肾脏、肝脏、心脏等器官的继发病变。进入血液的亚硝酸和硝酸与体内的碱性物质结合后可以生成盐，亚硝酸盐可造成高铁血红蛋白含量升高，继而导致组织缺氧，动物实验和流行病学调查都发现了二氧化氮对血液系统的影响。另外，二氧化氮与大气中的二氧化硫和臭氧分别具有相加和协同作用，加剧了二氧化氮对人体的损害作用。

我国《室内空气质量标准》（GB/T 18883—2002）中规定，居住区二氧化氮的浓度（1h 平均值）应不超过 0.24mg/m^3。表 4.8 列出了二氧化氮对人体产生危害作用的阈值。

表 4.8　二氧化氮对机体产生危害作用的各种阈值

损伤作用的类型	阈浓度/（mg/m^3）
嗅觉	0.4
呼吸道上皮受损	0.8～1
肺对有害因子抵抗力下降	1
短期暴露促成人肺功能改变	2～4
短期暴露使敏感人群肺功能改变	0.3～0.6
对肺的生化功能产生不良影响	0.6
使接触人群呼吸系统患病率增加	0.6
建议对机体产生损伤作用	0.94

案例：2003年8月18日17时，南靖县某台资食品工业有限公司工人，因清理用于腌渍青长豆的腌菜池及周围环境卫生，引起二氧化氮（NO_2）急性中毒事故，共有6名工人中毒。其中1名男性、5名女性。年龄18～36岁，平均年龄24岁。

在清理废弃物时，工人蔡某闻到一股好似烂青豆的气味，约20min便感觉头晕、恶心、呕吐、四肢乏力、呼吸困难，随即昏倒。此时在池面上的车间主任吴某发现情况，认为天气炎热，蔡某中暑了，就下去救人，到池底转身发现另一角落的卢某、李某也倒在池底。吴某随即呼叫池面上的工人拿绳子来拉人，但此时自己也感到头晕、恶心、乏力。池面上的2名年轻女工见状，立即下去帮忙救人，在池底也闻到烂青豆味，并出现与吴某相同的症状。最后，在公司工人的积极抢救下，6名下池工人被及时送往距离4km的县医院抢救。蔡某、李某于第2天出院，卢某转送市级医院抢救，第3天痊愈出院。

经漳州市卫生防疫站劳动卫生科对池底空气采样测定，采用气相色谱仪检测，结果硫化氢为1.6mg/m^3，氰化氢＜0.04mg/m^3，二氧化硫为3.2mg/m^3，3项指标符合中华人民共和国《工作场所有害因素职业接触限值（第1部分：化学有害因素）》（GBZ2.1—2007）中的要求，但二氧化氮平均浓度为8.0mg/m^3，超过限值0.6倍。本起急性中毒以二氧化氮中毒为主。

（四）检测方法

室内空气的检测方法主要有盐酸萘乙二胺比色法（改进的Saltzaman法）和化学发光法等。盐酸萘乙二胺比色法（改进的Saltzaman法）是国际标准化组织推荐的测定大气中二氧化氮的方法。

四、一氧化碳（CO）

（一）物化性质

一氧化碳（CO）是一种无色、无味、无嗅、无刺激性的有害气体，几乎不溶于水，在空气中不易与其他物质发生化学反应，因而能在大气中停留2～3年之久。CO的相对分子质量为28.0，对空气的相对密度为0.967，在标准状况下，1L气体质量为1.25g，100mL水中可溶解一氧化碳0.0249mg（20℃时）。燃烧时为淡蓝色火焰。

（二）来源

一氧化碳是工业炼炉、家用燃气灶或小型煤油加热器等所用燃料不完全燃烧的产物，也来自汽车尾气和香烟烟气。一支香烟通常可产生大约13mg一氧化碳，对于透气度高的卷烟纸，可以促使卷烟的完全燃烧，产生的一氧化碳量会相对较少。

随着城市车辆的增多，汽油在汽车发动机中燃烧时排放出大量的一氧化碳。当汽车变速挡位处于空挡时，汽车尾气中一氧化碳的浓度高达12%。因此，在交通路口等车辆集中地区，空气中一氧化碳的浓度有时高达62.5mg/m^3。在现代化的城市中，汽车尾气的排放已成为城市大气中一氧化碳污染的主要来源。

冬季采暖锅炉和家用炉灶，是室内空气污染的主要来源。在大气对流层中的一氧化碳本底浓度为 0.1～2mg/m^3，这种低浓度对人体基本无害。当没有室内燃料污染源时，室内一氧化碳浓度与室外是相同的，而室内使用燃气灶或小型煤油加热器后，其释放一氧化碳的量是二氧化碳的 10 倍。厨房使用燃气灶 10～30min，一氧化碳水平会上升至 12.5～50.0mg/m^3。由于一氧化碳在空气中很稳定，如果室内通风较差，一氧化碳就会长时间滞留。

（三）危害及案例

一氧化碳是有害气体，对人体有强烈的毒害作用，它也是一种血液神经毒物，主要作用于人体的血液系统和神经系统。当它随空气进入人体后，会使人产生中毒症状。

引起 CO 中毒机理是：CO 进入肺泡后很快会和血红蛋白（Hb）产生很强的亲和力，使血红蛋白形成碳氧血红蛋白（COHb），阻止氧和血红细胞的结合。血红蛋白与一氧化碳的亲和力要比氧的亲和力大 200～300 倍，同时碳氧血红蛋白的解离速度却比氧合血红蛋白慢 3600 倍。一旦碳氧血红蛋白的浓度升高，血红蛋白向机体组织运氧的功能就会受到阻碍，进而影响对供氧不足最为敏感的中枢神经和心肌功能，造成组织缺氧，从而使人产生中毒症状。

急性 CO 中毒是吸入高浓度 CO 后引起以中枢神经系统损害为主的全身性疾病，中毒起病急，潜伏期短。轻、中度中毒主要表现为头痛、头昏、心悸、恶心、呕吐、四肢无力、意识模糊，甚至昏迷，但昏迷持续时间短，经脱离现场进行抢救，可较快苏醒，一般无明显并发症。重度中毒者意识障碍程度达深度昏迷状态，往往出现牙关紧闭、强直性全身痉挛、大小便失禁，部分患者可并发脑水肿、肺水肿、严重的心肌损害、休克、呼吸衰竭、上消化道出血、皮肤水泡或成片的皮肤红肿、肌肉肿胀坏死、肝肾损害等。

一氧化碳对人体的危害主要取决于空气中一氧化碳的浓度与接触时间。浓度越高，接触时间越长，血液中的碳氧血红蛋白含量就越高，中毒就越严重。当一氧化碳浓度为 12.5mg/m^3 时，无自觉症状，达到 50.0mg/m^3 时会出现头痛、疲倦、恶心、头晕等感觉，达到 700mg/m^3 时发生心悸亢进，并伴有虚脱危险，达到 1250mg/m^3 时出现昏睡，并进一步痉挛而死亡。可根据碳氧血红蛋白（COHb）来评价室内一氧化碳的暴露水平对人体的影响，3～11 岁儿童 COHb 平均饱和度为 1.01%；12～74 岁不吸烟人群为 1.25%。但成年不吸烟人群中 4%的人 COHb 超过 2%～5%。室内污染所致 COHb 饱和度只有超过 2%才会影响心肺患者的活动能力，加重心血管的缺血症状。

大脑是人体耗氧量最多的器官，也是对缺氧最敏感的器官。当一氧化碳进入人体时，大脑皮层和脑白质受害最严重，出现头痛、头晕、记忆力降低等神经衰弱症状，并有心脏不适感，一般认为，血液中碳氧血红蛋白（COHb）含量不超过 3%时，不会出现明显症状。我国《工业企业设计卫生标准》中规定，居住区大气中一氧化碳的最高一次容许浓度为 3mg/m^3，日平均最高容许浓度为 1mg/m^3。车间连续接触 8h 的最高容许浓度为 30mg/m^3。我国《室内环境质量标准》（GB/T 18883—2002）中规定，一氧化碳的浓度限量值为 10mg/m^3（1 小时均值）。

案例：1994 年 9 月 13 日下午，某机械厂几名工人在厂门口施工路面时，不慎弄断了煤气管道，造成煤气大量外泄，工人张某躲避不及，吸入大量一氧化碳而引起胸闷、气急、乏力、头痛、头晕等症状，被送入医院急救脱险，医院诊断为急性一氧化碳中毒。

2001 年 5 月 29 日晚 21 时，黑龙江省哈尔滨市动力区居民张某一家边用煤气烧水边看电视，水开后把火浇灭，家人却忘了关煤气阀门。23 时 15 分左右，邻居李某闻到煤气味，马上到自家厨房查看，见煤气关得好好的。出门，闻到张家门口煤气味很大，就敲门，可怎么敲也没反应，于是报警。动力巡警四中队 3 名巡警将张家门弄开，发现一家 3 口人已煤气中毒，马上送医院抢救才脱离危险。

（四）检测方法

一氧化碳测定法主要有控制电位电化学法、汞置换法和不分光红外线法、气相色谱法等。

化学测定方法有五氧化二碘法和碘量法等，操作复杂，重现性也差，目前很少采用。

气相色谱法由于具有高的分离能力，以及配备有各种类型的高灵敏度和其他色谱技术，能快速准确地测定大气中低浓度 CO，同时可以一机多用，检测其他污染物，因此气相色谱法在应用较广。

不分光红外线法稳定可靠、抗干扰能力强，可长期使用。它是目前使用最广泛的方法。

五、二氧化碳（CO_2）

（一）物化性质

二氧化碳（CO_2）为无色无嗅的气体，高浓度时略带酸味，不助燃，比空气密度大，是含碳物质充分燃烧的产物。相对分子质量 44.01，沸点−78.5℃，凝固点−56℃（5.2×10^6Pa），相对密度 1.524，标准状况下 1L 纯二氧化碳质量为 1.977g。二氧化碳易溶于水，1 体积水能溶解 1.7 体积的二氧化碳，它也极易被碱液吸收。工业上，二氧化碳常被加压变成液态储存在钢瓶中，由钢瓶中放出时，二氧化碳可凝结成为雪状固体，即干冰。CO_2 浓度的高低可以用来表示室内空气清洁程度，以及通风换气是否良好，居室内 CO_2 浓度应保持在 0.07%以下，最高不应超过 0.1%。

（二）来源

（1）二氧化碳是各种含碳化合物燃料燃烧时的最终产物。工业生产或生活取暖燃煤都可造成室内及大气中二氧化碳含量升高。人们在家中使用煤气、液化气等燃料做饭时，在通风不良的情况下，燃料释放出的一氧化碳和二氧化碳甚至会超过空气污染严重的重工业区。

（2）交通运输工具如汽车、飞机、火车、轮船、拖拉机、卡车、摩托车等排放的气体中含有大量二氧化碳。

（3）二氧化碳是人体新陈代谢的产物，一个人每天夜里（按 10 h 算）要排出 200～300 L 二氧化碳，一夜之后室内的二氧化碳是室外的 3～7 倍。若是多人共用同一房间，则情况更为严重。在室内通风不良的条件下，将有助于细菌的滋生及空气中负离子的减少，人往往会感到疲倦与烦躁。

（4）不良的生活习惯将额外产生二氧化碳。例如人们每吸一支烟就有 130mg 的二氧化碳产生。

（5）生物发酵及植物呼吸也会产生二氧化碳。在潮湿的环境中，植物秸秆等废弃物在微生物的作用下均能释放二氧化碳。

（三）危害及案例

大自然中的二氧化碳浓度是基本保持平衡的，植物的光合作用会吸收二氧化碳，而植物呼吸会放出二氧化碳。因此，在室内不宜摆放过多的植物，否则植物夜间呼吸作用所放出的二氧化碳将不利于健康。

当室内CO_2浓度大于1.5%时，会引起呼吸困难和呼吸频率加快、改变血液pH值、减弱人体的活动能力等。当浓度大于3%时，会引起头痛、眩晕和恶心，长时间吸入二氧化碳浓度达到4.0%（8000mg/m^3）时，会出现头痛等神经症状。当浓度大于6%～8%时，可导致昏迷和死亡。二氧化碳浓度达到8.0%（160 000mg/m^3）以上可引起死亡。

二氧化碳中毒绝大多数为急性中毒，很少有慢性中毒病例报告。二氧化碳急性中毒主要表现为昏迷、反射消失、瞳孔放大或缩小、大小便失禁、呕吐等，更严重者还会出现休克及呼吸停止。经抢救，中毒较轻的患者在几小时内逐渐苏醒，但仍可有头痛、无力、头昏等，需两三天才能恢复；中毒较重的患者可昏迷很长时间，出现高热、电解质紊乱、糖尿、肌肉痉挛或惊厥等。

室内二氧化碳含量受人群、容积、通风状况、人群活动的影响，二氧化碳浓度增加与室内细菌总数、一氧化碳、甲醛浓度呈正相关，它使室内空气污染更加严重。

我国《室内空气质量标准》(GB/T 18883－2002）规定，室内二氧化碳的浓度（日平均值）应不超过0.10%（质量分数）。清洁空气中一般含二氧化碳0.03%～0.04%。在海平面上一般为0.02%，郊区为0.03%，大城市空气中二氧化碳含量可达0.04%。在我国北方，由于冬季燃煤、烹饪及分散式取暖，加上通风不良，室内二氧化碳浓度可达2.0%以上。而在南方，由于室内通风条件好，如果人均占有面积大于3m^2，室内二氧化碳浓度均在0.10%以下。

如每人每小时供给20～30m^3新鲜空气，则室内空气中二氧化碳含量可在0.1%以下，此时空气较为清洁。二氧化碳对人体作用的域值浓度见表4.9。

表4.9 二氧化碳对机体产生危害作用的各种阈浓度值

CO_2浓度	空气类别	人的感觉
0.03%～0.04%	正常状态大气	
<0.07%	清洁空气	人体感觉良好
0.07%～0.1%	普通空气	个别敏感者会感觉有不良气味
0.1%～0.15%	临界空气	空气其他性状开始恶化，人体开始有不舒适感
0.15%～0.2%	轻度污染空气	
>0.2%	严重污染空气	
2.0%		保持正常生理活动的极限值
3.0%		人体呼吸困难程度加深
4.0%		头晕、头痛、耳鸣、眼花、血压上升
8%～10%		呼吸困难、脉搏加快、全身无力、肌肉由抽搐至痉挛、神智由兴奋至丧失
30%		可导致人员窒息死亡

案例：1988年6月21日下午1时35分左右，上海某酿酒厂4名农民工根据厂方安排清洗二车间成品仓库酒池。金某先进入池内，下到一半时，因感到气味呛人，就从梯子爬出酒池，去更衣室拿口罩。范某（男，65岁）、叶某（男，63岁）则戴了口罩下到酒池工作，另一名农民工沈某在池口打电筒照明。范刚用簸箕铲了一下，即昏倒在池内，叶也紧接着昏倒，沈见状呼救，此时厂方仓库保管员徐某等人闻讯赶到现场救人，徐下池后也昏倒，10余分钟后，徐、叶和范依次被救出，急送至有关医院抢救，叶、范两人抢救无效死亡，徐经抢救后脱离危险。

根据现场调查和临床资料，确认该起事故系急性职业中毒事故，为高浓度二氧化碳急性中毒伴缺氧引起窒息。

（四）检测方法

二氧化碳的测定方法主要有不分光红外线法、气相色谱法、容量滴定法等。

六、臭氧（O_3）

（一）物化性质

臭氧（O_3）是氧的同素异形体，其相对分子质量为48。臭氧是无色气体，有特殊臭味。沸点－112℃，熔点－251℃，相对密度1.65。常温常压下，1L臭氧重2.1445g。液态臭氧容易爆炸。臭氧的化学性质极不稳定，在空气和水中都会缓慢分解成氧气，常温下分解缓慢，在高温下分解迅速，生成氧气。臭氧是已知的最强的氧化剂之一，同时，臭氧反应后的生成物是氧气，所以臭氧是高效的无二次污染的氧化剂。臭氧具有强氧化性，相对于一般的紫外线消毒而言，臭氧具有很强的杀菌效果，可在5min内杀死99%以上的繁殖体；同时，O_3也起到除菌的作用，许多室内空气净化器以O_3的强氧化性为原理，将空气中的有机物氧化，以达到净化空气的目的。但是O_3的强氧化性对人体健康却有危害作用，一般认为O_3吸入人体后，能迅速转化为活性很强的自由基——超氧基（O^{2-}），主要使不饱和脂肪酸氧化，从而造成细胞损伤。

它在酸性溶液中的氧化还原电位是2.01V。臭氧可以把二氧化硫氧化成三氧化硫或硫酸，把二氧化氮氧化成五氧化二氮或硝酸。臭氧在大气污染中有着重要的意义，在紫外线的作用下，臭氧与烃类和氮氧化物发生光化学反应，形成具有强烈刺激作用的有机化合物烟雾——光化学烟雾。臭氧可溶于水，低浓度时，是一种广谱高效消毒剂，可作为生活饮用水和空气的消毒剂使用。

（二）来源

空气中的氧分子在受到一定强度的电磁波或电击的作用后，会产生氧的游离基，这些游离基与氧气分子结合后，可生成少量臭氧。在生产中，高压电器的放电过程及强大的紫外灯、炭精棒电弧、电火花、光谱分析发光和高频无声放电、焊接切割等过程，都会生成一定量的臭氧。

室内的电视机、复印机、激光打印机、负离子发生器、紫外灯、电子消毒柜等在使用过程中也都能产生臭氧。计算机终端是臭氧和挥发性有机化合物的主要来源；喷墨打印机可产生碳氢化合物和臭氧；干法照相复制机可产生碳氢化合物、可吸入悬浮粒子和臭氧；传真机可产生臭氧和挥发性有机化合物；激光打印机可产生碳氧化合物、臭氧和可吸入颗粒物等。

室内的臭氧可以氧化空气中的其他化合物而自身还原成氧气，还可被室内多种物体所吸附而衰减，如橡胶制品、纺织品、塑料制品等。臭氧是室内空气中最常见的一种氧化型污染物。

在室内不存在发生源的情况下，室内臭氧主要源于室外。国外对各种室内环境的调查表明，办公室和家庭室内臭氧的分解速率由于活性界面的存在而较室外高，且当室内温度和湿度增加时更可促进臭氧的分解。因此，室内空气中的臭氧浓度一般较室外低。

（三）危害及案例

臭氧具有强烈的刺激性，过量时对人体健康有一定危害。它主要是刺激和损害深部呼吸道，并可损害中枢神经系统，对眼睛有轻度的刺激作用。O_3可使人的呼吸道上皮细胞质过氧化过程中发生四烯酸增多，进而引起上呼吸道的炎症病变。人体接触 0.99mg/m^3 臭氧 2h 后肺活量、用力肺活量和一秒用力肺活量显著下降，浓度达 0.15mg/m^3 时，80%以上的人感到眼和鼻黏膜刺激，100%出现头疼和胸部不适。由于 O_3 能引起上呼吸道炎症、损伤终末细支气管上皮纤毛，从而削弱了上呼吸道的防御功能，因此长期接触一定浓度的 O_3 还易于继发上呼吸道感染。O_3 浓度在 2ppm 时，短时间接触即可出现呼吸道刺激症状、咳嗽、头疼。

当大气中臭氧浓度为 0.1mg/m^3 时，可引起鼻和喉头黏膜的刺激；臭氧浓度在 0.1～0.2mg/m^3 时，引起哮喘发作，导致上呼吸道疾病恶化，同时刺激眼睛，使视觉敏感度和视力降低；臭氧浓度在 2mg/m^3 以上时，可引起头确、胸痛、思维能力下降，严重时可导致肺气肿和肺水肿。此外，臭氧还能阻碍血液输氧功能，造成组织缺氧；使甲状腺功能受损、骨骼钙化；还可引起潜在性的全身影响，如诱发淋巴细胞染色体畸变、损害某些酶的活性、产生溶血反应。

我国《室内空气质量标准》（GB/T 18883—2002）中规定室内空气中的臭氧浓度（1h 平均值）应不超过 0.16mg/m^3。

案例：山东某蛋种鸡场使用了山东某电子企业生产的 12g/h 的臭氧发生器，一周后蛋种鸡产蛋率下降 67%，且呼吸道疾病急剧增加，一栋种鸡舍损失 20 万元。饲养员咳嗽不止，眼睛视觉模糊。

甘肃某猪场使用某西北某电子企业生产的臭氧发生器一周后，饲养员呼吸道疾病迅速增加，咳嗽不止，胸疼。母猪产房呈现流产、死胎急剧增加。后立即停掉，半年后恢复正常。相关专家现场确认为臭氧危害，而且是高浓度臭氧的剧烈危害。饲养员反映臭氧味很重，辣眼睛，眼睛像得了红眼病，而且咳嗽胸疼，停掉后半年才缓解。

（四）检测方法

检测臭氧的方法主要有紫外分光光度法、靛蓝二磺酸钠分光光度法等。紫外分光光

度法仪器设备简单，操作方便，无试剂与气体消耗，灵敏度、准确度和精密度高，响应速度快，可自动连续监测，而越来越被人们所接受。

靛蓝二磺酸钠分光光度法测定空气中的臭氧，与现行同类方法相比具有灵敏度高，重复性好，样品稳定，干扰少等优点。

实验活动5 室内空气中主要无机污染物测定

一、室内空气中氨的测定

室内空气中氨的测定主要介绍3种方法：靛酚蓝分光光度法、纳氏试剂分光光度法、次氯酸钾—水杨酸分光光度测定法。

（一）靛酚蓝分光光度法

1. 原理

空气中氨吸收在稀硫酸中，在亚硝基铁氰化钠及次氯酸钠存在下，与水杨酸生成蓝绿色的靛酚蓝染料，根据着色深浅，比色定量。反应方程式如下：

$$NH_3+H_2SO_4 \longrightarrow NH_4^{+}+SO_4^{2-}$$

$$NH_4^{+}+HClO \longrightarrow NH_4Cl+H_2O+H^{+}$$

$$NH_4Cl+2HClO+(\text{OH, COOH 取代苯}) \longrightarrow O{=}(\text{HOOC 取代环己二烯})={N-Cl}+2H_2O+2HCl$$

$$O{=}(\text{HOOC 取代环})={N-Cl}+(\text{OH, COOH 取代苯}) \longrightarrow HO-(\text{HOOC 取代苯})-N{=}(\text{COOH 取代环}){=}O+HCl$$

$$O^{-}-(\text{HOOC 取代苯})-N{=}(\text{COOH 取代环}){=}O \rightleftharpoons O-(\text{HOOC 取代苯})-N{=}(\text{COOH 取代环}){=}O+H^{+}$$

2. 仪器和设备

（1）大型气泡吸收管：有10mL刻度线，见图4.1，出气口内径为1mm，与管底距离应为3～5mm。

（2）空气采样器：流量范围0～2L/min，流量稳定。使用前后，用皂膜流量计校准采样系统的流量，误差应小于±5%。

（3）具塞比色管：10mL。

（4）分光光度计：可测波长为697.5nm，狭缝小于20nm。

3. 试剂

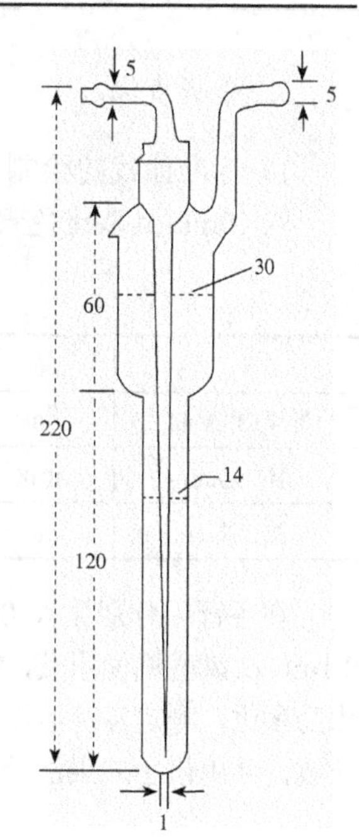

图 4.1　大型气泡吸收管

（1）吸收液［$c(H_2SO_4)$=0.005mol/L］：量取 2.8mL 浓硫酸加入水中，并稀释至 1L。临用时再稀释 10 倍。

（2）水杨酸溶液（50g/L）：称取 10.0g 水杨酸［$C_6H_4(OH)COOH$］和 10.0g 柠檬酸钠（$Na_3C_6O_7 \cdot 2H_2O$），加水约 50mL，再加 55mL 氢氧化钠溶液［$c(NaOH)$=2mol/L］，用水稀释至 200mL。此试剂稍有黄色，室温下可稳定 1 个月。

（3）亚硝基铁氰化钠溶液（10g/L）：称取 1.0g 亚硝基铁氰化钠［$Na_2Fe(CN)_5 \cdot NO \cdot 2H_2O$］，溶于 100mL 水中。贮于冰箱中可稳定 1 个月。

（4）次氯酸钠溶液［$c(NaClO)$=0.05mol/L］：取 1mL 次氯酸钠试剂原液，用碘量法标定其浓度。然后用氢氧化钠溶液［$c(NaOH)$=2mol/L］稀释成 0.05mol/L 的溶液。贮于冰箱中可保存 2 个月。

标定方法：称取 2g 碘化钾于 250mL 碘量瓶中，加水 50mL 溶解。再加 1.00mL 次氯酸钠试剂，加 0.5mL（1+1）盐酸溶液，摇匀。暗处放置 3min，用 0.1000mol/L 硫代硫酸钠标准溶液滴定至浅黄色，加入 1mL 5g/L 淀粉溶液，继续滴定至蓝色退去为终点。记录滴定所用硫代硫酸钠标准溶液的体积，平行测定三次，消耗硫代硫酸钠标准溶液体积之差不应大于 0.04mL，取其平均值。已知硫代硫酸钠标准溶液的浓度，则次氯酸钠标准溶液浓度按式（4.12）计算。

$$c_{(NaClO)}=\frac{c_{(\frac{1}{2}Na_2S_2O_3)} \times V}{1.00 \times 2} \tag{4.12}$$

式中：c——次氯酸钠标准溶液浓度，mol/L；

V——确定时所消耗硫代硫酸钠标准溶液的体积，mL；

$c_{(\frac{1}{2}Na_2S_2O_3)}$——硫代硫酸钠标准溶液的浓度，mol/L。

（5）氨的标准溶液。

① 标准贮备液：称取 0.3142g 经 105℃干燥 2h 的氯化铵（NH_4Cl），用少量水溶解，移入 100mL 容量瓶中，用吸收液稀释至刻度。此溶液 1.00mL 含 1.00mg 氨。

② 标准工作液：临用时，将标准贮备液用吸收液稀释成 1.00mL 含 1.00μg 氨。

4. 采样

用一个内装 9mL 吸收液的大型气泡吸收管，0.5L/min 流量，采气 20L，及时记录采样点的温度及大气压力。采样后，样品在室温下保存，于 24h 内分析。采样好的样品应尽快分析。必要时于 2～5℃下冷藏，可贮存 1 周。

5. 分析步骤

1）标准曲线的绘制

取 10mL 具塞比色管 7 支，按表 4.10 制备标准系列管。

表 4.10 氨标准系列

管 号	0	1	2	3	4	5	6
标准工作液/mL	0	0.500	1.00	3.00	5.00	7.00	10.00
吸收液/mL	10.00	9.50	9.00	7.00	5.00	3.00	0
氨含量/μg	0	0.5	1.00	3.00	5.00	7.00	10.00

在各管中分别加入 0.50mL 水杨酸溶液，混匀，再加入 0.1mL 亚硝基铁氰化钠溶液和 0.1mL 次氯酸钠使用液，混匀，室温下放置 1h。用 10mm 比色皿，于波长 697.5nm 处，以水为参比，测定各管溶液的吸光度。以氨含量（μg）为横坐标，吸光度为纵坐标，绘制标准曲线，并用最小二乘法计算校准曲线的斜率、截距及回归方程，见式（4.13）。

$$Y=bX+a \tag{4.13}$$

式中：Y——标准溶液的吸光度；

X——氨含量，μg；

a——回归方程式的截距；

b——回归方程式斜率。

标准曲线斜率 b 应为 0.081±0.003 吸光度/μg 氨。以斜率的倒数作为样品测定时的计算因子（B_s）。

2）样品测定

将样品溶液转入具塞比色管中，用少量的水洗吸收管，合并，使总体积为 10mL。再按制备校准曲线的操作步骤测定样品的吸光度。在每批样品测定的同时，用 10mL 未采样的吸收液作试剂空白测定。如果样品溶液吸光度超过标准曲线范围，则可用试剂空白稀释样品显色液后再分析。计算样品浓度时，要考虑样品溶液的稀释倍数。

6. 结果计算

（1）将采样体积按式（3.7）换算成标准状态下的采样体积。

（2）空气中氨浓度按式（4.14）计算：

$$c=\frac{(A-A_0)\times B_s}{V_0} \tag{4.14}$$

式中：c——空气中氨浓度，mg/m^3；

A——样品中溶液吸光度；

A_0——空白溶液吸光度；

B_s——计算因子，μg/吸光度；

V_0——标准状况下的采样体积，L。

7. 方法特性

（1）测定范围：测定范围为每 10mL 样品溶液中含 0.5～10μg 氨，若采样体积为 20L 时，可测浓度范围为 0.01～0.5mg/m^3。

（2）灵敏度：10mL 吸收液中含有 1.0μg 的氨，吸光度为 0.081±0.003。

（3）检测下限：检测下限为 0.5μg/l0mL，若采样体积为 5L 时，最低检出浓度为 0.01mg/m^3。

（4）方法的精密度：10mL 吸收液中含氨含量为 1.0～10.0μg 时，重复测定的相对标准偏差为 2.5%。

（5）方法的准确度：样品溶液加入 1.0～7.0μg/10mL 的氨时，其回收率为 95%～109%。

8. 注意事项

（1）除金属离子：水杨酸溶液中加入的柠檬酸钠可消除常见离子的干扰。

（2）除硫化物：若样品因产生异色而引起干扰（如硫化物存在时为绿色）时，可在样品溶液中加入稀盐酸而去除干扰。

（3）除有机物：有些有机物（如甲醛），生成沉淀干扰测定，可在比色前用 0.1mol/L 的盐酸溶液将吸收液酸化到 pH≤2 后，煮沸即可除去。

（二）纳氏试剂分光光度法

1. 原理

空气中的氨吸收在稀硫酸中，与纳氏试剂作用生成黄色化合物，根据着色深浅比色定量。反应方程式如下：

$$\underset{\text{纳氏试剂}}{2K_2[HgI_4]}+3KOH+NH_3 \longrightarrow \underset{\text{黄色}}{O\langle {}^{Hg}_{Hg} \rangle NH_2I}+7KI+2H_2O$$

2. 仪器和设备

（1）大型气泡吸收管：有 10mL 刻度线，见图 4.1。

（2）空气采样器：流量范围 0～2L/min，流量稳定。使用前后，用皂膜流量计校准采样系统的流量，误差应小于±5%。

（3）具塞比色管：10mL。

（4）分光光度计：可测波长 425nm，夹缝小于 20nm。

（5）用 10mm 比色皿在波长下测定吸光度。

3. 试剂

本法所用的试剂均为分析纯，水为无氨蒸馏水。无氨蒸馏水可用下述方法之一制备。

（1）蒸馏法。向 1000mL 的蒸馏水中加 0.1mL 硫酸（ρ=1.84g/mL），在全玻璃装置中

进行重蒸馏，弃去50mL初馏液，于具塞磨口的玻璃瓶中接取其余馏出液，密封，保存。

（2）离子交换法。将蒸馏水通过强酸性阳离子交换树脂柱，其流出液收集在具塞磨口的玻璃瓶中。

① 吸收液［$c(H_2SO_4)$＝0.005mol/L］：量取2.8mL浓硫酸加入水中，并稀释至1L。临用时再稀释10倍。

② 酒石酸钾钠溶液（500g/L）：称取 50g 酒石酸钾钠（$KNaC_4H_4O_6 \cdot 4H_2O$）溶于100mL水中，煮沸，当溶液约减少20mL为止，冷却后，再用水稀释至100mL。

③ 纳氏试剂：称取17g二氯化汞（$HgCl_2$）溶解300mL水中，另称取35g碘化钾（KI）溶解在100mL水中，然后将二氯化汞溶液缓慢加入到碘化钾溶液中，直至形成红色沉淀不溶为止。再加入600mL氢氧化钠溶液（200g/L）及剩余的二氯化汞溶液。将此溶液静置1～2d，使红色混浊物下沉，将上清液移入棕色瓶中（或用5＃玻璃砂芯漏斗过滤），用橡皮塞塞紧保存备用。此试剂几乎无色，可稳定1个月。

注：纳氏试剂毒性较大，取用时必须十分小心，接触到皮肤时，应立即用水冲洗；含纳氏试剂的废液，应集中处理。处理方法如下。

为了避免含汞废液造成对环境的污染，应将废液中的汞进行处理。将废浓收集在塑料桶中，当废水容量达到20L左右时，以曝气方式混匀废液，同时加入50mL氢氧化钠（400g/L）溶液，再加入50g硫化钠（$Na_2S \cdot 9H_2O$），10min后，慢慢加入200mL市售过氧化氢，静置24h后，抽取上清液弃去。

④ 氨标准贮备液：称取 0.3142g 经 105℃干燥 2h 的氯化铵（NH_4Cl），用少量水溶解，移入100mL容量瓶中，用吸收液稀释至刻度。1.00mL此溶液含1.00μg氨。

⑤ 标准工作液：临用时，将标准贮备液用吸收液稀释成1.00mL含2.00μg氨。

4. 采样

用一个内装9mL吸收液的大型气泡吸收管，以0.5L/min流量，采气20L，及时记录采样点的温度及大气压力。采样后，样品在室温下保存，于24h内分析。采好的样品，应尽快分析。必要时于2～5℃下冷藏，可贮存1周。

5. 分析步骤

1）标准曲线的绘制

取7支10mL具塞比色管，按表4.11制备标准系列管。

表4.11　氨标准系列

管　号	0	1	2	3	4	5	6
标准工作液/mL	0	1.00	2.00	4.00	6.00	8.00	10.00
吸收液/mL	10.00	9.00	8.00	6.00	4.00	2.00	0
氨含量/μg	0	2.00	4.00	8.00	12.00	16.00	20.00

在各管中分别加入0.1mL酒石酸钾钠溶液，再加入0.5mL纳氏试剂，混匀，室温下放置10min。用10mm比色皿，于波长425nm处，以水为参比，测定吸光度。以氨含量

（μg）为横坐标，吸光度为纵坐标，绘制标准曲线，并用最小二乘法计算或者用 Excel 绘制得出校准曲线的斜率、截距及回归方程。

标准曲线斜率 b 应为 0.014±0.002，以斜率的倒数作为样品测定时的计算因子（B_s）。

2）样品测定

将样品溶液转入具塞比色管中，用少量的水洗吸收管，合并，使总体积为 10mL。再按制备校准曲线的操作步骤测定样品的吸光度。在每批样品测定的同时，用 10mL 未采样的吸收液作试剂空白测定。如果样品溶液吸光度超过标准曲线范围，则可用试剂空白稀释样品显色液后再分析。计算样品浓度时，要考虑样品溶液的稀释倍数。

6. 结果计算

（1）将采样体积按式（3.7）换算成标准状态下的采样体积。

（2）空气中氨浓度按式（4.14）计算。

7. 方法特性

（1）测定范围：若采样体积为 10L 时，可测浓度范围为 0.1～1.0mg/m^3。

（2）灵敏度：10mL 吸收液中含有 2.0μg 的氨，吸光度为 0.027±0.002。

（3）检测下限：检测下限为 2μg/10mL，若采样体积为 20L 时，最低检出浓度为 0.1mg/m^3。

（4）方法的精密度：10mL 吸收液中含氨含量为 6.5～15.0μg 时，重复测定的相对标准差为 6.3%。

（5）方法的准确度：样品溶液加入2.0～10.0μg/10mL的氨时，其回收率为95%～112%。

8. 注意事项

（1）干扰和排除：对已知的各种干扰物，本法已采取有效措施进行排除，常见的 Ca^{2+}、Mg^{2+}、Fe^{3+}、Mn^{2+}、Al^{3+}等多种离子低于 10μg 不干扰测定。H_2S 的允许量为 5μg，甲醛为 2μg，丙酮和芳香胺也有干扰，但样品中少见。

（2）纳氏试剂毒性较大，取用时要避免与皮肤接触。

（三）次氯酸钠-水杨酸分光光度法

1. 原理

氨被稀硫酸吸收液吸收后，生成硫酸铵。在亚硝基铁氰化钠存在下，铵离子、水杨酸和次氯酸钠反应生成蓝色化合物，根据颜色深浅，用分光光度计在 697nm 波长处进行测定。

2. 试剂

除非另有说明，分析时均使用符合国家标准的分析纯化学试剂；实验用水为无氨的蒸馏水或去离子水。

1）无氨水

在 1000mL 蒸馏水中，加入 0.1mL 浓硫酸，并在全玻璃蒸馏器中重蒸馏。弃去前 50mL

馏出液，收集其后馏出液在磨口玻璃瓶中。每升收集的馏出液中加入 10g 强酸性阳离子交换树脂（氢型），以利保存。

2）硫酸吸收液

$$c_{\left(\frac{1}{2}H_2SO_4\right)}=0.005\text{mol/L}$$

量取 2.8mL 浓硫酸（$\rho_{(H_2SO_4)}=1.84$g/mL），加入水中，并稀释至 1L。临用时再稀释 10 倍。

3）水杨酸－酒石酸钾溶液

称取 10.0g 水杨酸［C_6H_4（OH）COOH］置于 150mL 烧杯中，加适量水，再加入 5mol/L 氢氧化钠溶液 15mL，搅拌使之完全溶解。另称取 10.0g 酒石酸钾钠（$KNaC_4H_4O_6\cdot 4H_2O$），溶解于水，加热煮沸以除去氨，冷却后，与上述溶液合并移入 200mL 容量瓶中，用水稀释至标线，摇匀。此溶液 pH 为 6.0～6.5，贮存于棕色瓶中，至少可以稳定一个月。

4）亚硝基铁氰化钠溶液

称取 0.1g 亚硝基铁氰化钠（$Na_2[Fe(CN)_5NO]\cdot 2H_2O$），置于 10mL 具塞比色管中，加水使之溶解，定容至标线。临用现配。

5）次氯酸钠溶液

市售商品试剂，可直接用碘量法测定其有效氯含量，用酸碱滴定法测定其游离碱量。方法如下。

有效氯的测定：吸取次氯酸钠 1.00mL，置于碘量瓶中，加水 50mL，碘化钾 2.0g，混匀。加 $c_{(1/2\ H_2SO_4)}=6$mol/L 硫酸溶液 5mL，盖好瓶塞，混匀，于暗处放置 5min 后，用 $c_{(Na_2S_2O_3)}=0.1$mol/L 硫代硫酸钠标准溶液滴定至浅黄色，加淀粉溶液 1mL，继续滴定至蓝色刚消失为终点。按式（4.15）计算有效氯。

$$\text{有效氯（Cl\%）}=\frac{c\times V\times 35.45}{1000}\times 100 \tag{4.15}$$

式中：c——硫代硫酸钠溶液浓度，mol/L；

V——滴定消耗硫代硫酸钠标准溶液体积，mL；

35.45——与 1L 硫代硫酸钠标准溶液［$c_{(Na_2S_2O_3)}=1.000$mol/L］相当的氯的质量，g。

游离碱的测定：吸取次氯酸钠溶液 1.00mL，置于 150mL 锥形瓶中，加适量水，以酚酞为指示剂，用 $c_{(HCl)}=0.1$mol/L 盐酸标准溶液滴定至红色刚消失为终点。

取部分上述溶液，用氢氧化钠溶液稀释成含有效氯浓度为 0.35%、游离碱浓度为 $c_{(NaOH)}=0.75$mol/L（以 NaOH 计）的次氯酸钠溶液，贮于棕色滴瓶中，可稳定一周。

6）氯化铵标准贮备液

称取 0.7855g 氯化铵溶解于水，移入 250mL 容量瓶中水稀释至标线，此溶液每毫升相当于含 1000μg 氨。

7）氯化铵标准溶液

临用时，吸取氯化铵标准贮备液 5.0mL，于 500mL 容量瓶中，用水稀释到标线，此溶液每毫升相当于 10.0μg 氨。

3. 采样及样品保存

1）采样

采样系统由内装玻璃棉的双球玻管、吸收管、流量测量计和抽气泵组成，吸收管中装有 10mL 吸收液，以 1～5L/min 的流量，采气 1～4min，采样时注意在恶臭源下风向，捕集恶臭感觉强烈时的样品。

对于氨浓度不高的环境空气应以 0.5～1.0L/min 的流量，采气至少 45min。

2）样品保存

采样后应尽快分析，以防止吸收空气中的氨。若不能立即分析，需转移到具塞比色管中封好，在 2～5℃下可存放一周。

4. 分析步骤

1）绘制标准曲线

取 7 支具塞 10mL 比色管，按表 4.12 制备标准色列。

表 4.12　氯化铵标准色列

管　号	0	1	2	3	4	5	6
氯化铵标准溶液/mL	0.00	0.20	0.40	0.60	0.80	1.00	1.20
氨含量/μg	0.0	2.0	4.0	6.0	8.0	10.0	12.0

向各管中加入 1.00mL 水杨酸—酒石酸钾溶液，2 滴亚硝基铁氰化钠溶液，用水稀释至 9mL 左右，加入 2 滴次氯酸钠溶液，用水稀释至标线，摇匀，放置 1h。用 10mm 比色皿，于波长 697nm 处，以水为参比，测定吸光度。以扣除试剂空白（零浓度）的校正吸光度为纵坐标，氨含量为横坐标，绘制标准曲线。或用最小二乘法计算校准曲线的回归方程。

2）样品测定

取一定体积（视试样浓度而定）采完样后并用吸收液定容到 10mL 的样液于 10mL 比色管中，按制作标准曲线的步骤进行显色，测定吸光度。

3）空白试验

用吸收液代替试样溶液，按上述操作进行测定。

5. 结果计算

采样环境中氨浓度 c（mg/m^3）用式（4.16）进行计算：

$$c=\frac{W}{V_n}\times\frac{W_T}{V_0} \tag{4.16}$$

式中：W——测定时所取样品溶液中的氨含量，μg；

V_n——标准状态下的采气体积，L；

V_T——样品溶液总体积，mL；

V_0——测定时所取样品溶液的体积，mL。

6. 方法特性

本方法规定了氨的次氯酸钠—水杨酸分光光度测定法，适用于恶臭源厂界及环境空气中氨的测定。

1）测定范围

在吸收液为 10mL 采样体积为 10～20L 时，测定范围为 0.008～110mg/m^3，对于高浓度样品测定前必须进行稀释。

2）最低检出限

本方法检出限为 0.1μg/10mL 吸收液。当样品吸收液总体积为 10mL，采样体积为 10L 时，最低检出浓度 0.008mg/L。

3）干扰

有机胺浓度大于 1mg/m^3 时不适用。

氨的几种测定方法都有各自的特点。靛酚蓝试剂分光光度达灵敏度高，成色稳定，且干扰少，但对试剂要求严格，操作复杂，每次做样品时应同时做标准曲线，检测中所用到的玻璃仪器需要现洗现用，不宜放置过夜。纳氏试剂分光光度法操作简便，但成色不稳定，灵敏度较低，易受醛类及硫化物的干扰。靛酚蓝试剂分光光度法和纳氏试剂分光光度法所测氨为氨与铵盐的总量。亚硝酸盐分光光度法灵敏度高、干扰少，但操作复杂。离子选择电极法易操作，但灵敏度低，分析样品时间长，适合于高浓度氨的测定。

二、室内空气中二氧化硫的测定

室内空气中二氧化硫的测定方法主要介绍以下两种：甲醛溶液吸收-盐酸副玫瑰苯胺分光光度法、四氯汞钾-盐酸副玫瑰苯胺分光光度法。

（一）甲醛溶液吸收-盐酸副玫瑰苯胺分光光度法

1. 原理

二氧化硫被甲醛缓冲溶液吸收后，生成稳定的羟甲基磺酸加成化合物，加碱后，与副玫瑰苯胺作用，生成紫红色化合物，以比色定量。用分光光度计在 577nm 处进行测定。反应方程式为

$$SO_2+HCHO+H_2O \longrightarrow HOCH_2SO_3H$$

羟甲基磺酸

HClNH—C$_6$H$_4$—C(Cl)(C$_6$H$_4$—NHHCl)—C$_6$H$_4$—NHHCl

$$+HOCH_2SO_3H \longrightarrow 3Cl^-+H_2O+3H^+$$

盐酸副玫瑰苯胺（俗称品红）

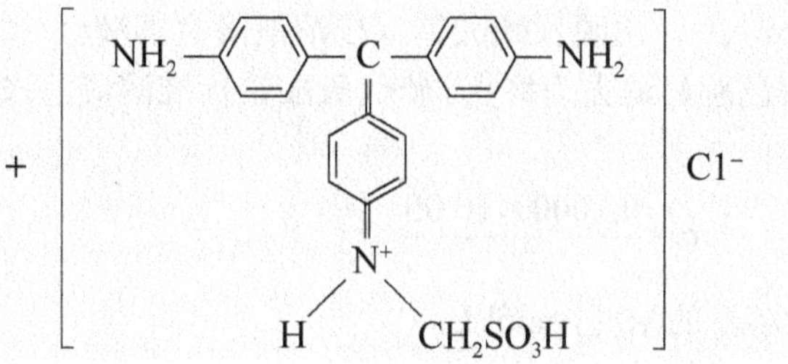

$$+\left[\begin{array}{c} NH_2-C_6H_4-C(=C_6H_4=N^+(H)CH_2SO_3H)-C_6H_4-NH_2 \end{array}\right]Cl^-$$

注：盐酸副玫瑰苯胺，分子式为 $C_{19}H_{18}N_3Cl \cdot 3HCl$，简称 PRA，在反应中作显色剂。

2. 试剂

本法所用试剂纯度除特别注明外均为分析纯，水为重蒸馏水或去离子水，亦可用石英蒸馏器的一次水。

（1）氢氧化钠溶液，$c_{(NaOH)}$ =1.5mol/L：称取 6.0g NaOH，溶于 100mL 水中。

（2）环己二胺四乙酸二钠溶液，$c_{(CDTA\text{-}2Na)}$=0.05mol/L：称取 1.82g 反式 1，2-环己二胺四乙酸，简称 CDTA-2Na，加入上述氢氧化钠溶液 6.5mL，用水稀释至 100mL。

（3）甲醛缓冲吸收贮备液：吸取 36%～38%的甲醛溶液 5.5mL，CDTA-2Na 溶液 20.00mL；称取 2.04g 邻苯二甲酸氢钾，溶于少量水中；将三种溶液合并，再用水稀释至 100mL，贮于冰箱可保存 1 年。

（4）甲醛缓冲吸收液：用水将甲醛缓冲吸收液贮备液稀释 100 倍而成。临用现配。

（5）氨磺酸钠溶液，$c_{(NaH_2NSO_3)}$=6.0g/L：称取 0.60g 氨磺酸［H_2NSO_3H］置于 100mL 烧杯中，加入 4.0mL 氢氧化钠，用水搅拌至完全溶解后稀释至 100mL，摇匀。此溶液密封可保存 10d。

（6）碘贮备液，$c_{(1/2\ I_2)}$=0.10mol/L：称取 12.7g 碘（I_2）于烧杯中，加入 40g 碘化钾和 25mL 水，搅拌至完全溶解，用水稀释至 1000mL，贮存于棕色细口瓶中。

（7）碘溶液，$c_{(1/2\ I_2)}$=0.05mol/L：量取碘贮备液 250mL，用水稀释至 500mL，贮于棕色细口瓶中。

（8）淀粉溶液，ρ=5.0g/L：称取 0.5g 可溶性淀粉于 150mL 烧杯中，用少量水调成糊状，慢慢倒入 100mL 沸水，继续煮沸至溶液澄清，冷却后贮于试剂瓶中。临用现配。

（9）碘酸钾标准溶液，$c_{(1/6\ KIO_3)}$=0.1000mol/L：称取 3.5667g 碘酸钾（KIO_3 优级纯，经 110℃干燥 2h）溶于水，移入 1000mL 容量瓶中，用水稀释至标线，摇匀。

（10）盐酸溶液，$c_{(HCl)}$=1.2mol/L：量取 100mL 浓盐酸，用水稀释 1000mL。

（11）硫代硫酸钠贮备液，$c_{(Na_2S_2O_3)}$ =0.1mol/L：称取 25.0g 硫代硫酸钠（$Na_2S_2O_3 \cdot 5H_2O$），溶于 1000mL 新煮沸但已冷却的水中，加入 0.2g 无水碳酸钠，贮于棕色细口瓶中，放置一周后备用。如溶液呈现浑浊，必须过滤。

（12）硫代硫酸钠标准溶液，$c_{(Na_2S_2O_3)}$=0.05mol/L：取 250mL 硫代硫酸钠贮备液置于 500mL 容量瓶中，用新煮沸但已冷却的水稀释至标线，摇匀。

标定方法为吸取 3 份 10.00mL 碘酸钾标准溶液分别置于 250mL 碘量瓶中，加 70mL 新煮沸但已冷却的水，加 1g 碘化钾，振摇至完全溶解后，加 10mL 盐酸溶液，立即盖好

瓶塞，摇匀。于暗处放置 5min 后，用硫代硫酸钠标准溶液滴定溶液至浅黄色，加 2mL 淀粉溶液，继续滴定溶液至蓝色刚好退去为终点。硫代硫酸钠标准溶液的浓度按式（4.17）计算：

$$c=\frac{0.1000\times 10.00}{V} \tag{4.17}$$

式中：c——硫代硫酸钠标准溶液的浓度，mol/L；

V——滴定所耗硫代硫酸钠标准溶液的体积，mL。

（13）乙二胺四乙酸二钠盐（EDTA-2Na）溶液，c=0.50g/L：称取 0.25g 乙二胺四乙酸二钠盐溶于 500mL 新煮沸但已冷却的水中。临用时现配。

（14）亚硫酸钠溶液，$c_{(Na_2SO_3)}$=1g/L：称取 0.2g 亚硫酸钠（Na_2SO_3），溶于 200mL EDTA-2Na 溶液中，缓缓摇匀以防充氧，使其溶解。放置 2～3h 后标定。此溶液每毫升相当于 320～400 二氧化硫。

标定方法为吸取 3 份 20.00mL 二氧化硫标准溶液，分别置于 250mL 碘量瓶中，加入 50mL 新煮沸但已冷却的水，20.00mL 碘溶液及 1mL 冰醋酸，盖塞，摇匀。于暗处放置 5min 后，用硫代硫酸钠标准溶液滴定溶液至淡黄色，加入 2mL 淀粉溶液，继续滴定至溶液蓝色刚好退去为终点。记录滴定硫代硫酸钠标准溶液的体积 V（mL）。

另吸取 3 份 EDTA-2Na 溶液 20mL，用同法进行空白试验。记录滴定硫代硫酸钠标准溶液的体积 V_0（mL）。

平行样滴定所耗硫代硫酸钠标准溶液体积之差应不大于 0.04mL。取其平均值。二氧化硫标准溶液浓度按式（4.18）计算：

$$c=\frac{(V_0-V)\times c_{Na_2S_2O_3}\times 32.02}{20.00}\times 1000 \tag{4.18}$$

式中：c——二氧化硫标准溶液的浓度，μg/mL；

V_0——空白滴定所耗硫代硫酸钠标准溶液的体积，mL；

V——二氧化硫标准溶液滴定所耗硫代硫酸钠标准溶液的体积，mL；

$c_{Na_2S_2O_3}$——硫代硫酸钠标准溶液的浓度，mol/L；

32.02——二氧化硫（1/2 SO_2）的摩尔质量。

标定出准确浓度后，立即用吸收液稀释为每毫升含 10.0μg 二氧化硫的标准溶液贮备液，临用时再用吸收液稀释为每毫升含 1.00μg 二氧化硫的标准溶液。在冰箱中 5℃保存。10.00μg/mL 的二氧化硫标准溶液贮备液可稳定 6 个月，1.00μg/mL 的二氧化硫标准溶液可稳定 1 个月。

（15）盐酸副玫瑰苯胺（pararosaniline，简称 PRA，即副品红或对品红）贮备液，c=0.2g/100mL。其纯度应达到副玫瑰苯胺提纯及检验方法的质量要求。

（16）副玫瑰苯胺溶液，c=0.050g/100mL：吸取 25.00mL 副玫瑰苯胺贮备液于 100mL 容量瓶中，加 30mL 85%的浓磷酸，12mL 浓盐酸，用水稀释至标线，摇匀，放置过夜后使用。避光密封保存。

（17）盐酸-乙醇清洗液：由三份（1+4）盐酸和一份 95%乙醇混合配制而成，用于清洗比色管和比色皿。

3. 仪器和设备

（1）分光光度计，可见光波长 380～780nm。

（2）多孔玻板吸收管 10mL，用于短时间采样。多孔玻板吸收瓶 50mL，用于 24h 连续采样。

（3）恒温水浴器。广口冷藏瓶内放置圆形比色管架，插 1 支长约 150mm，0～40℃的酒精温度计，其误差应不大于 0.5℃。

（4）具塞比色管，10mL。用过的比色管和比色皿应及时用盐酸-乙醇清洗液浸洗，否则红色难于洗净。

（5）空气采样器。用于短时间采样的普通空气采样器，流量范围 0～1L/min。用于 24h 连续采样的采样器应具有恒温、恒流、计时、自动控制仪器开关的功能。流量范围 0.2～0.3L/min。

各种采样器均应在采样前进行气密性检查和流量校准。吸收器的阻力和吸收效率应满足技术要求。

4. 采样及样品保存

（1）短时间采样：根据空气中二氧化硫浓度的高低，采用内装 10mL 吸收液的 U 形多孔玻板吸收管，以 0.5L/min 的流量采样。采样时吸收液温度的最佳范围在 23～29℃。

（2）24h 连续采样：用内装 50mL 吸收液的多孔玻板吸收瓶，以 0.2～0.3L/min 的流量连续采样 24h。吸收液温度需保持在 23～29℃。

（3）放置在室内的 24h 连续采样器，进气口应连接符合要求的空气质量集中采样管路系统，以减少二氧化硫气样进入吸收器前的损失。

（4）样品运输和贮存过程中，应避光保存。

5. 分析步骤

1）校准曲线的绘制

取 14 支 10mL 具塞比色管，分 A、B 两组，每组 7 支，分别对应编号。A 组按表 4.13 配制校准溶液系列。

表 4.13　二氧化硫标准色列

管　　号	0	1	2	3	4	5	6
二氧化硫标准溶液/mL	0	0.50	1.00	2.00	5.00	8.00	10.00
甲醛缓冲吸收液/mL	10.00	9.50	9.00	8.00	5.00	2.00	0
二氧化硫含量/μg	0	0.50	1.00	2.00	5.00	8.00	10.00

B 组各管加入 1.00mL PRA 溶液，A 组各管分别加入 0.5mL 氨磺酸钠溶液和 0.5mL 氢氧化钠溶液，混匀。再逐管迅速将溶液全部倒入对应编号并盛有 PRA 溶液的 B 管中，立即具塞混匀后放入恒温水浴中显色。显色温度与室温之差应不超过 3℃，根据不同季节和环境条件按表 4.14 选择显色温度与显色时间。

表 4.14 显色温度与显色时间

显色温度/℃	10	15	20	25	30
显色时间/min	40	25	20	15	5
稳定时间/min	35	25	20	15	10
试剂空白吸光度 A_0	0.030	0.035	0.040	0.050	0.060

在波长 577nm 处，用 10mm 比色皿，以水为参比溶液测量吸光度。用最小二乘法计算校准曲线的回归方程式（4.19）：

$$Y = bX + a \tag{4.19}$$

式中：Y——校准溶液吸光度 A 与试剂空白吸光度 A_0 之差；

X——二氧化硫含量，μg；

b——回归方程的斜率（由斜率倒数求得校正因子：$B_s = 1/b$）；

a——回归方程的截距（一般要求小于 0.005）。

该标准的校准曲线斜率为 0.044±0.002，试剂空白吸光度 A_0 在显色规定条件下波动范围不超过±15%。正确掌握标准方法的显色温度、显色时间，特别在 25～30℃条件下，严格控制反应条件是实验成功的关键。

2）样品测定

（1）样品溶液中如有混浊物，则应离心分离除去。

（2）样品放置 20min，以使臭氧分解。

（3）短时间采样。将吸收管中样品溶液全部移入 10mL 比色管中，用吸收液稀释至标线，加 0.5mL 氨磺酸钠溶液，混匀，放置 10min 以除去氮氧化物的干扰，以下步骤同校准曲线的绘制。

如样品吸光度超过校准曲线上限，则可用试剂空白溶液稀释，在数分钟内再测量其吸光度，但稀释倍数不要大于 6。

（4）连续 24h 采样。将吸收瓶中样品溶液移入 50mL 容量瓶（或比色管）中，用少量吸收溶液洗涤吸收瓶，洗涤液并入样品溶液中，再用吸收液稀释至标线。吸取适量样品溶液（视浓度高低而决定取 2～10mL）于 10mL 比色管中，再用吸收液稀释至标线，加 0.5mL 氨磺酸钠溶液，混匀，放置 10min 以除去氮氧化物的干扰，以下步骤同校准曲线的绘制。

6. 结果计算

空气中二氧化硫的浓度按式（4.20）计算：

$$c_{(SO_2, mg/m^3)} = \frac{A - A_0}{V_s} \times \frac{V_T}{V_a} \tag{4.20}$$

式中：c——空气中二氧化硫的质量浓度，mg/m^3；

A——样品溶液的吸光度；

A_0——试剂空白溶液的吸光度；

B_s——校正因子，μg · SO_2/12mL/A；

V_T——样品溶液的总体积，mL；

V_a——测定时所取试样的体积，mL；

V_s——换算成标准状态下（0℃，101.325kPa）的采样体积，L。

二氧化硫浓度计算结果应准确到小数点后第三位。

7. 方法特性

（1）方法的重现性。用标准溶液制备标准曲线时，各浓度点重复测定的平均相对标准偏差为 4.5%；5μg/10mL 的标准样品，重复测定的相对标准偏差小于 5%；标准气的浓度为 100～200μg/m^3 时，测定值与标准值的相对误差小于 20%。

（2）样品加标回收率为 101%（n=13）。

（3）灵敏度。10mL 吸收液中含有 1μg 二氧化硫应有 0.035±0.003 吸光度。

（4）检出下限。检出下限为 0.3μg/10mL（按与吸光度 0.01 相对应的浓度计）。若采样体积为 20L 时，则最低检出浓度为 0.015mg/m^3；当用 50mL 吸收液，24h 采样体积为 300L，取 10mL 样品溶液测定时，最低检出浓度 0.005mg/m^3。

（5）测定范围。测定范围为 10mL 样品溶液中含 0.3～20μg 二氧化硫。若采样体积为 20L 时，则可测浓度范围为 0.015～1mg/m^3。

（6）干扰及排除。空气中一般浓度水平的某些重金属和臭氧、氮氧化物不干扰本法测定。当 10mL 样品溶液中含有 1μg Mn^{2+}或 0.3μg 以上 Cr^{6+}时，对本方法测定有负干扰。加入环己二胺四乙酸二钠（CDTA）可消除 2μg/10mL 浓度的 Mn^{2+}的干扰；增大本方法中的加碱量（如加 2.0moL/L 的氢氧化钠溶液 1.5mL）可消除 1μg/10mL 浓度的 Cr^{6+}的干扰。

8. 注意事项

（1）本方法克服了四氯汞盐吸收-盐酸副玫瑰苯胺分光光度法对显色温度的严格要求，适宜的显色温度范围较宽（15～25℃），可根据室温加以选择。但样品应与标准曲线在同一温度、时间条件下显色测定。

（2）当采样区域大气中锰含量较高时，吸收液应按以下步骤配制。

① 0.05mol/L 环己二胺四乙酸二钠溶液：称取 1.82g 反式-1,2 环己二胺四乙酸溶解于 5.0mL 2mol/L 氢氧化钠溶液中，用水稀释至 100mL。

② 0.001mol/L CDTA 应用液：将 0.05mol/L 的 CDTA 溶液稀释 50 倍。

③ 工作溶液：使用时将吸收液贮备液和 CDTA 应用液 1∶1 混合，混合液再用水稀释 5 倍。

（3）多孔玻板吸收管的阻力为（6.0±0.6）kPa，2/3 玻板面积发泡均匀，边缘无气泡逸出。

（4）当空气中二氧化硫浓度高于测定上限时，可以适当减少采样体积或者减少试料的体积。

（5）如果样品溶液的吸光度超过标准曲线的上限，可用试剂空白液稀释，在数分钟内再测定吸光度，但稀释倍数不要大于 6。

（6）显色温度低，显色慢，稳定时间长。显色温度高，显色快，稳定时间短。操作人员必须了解显色温度、显色时间和稳定时间的关系，严格控制反应条件。

（7）六价铬能使紫红色络合物退色，产生负干扰，故应避免用硫酸-铬酸洗液洗涤玻璃器皿。若已用硫酸-铬酸洗液洗涤过，则需用盐酸溶液（1+1）浸洗，再用水充分洗涤。

（二）四氯汞钾-盐酸副玫瑰苯胺分光光度法

1. 原理

二氧化硫被四氯汞钾溶液吸收后，生成稳定的二氯亚硫酸盐络合物，再与甲醛及盐酸副玫瑰苯胺作用，生成紫红色络合物，根据颜色深浅，比色定量。

2. 试剂

除非另有说明，分析时均使用符合国家标准的分析纯试剂和蒸馏水水或同等纯度的水。

1）0.04mo1/L 四氯汞钾（TCM）吸收液

称取 10.9g 二氯化汞、6.0g 氯化钾和 0.07g 乙二胺四乙酸二钠盐（EDTA）溶于水中，稀释至 1L。此溶液在密闭容器中贮存，可稳定 6 个月。如发现有沉淀，不可再用。但要注意的是四氯汞钾溶液为剧毒试剂，使用时应小心，如溅到皮肤上，立即用水冲洗。使用过的废液要集中回收。以免污染环境。

2）2g/L 甲醛溶液

量取 1mL 36%～38%（质量分数）甲醛溶液，稀释至 200mL。临用现配。

3）6g/L 氨基磺酸铵溶液

称取 0.6g 氨基磺酸铵（$H_2NSO_3NH_4$）溶于 100mL 水中，临用现配。

4）0.05mol/L 碘贮备液

称取 12.7g 碘于烧杯中，加入 40g 碘化钾和 25mL 水，搅拌至全部溶解后，用水稀释至 1L 贮于棕色试剂瓶中。

5）0.005mmol/碘溶液

量取 50mL 碘贮备液，用水稀释至 500mL，贮于棕色试剂瓶中。

6）2g/L 淀粉指示剂溶液

称取 0.2g 可溶性淀粉，用少量水调成糊状物，慢慢倒入 100mL 沸水中，继续煮沸直到溶液澄清，冷却后贮于试剂瓶中。

7）3.0g/L 碘酸钾标准溶液

称取约 1.5g 经 110℃干燥 2h 的碘酸钾（KIO_3，优级纯）准确到 0.0001g，溶于水中，移入 500mL 容量瓶中，用水稀释至标线。

8）1.2mol/L 盐酸溶液

量取 100mL 浓盐酸（相对密度 1.19），用水稀释至 1L。

9）0.1mol/L 硫代硫酸钠溶液

称取 25g 硫代硫酸钠（$Na_2S_2O_3 \cdot 5H_2O$）溶于 1L 新煮沸但已冷却的水中，加 0.2g 无水碳酸钠，贮于棕色试剂瓶中，放置一周后标定其浓度，若溶液呈现浑浊时，应该过滤。

标定方法：吸取 25.00mL 碘酸钾标准溶液置于 250mL 碘量瓶中，加 70mL 新煮沸但已冷却的水，加 1g 碘化钾，振荡至完全溶解后，再加 10mL 盐酸溶液，立即盖好瓶塞、混匀。在暗处放置 5min 后，用硫代硫酸钠溶液滴定至淡黄色，加 5mL 淀粉指示剂，继续滴定至蓝色刚好退去。硫代硫酸钠浓度按式（4.21）计算：

$$c_1=\frac{W\times 10^3\times 0.05}{V\times 35.67}=\frac{50W}{35.67V} \tag{4.21}$$

式中：W——称取的碘酸钾的质量，g；

V——滴定所用硫代硫酸钠溶液的体积，mL。

10）0.01mol/L 硫代硫酸钠溶液 c_2

取 50.00mL 标定过的硫代硫酸钠溶液置于 500mL 容量瓶中，用新煮沸但已冷却的水稀释至标线。

11）二氧化硫标准溶液

称取 0.2g 亚硫酸钠（Na_2SO_3）及 0.01g EDTA，溶于 200mL 新煮沸但已冷却的水中，轻轻摇匀（避免振荡，以防充氧）。放置 2～3h 后标定。此溶液相当于每毫升含 320～400μg 二氧化硫。

标定方法如下。

（1）取 4 个 250mL 碘量瓶（A_1、A_2、B_1、B_2），分别加入 50.00mL 碘溶液。在 A_1、A_2 内各加入 25mL 水，在 B_1 内加入 25.00mL 亚硫酸钠溶液，盖好瓶塞。

（2）立即吸取 2.00mL 亚硫酸钠溶液加到一个已装有 40～50mL 四氯汞钾吸收液的 100mL 容量瓶中，使生成稳定时二氯亚硫酸盐络合物。

（3）紧接着再吸取 25.00mL 亚硫酸钠溶液加入 B_2 内，盖好瓶塞。

（4）用四氯汞钾吸收液将 100mL 容量瓶中溶液稀释至标线、摇匀。

（5）A_1、A_2、B_1、B_2 4 个瓶于暗处放置 5min 后，用硫代硫酸钠溶液滴定至浅黄色，加 5mL 淀粉指示剂，继续滴定至蓝色刚刚消失。平行滴定所用硫代硫酸钠溶液体积之差应不大于 0.05mL。

100mL 容量瓶中二氧化硫溶液浓度 $c_{3\,(SO_2\ \mu g/mL)}$ 由式（4.22）计算：

$$c_3=\frac{(A-B)\times 32.02\times 10^3\times c_2}{25.00}\times\frac{2.00}{100} \tag{4.22}$$

式中：A——空白滴定所用硫代硫酸钠溶液体积的平均值，mL；

B——样品滴定所用硫代硫酸钠溶液体积的平均值，mL；

c_2——硫代硫酸钠溶液的浓度，mol/L。

根据以上计算的二氧化硫溶液浓度，再用四氯汞钾吸收液稀释成每毫升含 2.0μg 二氧化硫的标准溶液。此溶液用于绘制标准曲线，在 5℃冰箱中保存，可稳定 20d。

12）0.2%（质量体积分数）盐酸副玫瑰苯胺（PRA 即对品红）贮备液

其纯度应按规定检验合格。

13）3mol/L 磷酸溶液

量取 41mL85%（质量分数）浓磷酸（相对密度 1.69），用水稀释至 200mL。

14）0.016%（质量体积分数）盐酸副玫瑰苯胺溶液

吸取 20.00mL 盐酸副玫瑰苯胺贮备液于 250mL 容量瓶中，加 200mL 磷酸溶液，用水稀释至标线。至少放置 24h 方可使用，存于暗处，可稳定 9 个月。

3. 仪器

（1）多孔玻板吸收管。
（2）大气采样器，流量范围 0～1L/min。
（3）具塞比色管，10mL。
（4）分光光度计。

4. 采样

用一个内装 5mL 四氯汞钾吸收液的多孔玻板吸收管，以 0.5L/min 流量采气 10～20L。在采样、样品运输及存放过程中应避免日光照射。如果样品不能当天分析，需将样品放在 5℃的冰箱中保存，但存放时间不得超过 7d。

5. 分析步骤

1）标准曲线的绘制

取 8 支具塞比色管，按表 4.15 配制二氧化硫标准色列。

表 4.15 二氧化硫标准色列

管 号	0	1	2	3	4	5	6	7
二氧化硫标准溶液（2.0μg/mL）/mL	0	0.60	1.00	1.40	1.60	1.80	2.20	2.70
四氯汞钾吸收液/mL	5.00	4.40	4.00	3.60	3.40	3.20	2.80	2.30
二氧化硫含量/μg	0	1.2	2.0	2.8	3.2	3.6	4.4	5.4

各管中加入 0.50mL 氨基磺酸铵溶液，摇匀。再加入 0.50mL 甲醛溶液及 1.50mL 盐酸副玫瑰苯胺溶液，摇匀。当室温为 15～20℃，显色 30min；室温为 20～25℃，显色 20min；室温为 25～30℃，显色 15min。用 10mm 比色皿，在波长 575nm 处，以水为参比，测定吸光度。用最小二乘法计算标准曲线的回归方程。

2）样品测定

样品中若有浑浊物，应离心分离除去。样品放置 20min，以使臭氧分解。

将吸收管中的样品溶液全部移入比色管中，用少量水洗涤吸收管，并入比色管中，使总体积为 5mL。加 0.50mL 氨基磺酸铵溶液，摇匀，放置 10min 以除去氮氧化物的干扰，以下步骤同标准曲线的绘制。

如果样品溶液的吸光度超过标准曲线的上限，可用试剂空白液稀释，在数分钟内再测吸光度，但稀释倍数不要大于 6。

6. 结果计算

由式（4.23）给出大气中二氧化硫的浓度 X_{SO_2}（mg /m^3）：

$$X_{SO_2}=\frac{(A-A_0)\times B_s}{V_0} \tag{4.23}$$

式中：A——样品溶液吸光度；

A_0——试剂空白液吸光度；

B_s——校准因子，μg/吸光度单位；

V_0——换算为标准状况下（0℃，101.325kPa）的采样体积，L。

7. 方法特性

本方法适用于大气中二氧化硫的测定，检出限为 0.15μg/mL。可测定大气中二氧化硫浓度范围为 0.015～0.500mg/m^3。

8. 注意事项

（1）温度对显色有影响，温度越高，空白值越大；温度高时发色快，退色也快。最好使用恒温水浴控制显色温度。测定样品时的温度和绘制标准曲线时的温度相差不要超过 2℃。

（2）六价铬能使紫红色络合物退色，产生负干扰，故应避免用硫酸–铬酸清洗液洗涤玻璃器皿。若已用硫酸–铬酸洗液洗涤过，则需用（1+1）盐酸溶液浸洗，再用水充分洗涤。

（3）用过的比色管和比色皿应及时用酸洗涤，否则红色难于洗净，可用（1+4）盐酸加 1/3 体积乙醇的混合溶液浸洗。

（4）0.2%盐酸副玫瑰苯胺溶液。如有经提纯合格的产品出售，可直接购买使用。如果自己配制，需按规定进行提纯和检验，合格后方能使用。

（5）若配合适当的采样装置，本方法也可用于 24h 连续采样监测。

三、室内空气中二氧化氮的测定

（一）改进的 Saltzaman 分光光度法

1. 原理

空气中的二氧化氮，在采样吸收过程中生成的亚硝酸，与对氨基苯磺酸胺进行重氮化反应，再与 N-（1-萘基）乙二胺盐酸盐作用，生成紫红色的偶氮染料。根据其颜色的深浅，比色定量。反应方程式为

$$2NO_2+H_2O \longrightarrow HNO_3+HNO_2$$

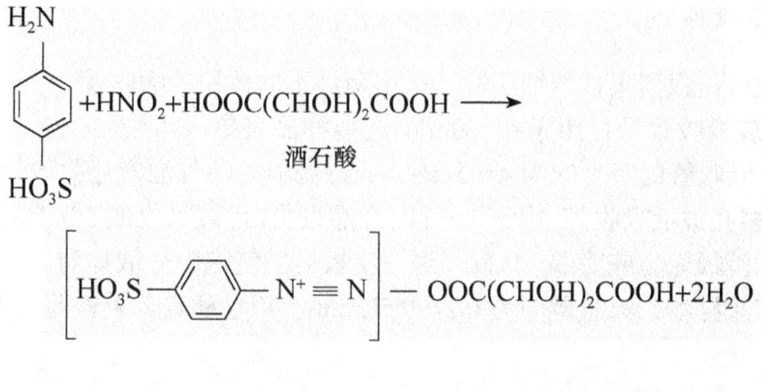

$H_2N-C_6H_4-SO_3H$ $+HNO_2+HOOC(CHOH)_2COOH \longrightarrow$

酒石酸

$$\left[HO_3S-C_6H_4-N^+\equiv N\right]-OOC(CHOH)_2COOH+2H_2O$$

$$\left[HO_3S-\langle\bigcirc\rangle-N^+\equiv N\right]-OOC(CHOH)_2COOH \;+\; C_{10}H_7-NH-CH_2CH_2-NH_2HC1$$

盐酸萘乙胺

$$\longrightarrow HO_3S-\langle\bigcirc\rangle-N=N-C_{10}H_6-NH-CH_2-CH_2-NH_22HC1+HOOC(CHOH)_2COOH$$

偶氮化合物（玫瑰红色）

2. 试剂

所用试剂均为分析纯，但亚硝酸钠应为优级纯（一级）。所用水为无 NO_2 的二次蒸馏水，即一次蒸馏水中加入少量氢氧化钡和高锰酸钾再重蒸馏，制备水的质量以不使吸收液呈淡红色为合格。

（1）N-（1-萘基）乙二胺盐酸盐贮备液：称取 0.45g N-（1-萘基）乙二胺盐酸盐，溶于 500mL 水中。

（2）吸收液：称取 4.0g 对氨基苯磺酰胺、10g 酒石酸和 100mg 乙二胺四乙酸二钠盐，溶于 400mL 热水中。冷却后，移入 1L 容量瓶中。加入 100mL N-（1-萘基）乙二胺盐酸盐储备液，混匀后，用水稀释到刻度。此溶液存放在 25℃暗处可稳定 3 个月，若出现淡红色，表示已被污染，应弃之重配。

（3）显色液：称取 4.0g 对氨基苯磺酰胺、10g 酒石酸与 100mg 乙二胺四乙酸二钠盐，溶于 400mL 热水中。冷却至室温后移入 500mL 容量瓶中，加入 90mg N-（1-萘基）乙二胺盐酸盐，用水稀释至刻度。显色液在 25℃以下避光保存，可稳定 3 个月。如出现淡红色，则表示已被污染，应弃之重配。

（4）亚硝酸钠标准溶液。

① 亚硝酸钠标准贮备液：精确称量 375.0mg 干燥的一级亚硝酸钠、0.2g 氢氧化钠，溶于水中移入 1L 容量瓶中，并用水稀释到刻度。此标准溶液的浓度为 1.00mL 含 250μg NO_2^-，保存在暗处，可稳定 3 个月。

② 亚硝酸钠标准工作液：精确量取亚硝酸钠标准贮备液 10.00mL，于 1L 容量瓶中，用水稀释到刻度，此标准溶液 1.00mL 含 2.5μg NO_2^-。此溶液应在临用前配制。

（5）二氧化氮渗透管：购置经准确标定的二氧化氮渗透管，渗透率在 0.1～2μg/min，不确定度为 2%。

3. 仪器和设备

（1）吸收管：根据采样周期不同，采用两种不同体积的吸收管。

① 多孔玻板吸收管：用于在 60min 之内样品采集，可装 10mL 吸收液。在流量 0.4L/min 时，吸收管的阻力应为 4～5kPa，通过滤板后的气泡应分散均匀。

② 大型多孔玻板吸收管：用于 1～24h 样品采集，可装吸收液 50mL。在流量 0.2L/min 时，吸收管的滤板阻力应为 3～5kPa，通过滤板后的气泡应分散均匀。

（2）空气采样器：流量范围为 0.2～0.5L/min，流量稳定。采样前，用皂膜流量计校准采样系列的流量，误差应小于5%。

（3）分光光度计：用10mm比色皿，在波长540～550nm处测定吸光度。

（4）渗透管配气装置。

4. 采样

（1）短时间内采样（如30min）：用多孔玻板吸收管，内装10mL吸收液。标记吸收液的液面位置，以0.4L/min流量，采气5～25L。

（2）长时间采样（如24h）：用大型多孔玻板吸收管，内装50mL吸收液。标记吸收液的液面位置，以0.2L/min流量，采气288L。

采样期间吸收管应避免阳光照射。样品溶液呈粉红色，表明吸收了NO_2。采样期间，可根据吸收液颜色程度，确定是否终止采样。

5. 分析步骤

1）标准曲线的绘制

（1）用亚硝酸钠标准溶液制备标准曲线。取6个25mL容量瓶，按表4.16制备NO_2^-标准系列。

表4.16　NO_2^-的标准系列

瓶　号	1	2	3	4	5	6
标准工作液/mL	0	0.7	1.0	3.0	5.0	7.0
NO_2^-含量/（μg/mL）	0	0.07	0.1	0.3	0.5	0.7

① 瓶中加入12.5mL显色液，再加水到刻度，混匀，放置15min。

② 用10mm比色皿，在波长540～550nm处，以水作参比，测定各瓶溶液的吸光度，以NO_2^-含量（μg/mL）为横坐标，吸光度为纵坐标，绘制标准曲线，并计算回归方程。以斜率的倒数作为样品测定时的计算因子B_s［μg/（mL · 吸光度）］。

（2）用二氧化氮标准气绘制标准曲线。

① 将已知渗透率的二氧化氮渗透管，在标定渗透率的温度下，恒温24h以上，用纯氮气以较小的流量（约250mL/min）将渗透出来的二氧化氮带出，与纯空气进行混合和稀释，配制NO_2标准气体。调节空气流量，得到不同浓度的二氧化氮气体，用式（4.24）计算NO_2标准气体的浓度：

$$c=\frac{P}{F_1+F_2} \tag{4.24}$$

式中：c——在标准状况下二氧化氮标准气体的浓度，mg/m^3；

P——二氧化氮渗透管的渗透率，μg/min；

F_1——标准状况下氮气的流量，L/min；

F_2——标准状况下稀释空气的流量，L/min。

在可测浓度范围内，至少制备四个浓度点的标准气体，并以零浓度气体作试剂空白

测定。各种浓度标准气体，按常规采样的操作条件，采集一定气体的标准气体，采集体积应与预计现场采集空气样品的体积接近（如采样流量 0.4L/min，采样体积 5L）。

② 按上述的操作，测出各种浓度点的吸光度，以二氧化氮标准气体的浓度（mg/m^3）为横坐标，吸光度为纵坐标，绘制标准曲线。并计算回归直线斜率的倒数，作为样品测定时的计算因子 B_s［$mg/(m^3 \cdot$ 吸光度)］。

2）样品分析

采样后，用水补充到采样前的吸收液体积，放置 15min，按标准曲线的操作，测定样品的吸光度 A，并用未采过样的吸收液测定试剂空白的吸光度 A_0。若样品溶液吸光度超过测定范围，应用吸收液稀释后再测定。计算时，要考虑到样品溶液的稀释倍数。

6. 结果计算

（1）将采样体积计算成标准状态下的采样体积。

（2）空气中的二氧化氮浓度计算。

① 用亚硝酸钠标准溶液制备标准曲线时，空气中二氧化氮浓度用式（4.25）计算：

$$c=\frac{(A-A_0)\times B_s\times V_1\times D}{V_0\times K} \tag{4.25}$$

式中：c——空气中二氧化氮浓度，mg/m^3；

K——$NO_2 \rightarrow NO_2^-$ 的经验转换系数，0.89；

V_0——标准状况下的采样体积，L；

B_s——由回归方程斜率的倒数求得的计算因子，μg/（mL · 吸光度）；

A——样品溶液的吸光度；

A_0——试剂空白的吸光度；

V_1——采样用的吸收液的体积（如短时间内采样为 10mL，24h 采样为 50mL）；

D——分析时样品溶液的稀释倍数。

② 用二氧化氮标准气绘制标准曲线时，空气中二氧化氮浓度用式（4.26）计算：

$$c=(A-A_0)\times B_s\times D \tag{4.26}$$

式中：c——空气中二氧化氮浓度，mg/m^3；

A——样品溶液的吸光度；

A_0——试剂空白的吸光度；

B_s——计算因子，$mg/(m^3 \cdot$ 吸光度)。

7. 方法特性

（1）精密度：在 0.07～0.7μg/mL 范围内，用亚硝酸钠标准溶液制备的标准曲线的斜率，5 个实验室重复测定的合并变异系数为 5%；标准气的浓度为 0.1～0.75mg/m^3，重复测定的变异系数小于 2%。

（2）准确度：流量误差不超过 5%，吸收管采样效率不得低于 98%，$NO_2 \rightarrow NO_2^-$的经验转换系数在测定范围内 95%置信区间为 0.89±0.01。

（3）灵敏度：1mL 中含 1μg NO_2^-应有 1.004±0.012 吸光度。

（4）测定范围：测定范围为 10mL 样品溶液中含 0.15～7.5μg NO_2^-，采样 5L 可测浓度范围为 0.03～1.7mg/m³。

8. 注意事项

（1）干扰和排除。室内空气中的一氧化氮、二氧化硫、硫化氢和氟化物对本法均无干扰，臭氧浓度大于 0.25mg/m³ 时对本法有正干扰。过氧乙酰硝酸酯（PAN）增加 15%～35%的读数。然而，在一般情况下，室内空气中的 PAN 浓度较低，不致产生明显的误差。

（2）如需测定总氮氧化物，则应在采样管前加一个 CrO_3 氧化管，将 NO 氧化为 NO_2 方可进行测定。

四、室内空气中一氧化碳的测定

室内空气中一氧化碳的测定方法主要介绍以下 2 种：非分散红外吸收法、不分光红外线气体吸收法。

（一）非分散红外吸收法

由不同原子组成的分子，其振动光谱在红外波段。不同的分子有不同的光谱吸收带。一氧化碳的吸收峰在 4.65μm 处，二氧化碳在 2.0～14.5μm 范围内有 3 个吸收峰，即 2.78μm、4.28μm、14.3μm 等。当用波长与某种分子固有的吸收光谱波长相等的红外单色光照射时，气体对红外线具有选择吸收，其遵循朗伯—比尔定律，见式（4.27）。

$$I=I_0e^{-kcl} \tag{4.27}$$

式中：I——红外线透过光强度；

I_0——红外线入射光强度；

k——气体的吸收系数；

c——被测气体的浓度；

l——气室的长度。

1. 原理

对气体的连续分析，往往不用分散的单色光，而是用波长带域比较宽的非分散红外线光作为光源。在此，不分光和非分散具有相同含义。

一氧化碳对不分光红外线具有选择性的吸收。在一定范围内，吸收值与一氧化碳浓度呈线性关系。根据吸收值可确定样品中一氧化碳的浓度。

2. 试剂

（1）变色硅胶：在 120℃下干燥 2h。

（2）无水氯化钙：分析纯。

（3）高纯氮气：纯度为 99.99%。

（4）霍加拉特（Hopcalite）氧化剂：10～20 目颗粒。霍加拉特氧化剂的作用是将空

气中的一氧化碳氧化成二氧化碳，用于仪器调零。此氧化剂在 100℃以下的氧化效率应达到 100%。为保证其氧化效率，在使用存放过程中应保持干燥。

（5）一氧化碳标准气体：贮于铝合金瓶中。

3. 仪器和设备

（1）一氧化碳非分散红外气体分析仪。

（2）流量计：流量范围为 0～1L/min。

（3）采气袋。

4. 采样

用聚乙烯薄膜采气袋，抽取现场空气冲洗 3～4 次，采气 0.5L 或 1.0L，密封进气口，带回实验室分析。也可以将仪器带到现场间歇进样，或连续测定空气中的一氧化碳浓度。

5. 分析步骤

（1）仪器的启动和校准。

① 启动和零点校准：仪器接通电源稳定 30min 至 1h 后，用高纯氮气或空气经霍加拉特氧化管和干燥管进入仪器进气口，进行零点校准。

② 终点校准：用一氧化碳标准气（如 30mL/m^3）进入仪器进样口，进行终点刻度校准。

③ 零点与终点校准重复 2～3 次，使仪器处在正常工作状态。

（2）样品测定。将空气样品的聚乙烯薄膜采气袋接在仪器的进气口，样品被自动抽到气室中，表头指出一氧化碳的浓度（mL/m^3）。如果将仪器带到现场使用，可直接测定现场空气中一氧化碳的浓度。

6. 结果计算

一氧化碳体积浓度（mL/m^3），可按式（4.28）换算成标准状态下质量浓度（mg/m^3）。

$$c_1=\frac{c_2}{B}\times 28 \tag{4.28}$$

式中：c_1——标准状态下质量浓度，mg/m^3；

c_2——CO 体积浓度，mL/m^3；

B——标准状态下的气体摩尔体积，22.4L；

28——CO 的分子量。

7. 方法特性

（1）精确度：重现性小于 1%。

（2）准确度：准确度取决于标准气的不确定度（小于 2%）和仪器的稳定性误差（小于 4%）。

（3）测定范围：测定范围为 0～62.5mg/m^3。

（4）最低检出浓度：最低检出浓度为 0.125mg/m³。

8. 注意事项

干扰和排除：室内空气中的水蒸气可使测量池内反射率下降，造成灵敏度降低，因此测定时仪器入口要接干燥过滤器去除水蒸气。一氧化碳吸收峰为 4.6μm，而 4.3μm 为二氧化碳的特征吸收峰，一氧化碳的测定易受二氧化碳的干扰，由于仪器技术的进步，如气体滤波技术、高性能滤光片和电控制可变波长滤光片的应用使本法不受干扰。

（二）不分光红外线气体分析法

1. 原理

一氧化碳对不分光红外线具有选择性的吸收。在一定范围内，吸收值与一氧化碳浓度呈线性关系。根据吸收值确定样品中一氧化碳的浓度。

2. 试剂

（1）变色硅胶：于 120℃下干燥 2h。
（2）无水氯化钙：分析纯。
（3）高纯氮气：纯度 99.99%。
（4）霍加拉特（Hopcalite）氧化剂。
（5）一氧化碳标准气体：贮于铝合金瓶中。

3. 仪器和设备

（1）一氧化碳不分光红外线气体分析仪。
仪器主要性能指标如下。
测量范围：0～30ppm（0～37.5mg/m³）；0～100ppm（0～125mg/m³）两挡；
重现性：≤0.5%满刻度；
零点漂移：±2%满刻度/4h；
跨度漂移：≤±2%满刻度/4h；
线性偏差：≤±1.5%满刻度；
启动时间：30min～1h；
抽气流量：0.5L/min；
响应时间：指针指示或数字显示到满刻度的 90%的时间<15s。
（2）记录仪 0～10mV。

4. 采样

用聚乙烯薄膜采气袋，抽取现场空气冲洗 3～4 次，采气 0.5L 或 1.0L，密封进气口带回实验室分析。也可以将仪器带到现场间歇进样，或连续测定空气中一氧化碳浓度。

5. 分析步骤

1）仪器的启动和校准

（1）启动和零点校准：仪器接通电源稳定 30min～1h 后，用高纯氮气或空气经霍加拉特氧化管和干燥管进入仪器进气口，进行零点校准。

（2）终点校准：用一氧化碳标准气（如 30ppm）进入仪器进样口，进行终点刻度校准。

（3）零点与终点校准重复 2～3 次，使仪器处于正常工作状态。

2）样品测定

将空气样品的聚乙烯薄膜采气袋接在装有变色硅胶或无水氯化钙的过滤器和仪器的进气口相连接，样品被自动抽到气室中，表头指出一氧化碳的浓度（ppm）。如果仪器带到现场使用，可直接测定现场空气中一氧化碳的浓度。仪器接上记录仪表，可长期监测空气中一氧化碳浓度。

6. 结果计算

一氧化碳体积浓度分数 ppm，可按式（4.29）换算成标准状态下质量浓度（mg/m^3）。

$$c_1 = \frac{c_2}{B} \times 28 \tag{4.29}$$

式中：c_1——标准状态下的质量浓度，mg/m^3；

c_2——一氧化碳体积浓度，ppm；

B——标准状态下的气体摩尔体积，当 0℃，101kPa 时，B＝22.41L/mol，当 25℃，101kPa 时，B＝22.46L/mol；

28——一氧化碳分子量。

7. 注意事项

干扰和排除。环境空气中待测组分，如甲烷、二氧化碳、水蒸气等能影响测定结果。但是采用串联式红外线检测器，可以大部分消除以上非待测组分的干扰。

五、室内空气中二氧化碳的测定

室内空气中二氧化碳的测定方法主要介绍以下 2 种：不分光红外线气体分析法、容量滴定法。

（一）不分光红外线气体分析法

1. 原理

二氧化碳对红外线具有选择性的吸收。在一定范围内吸收值与二氧化碳浓度呈线性关系。根据吸收值确定样品中二氧化碳的浓度。

2. 试剂

（1）变色硅胶：于 120℃下干燥 2h。

（2）无水氯化钙：分析纯。

（3）高纯氮气：纯度 99.99%。

（4）烧碱石棉：分析纯。

（5）塑料铝箔复合薄膜采气袋 0.5L 或 1.0L。

（6）二氧化碳标准气体（0.5%）：贮于铝合金钢瓶中。

3. 仪器与设备

（1）二氧化碳不分光红外线气体分析仪。

仪器主要性能指标如下：

测量范围：0～0.5%；0～1.5%两挡。

重现性：≤±1%满刻度。

零点漂移：≤±3%满刻度/4h。

跨度漂移：≤±3%满刻度/4h。

温度附加误差：（在 10～80℃）≤±2%满刻度/10℃。

一氧化碳干扰：1000mL/m^3（1000ppm）CO≤±2%满刻度。

供电电压变化时附加误差：220V±10%≤±2%满刻度。

启动时间：30min。

抽氧流量：>0.5L/min。

响应时间：指针指示到满刻度的 90%的时间<15s。

（2）记录仪 0～10mV。

4. 采样

用塑料铝箔复合薄膜采气袋，抽取现场空气冲洗 3～4 次，采气 0.5L 或 0.1L，密封进气口，带回实验室分析。也可以将仪器带到现场间歇进样，或连续测定空气中二氧化碳浓度。

5. 分析步骤

1）仪器的启动和校准

（1）启动和零点校准：仪器接通电源后，稳定 30～60min，将高纯氮气或空气经干燥管和烧碱石棉过滤管后，进行零点校准。

（2）终点校准：用二氧化碳标准气（如 0.50%）连接在仪器进样口，进行终点刻度校准。

（3）零点与终点校准重复 2～3 次，使仪器处在正常工作状态。

2）样品测定

将内装空气样品的塑料铝箔复合薄膜采气袋接在装有变色硅胶或无水氯化钙的过滤器和仪器的进气口相连接，样品被自动抽到气室中，表头指出二氧化碳的体积分数（%）。

如果将仪器带到现场，可间歇进样测定。仪器接上记录仪表，可长期监测空气中二氧化碳浓度。

6. 结果计算

仪器的刻度指示经过标准气体校准过的，样品中二氧化碳的浓度，由表头直接读出。

7. 注意事项

干扰和排除：室内空气中非待测组分（如甲烷、一氧化碳、水蒸气等）影响测定结果。由于透过红外线的窗口，安装了红外线滤光片，它的波长为4.26μm，二氧化碳对该波长有强烈的吸收，而一氧化碳和甲烷等气体不吸收，因此，一氧化碳和甲烷的干扰可以忽略不计。水蒸气对测定二氧化碳有干扰，它可以使气室反射率下降，从而使仪器灵敏度降低，影响测定结果的准确性，因此，必须使空气样品经干燥后，再进入仪器。

（二）容量滴定法

1. 原理

用过量的氢氧化钡溶液与空气中二氧化碳作用生成碳酸钡沉淀，采样后剩余的氢氧化钡用标准草酸溶液滴至酚酞试剂红色刚退。由容量法滴定结果和所采集的空气体积，即可测得空气中二氧化碳的体积分数。

2. 试剂

（1）吸收液。

① 稀吸收液（用于空气二氧化碳浓度低于0.15%时采样）：称取1.4g氢氧化钡［$Ba(OH)_2 \cdot 8H_2O$］和0.08g氯化钡（$BaCl_2 \cdot 2H_2O$）溶于800mL水中，加入3mL正丁醇，摇匀，用水稀释至1000mL。

② 浓吸收液（用于空气二氧化碳浓度在0.15%～0.5%时采样）：称取2.8g氢氧化钡［$Ba(OH)_2 \cdot 8H_2O$］和0.16g氯化钡（$BaCl_2 \cdot 2H_2O$）溶于800mL水中，加入3mL正丁醇，摇匀，用水稀释至1000mL。

上述两种吸收液应在采样前两天配制，贮瓶加盖，密封保存，避免接触空气。采样前，贮液瓶塞接上钠石灰管，用虹吸收管将吸收液吸至吸收管内。

（2）草酸标准溶液：称取0.5637g草酸（$H_2C_2O_4 \cdot 2H_2O$），用水溶解并稀释至1000mL，此溶液1mL相当于标准状况（0℃，101.325kPa）0.1mL二氧化碳。

（3）酚酞指示剂。

（4）正丁醇。

（5）纯氮气（纯度99.99%）或经碱石灰管除去二氧化碳后的空气。

3. 仪器与设备

（1）恒流采样器：流量范围在0～1L/min，流量稳定、可调恒流误差小于2%；采样前和采样后用皂膜流量计校准采样系统的流量，误差不大于5%。

（2）吸收管：吸收液为50mL，当流量为0.3L/min时，吸收管多孔玻璃板阻力为

392.27～490.33Pa。

（3）酸式滴定管：50mL。

（4）碘量瓶：125mL。

4. 采样

取一个吸收管（事先应充氮或充入经钠石灰处理的空气）加入 50mL 氢氧化钡吸收液，以 0.3L/min 流量，采样 5～10min。采样前后，吸收管的进、出气口均用乳胶管连接以免空气进入。

5. 分析步骤

采样后，吸收管送实验室，取出中间砂芯管，加塞静置 3h，使碳酸钡沉淀完全，吸取上清液 25mL 于碘量瓶中（碘量瓶事先应充氮或充入经碱石灰处理的空气），加入 2 滴酚酞指示剂，用草酸标准液滴定至溶液由红色变为无色，记录所消耗的草酸标准溶液的体积。同时吸取 25mL 未采样的氢氧化钡吸收液做空白滴定，记录所消耗的草酸标准溶液的体积。

6. 结果计算

（1）将采样体积按下式换算成标准状态下采样体积。

（2）空气中二氧化碳浓度按式（4.30）计算：

$$c=\frac{20\times(b-a)}{V_0} \tag{4.30}$$

式中：c——空气中二氧化碳浓度，%；

a——样品滴定所用草酸标准溶液体积，mL；

b——空白滴定所用草酸标准溶液体积，mL；

V_0——换算成标准状况下的采样体积，L。

7. 注意事项

干扰及排除。空气中二氧化硫、氮氧化物及乙酸等酸性气体对本法的吸收液产生中和反应，但一般环境空气中二氧化碳浓度在 500mg/m^3 以上，相比之下，空气中上述酸性气体浓度低得多。即使空气中二氧化硫浓度超过 0.15mg/m^3 的 100 倍，并假设它全部转化为硫酸，对本法引起的干扰不到 5%。

六、室内空气中臭氧的测定

臭氧的测定方法很多，近年室内空气中臭氧的测定主要采用靛蓝二磺酸钠（IDS）法、紫外分光光度法和化学发光法。化学发光法具有灵敏度高、反应速度快、特异性好等特点，很多国家和世界卫生组织的全球监测系统都把化学发光法作为测定大气中臭氧的标准方法。紫外分光光度法是测定臭氧浓度的准确方法，并为国际标准化组织所推荐。美国环境保护局规定用紫外分光光度法方法标定的臭氧浓度为臭氧标准气体的一级标准。我国《室内空气质量标准》（GB/T 18883—2002）选择紫外分光光度法、靛蓝二磺酸钠法作为配套的测定方法。目前，用靛蓝二磺酸钠分光光度法测定环境空气中的臭氧是国家环境保护总局和国家标准局批准在全国各环境监测部门统一采用的方法，该方法与现行的同类其他方法相比具有灵敏度高、重复性好、试剂稳定、干扰少等优点。

室内空气中臭氧的测定方法主要介绍以下 2 种：紫外分光光度法和靛蓝二磺酸钠分光光度法。

（一）紫外分光光度法

1. 原理

当空气样品以恒定的流速进入仪器的气路系统，样品空气交替地或直接进入吸收池或经过臭氧涤去器再进入吸收池，臭氧对 254nm 波长的紫外光有特征吸收，零空气样品通过吸收池时被光检测器检测的光强度为 I_0，臭氧样品通过吸收池时被光检测器检测的光强度为 I，I/I_0 为透光率。每经过一个循环周期，仪器的微处理系统根据朗伯-比耳定律求出臭氧的含量。

这些量之间的关系由式（4.31）表示：

$$I/I_0=\mathrm{e}^{-acl} \tag{4.31}$$

式中：I——臭氧样品通过吸收池时，被光检测器检测的光强度；

I_0——零空气样品通过吸收池时，被光检测器检测的光强度；

a——臭氧对 254nm 波长光的吸收系数；

c——臭氧质量浓度，$\mathrm{mg/m^3}$；

l——光路长度，m。

臭氧的质量浓度测定范围为 $2.14\mu g/m^3$～$2mg/m^3$。

2. 试剂

1）采样管线

采用玻璃、聚四氟乙烯等不与臭氧起化学反应的惰性材料。

2）颗粒物滤膜

滤膜及其支撑物应由聚四氟乙烯等不与臭氧起化学反应的惰性材料制成。应能脱除可改变分析器性能、影响臭氧测定的所有颗粒物。

注意：

① 滤膜孔径为 5μm。

② 通常，新滤膜需要在工作环境中适应 5～15min 后再使用。

3）零空气

零空气：不含能使臭氧分析仪产生可检测响应的空气，也不含与臭氧发生反应的一氧化碳、乙烯等物质。

来源不同的零空气可能含有不同的残余物质，因此，在测定 I_0 时，向光度计提供零空气的气源与发生臭氧所用的气源相同。

3. 仪器与设备

（1）紫外臭氧分析仪。

（2）校准用主要设备。校准用主要设备见图 4.2。

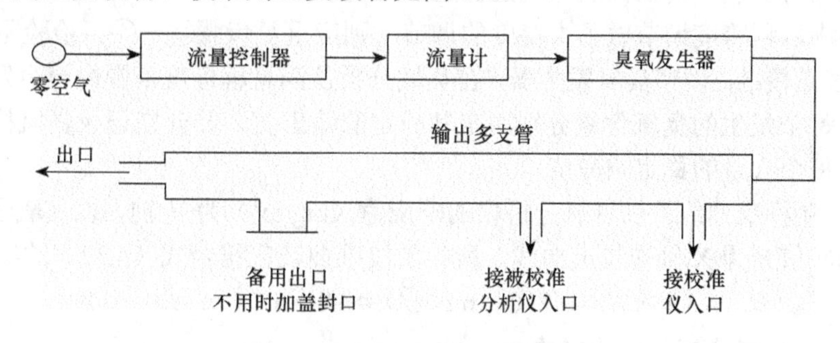

图 4.2　臭氧校准系统示意图

① 一级紫外臭氧校准仪。一级紫外臭氧校准仪仅用于一级校准用。只能通入清洁、干燥、过滤过的气体，而不可以直接采集环境大气。只能放在干净的专用的试验室内，必须固定避免震动。可将紫外臭氧校准仪通过传递标准作为现场校准的共同标准。

一级紫外臭氧校准仪其吸收池要能通过 254nm 波长的紫外光，通过吸收池的 254nm 波长的紫外光至少要有 99.5%被检测器所检测。吸收池的长度，不应大于已知长度的 ± 0.5%。臭氧在气路中的损失不能大于 5%。

② 臭氧发生器。能在仪器的量程范围内发生稳定含量的臭氧。在整个校准周期内臭氧的流量要保持均匀。

③ 输出多支管。输出多支管应用不与臭氧起化学反应的惰性的材料，如玻璃、聚四氟乙烯塑料等。直径要保证与仪器连接处及其他输出口相配。系统必须有排出口，以保证多支管内压力为大气压，防止环境空气倒流。

4. 紫外臭氧校准仪的校准

1）一级标准校准

（1）原理。用臭氧发生器制备不同含量的臭氧，将一级紫外臭氧校准仪和臭氧分析仪连接在输出多支管上同时进行测定。将臭氧分析仪测定的臭氧含量值对一级紫外臭氧校准仪的测定值作图，即得出臭氧分析仪的校准曲线。

（2）臭氧分析仪的校准步骤。

① 按图 4.4 连接臭氧分析仪的校准系统，通电使整个校准系统预热和稳定 48h。

② 零点校准，调节零空气的流量，使零空气流量必须超过接在输出多支管上的校准仪与分析仪的总需要量，以保证无环境大气抽入多支管的排出口，让分析仪和校准仪同时采集零空气直至获得稳定的响应值（零空气需稳定输出 15min）。然后调节校准仪的零点电位器至零。同时调节分析仪的零点电位器（把分析仪的零点调至记录纸量程标度 5%的位置上，以便于观察零点的负飘移）。分别记录臭氧校准仪和臭氧分析仪对零空气的稳定响应值。

③ 调节臭氧发生器，发生臭氧分析仪满量程80%的臭氧含量。

④ 跨度调节。让分析仪和校准仪同时采集臭氧，直至获得稳定的响应值（臭氧需稳定输出15min）。调节分析仪的跨度电位器，使之与校准仪的浓度指示值一致。分别记录臭氧校准仪与臭氧分析仪臭氧标气的稳定响应值。

如果满量程跨度调节做了大幅度的调节，则应重复步骤③～④再检验零点和跨度。

⑤ 多点校准。调节臭氧发生器，在臭氧分析仪满量程标度范围内至少发生5个臭氧含量，对每个发生的臭氧含量分别测定其稳定的输出值，并分别记录臭氧校准仪与臭氧校准仪对每个含量的稳定响应值。

⑥ 绘制标准曲线。以臭氧分析仪的响应值（mg/m^3）为Y轴，以臭氧含量（臭氧校准仪的响应值）为X轴作校准曲线。所得的校准曲线应符合式（4.32）的线性方程：

$$Y(O_3, mg/m^3)=bX+a \tag{4.32}$$

式中：Y——臭氧分析仪的响应值；

X——臭氧校准仪的响应值。

⑦ 用最小二乘法公式计算校准曲线的b、a和Y值。a值应小于满量程含量值的1%。b值应在0.99～1.01，Y值应大于0.9999。

2）传递标准校准

在不具备一级校准仪和不方便使用一级标准的情况下，可能用传递标准校准。传递校准可采用紫外臭氧校准仪和靛蓝二磺酸钠分光光度法。

用于传递校准的紫外臭氧校准仪不可以用于环境测定。只能用于校准。传递标准校准原理同一级标准校准。

5. 臭氧分析仪的操作与测定

接通电源。打开仪器主电源开关，仪器至少预热1h。待仪器稳定后连接气体采样管线进行现场测定。可将臭氧分析仪与记录仪、数据记录器和计算机等适当地记录装置连接，记录臭氧的含量。

在仪器运转期间，至少每周检查一次仪器的零点、跨度和各项操作参数。每季度进行一次多点校正。

6. 结果计算

臭氧含量的计算，报告结果需将仪器参数以ppm计时换算成mg/m^3。臭氧ppm与mg/m^3的换算关系如下：

在0℃，101.3kPa条件下，1ppm＝2.141mg/m^3。

在25℃，101.3kPa条件下，1ppm＝1.962mg/m^3。

7. 注意事项

该方法不受常见气体的干扰，但少数有机物如苯及苯胺等，在254nm处吸收紫外光，对臭氧的测定产生正干扰。除此之外，当被测环境中颗粒物浓度超过100$\mu g/m^3$时，也对臭氧的测定产生影响。

（二）靛蓝二磺酸钠分光光度法

1. 原理

空气中的臭氧，在磷酸盐缓冲剂存在下，与吸收液中蓝色的靛蓝二磺酸钠等摩尔反应，褪色生成靛红二磺酸钠。在 610nm 波长处测量吸光度，根据蓝色减退的程度定量空气中臭氧的浓度。反应方程式如下：

$$NaO_3S-C_6H_3(C=O)(NH)C=C(NH)(C=O)C_6H_3-SO_3Na+2O_3 \longrightarrow 2NaO_3S-C_6H_3(C=O)(NH)C=O+2O_2$$

2. 试剂

本法中所用试剂除特别说明外均为分析纯，实验用水为重蒸水。

（1）溴酸钾标准溶液（$c_{1/6KBrO_3}$＝0.1000mol/L）：准确称取 1.3918g（优级纯，于 180℃下烘干 2h）溶于水，稀释至 500mL。

（2）溴酸钾-溴化钾标准溶液（$c_{1/6KBrO_3}$＝0.1000mol/L）：吸取 10.00mm 0.1000mol/L 溴酸钾标准溶液于 100mL 容量瓶中，加入 1.0g 溴化钾，用水稀释至刻度。

（3）硫代硫酸钠标准溶液（$c_{Na_2S_2O_3}$ ＝0.1000mol/L）。

（4）硫代硫酸钠标准工作溶液（$c_{Na_2S_2O_3}$ ＝0.0050mol/L）：临用前，准确量取硫代硫酸钠标准贮备溶液用水稀释 20 倍。

（5）硫酸溶液：3mol/L。

（6）淀粉指示剂溶液（2.0g/L）：称取 0.20g 可溶性淀粉，用少量水调成糊状慢慢倒入 100mm 沸水中，煮沸至溶液澄清。

（7）磷酸盐缓冲溶液（pH＝6.8）：称取 6.80g 磷酸二氢钾（KH_2PO_4）、7.10g 无水磷酸氢二钠（Na_2HPO_4）溶于水，稀释至 1L。

（8）靛蓝二磺酸钠（$C_{16}H_8N_2Na_2O_8S_2$，简称 IDS）：分析纯。

（9）靛蓝二磺酸钠贮备液：称取 0.25g IDS，溶于水，移入 500mL 棕色容量瓶中，用水稀释至标线，摇匀，在室温暗处存放 24h 后标定。标定后的溶液存放在冰箱内可稳定 1 个月。

标定方法：准确吸取 20.00Ml IDS 贮备液于 250mL 碘量瓶中，加入 20.00mL 溴酸钾-溴化钾溶液，再加入 50mL 水。在（19.0±0.5）℃水浴中放置至溶液温度与水浴温度平衡时，加入 5.0mL 硫酸溶液，立即盖塞、混匀并开始计时，在水浴中于暗处放置 30min。加入 1.0g 碘化钾，立即盖塞轻轻摇匀至溶解，于暗处放置 5min，用硫代硫酸钠标准工作液滴定至棕色刚好褪去呈淡黄色，加入 5mL 淀粉指示剂，继续滴定至蓝色消退，终点为亮黄色。平行滴定所消耗硫代硫酸钠标准工作液体积不应大于 0.05mL。靛蓝二磺酸钠溶液相当于臭氧的浓度 c（μg/mL）按式（4.33）计算：

$$c(O_3)=\frac{(M_1V_1-M_2V_2)\times 48.00}{V_s\times 4}\times 1000 \tag{4.33}$$

式中：c——臭氧的质量浓度，μg/mL；

M_1——溴酸钾-溴化钾标准溶液的浓度，mol/L；

V_1——加入溴酸钾-溴化钾标准溶液的体积，mL；

M_2——滴定时所用硫代硫酸钠标准溶液的浓度，mol/L；

V_2——滴定时所用硫代硫酸钠标准溶液的体积，mL；

48.00——臭氧的摩尔质量，g/mol；

4——化学计量因数；

V_s——IDS贮备液吸取量，mL。

（10）靛蓝二磺酸钠标准使用液：将标定后的标准贮备液用磷酸盐缓冲液逐级稀释成1.00mL含1.00μg臭氧的IDS溶液，置冰箱内可保存1周。

（11）靛蓝二磺酸钠吸收液：量取25mL靛蓝二磺酸钠贮备液，用磷酸盐缓冲液稀释至1L棕色容量瓶中，于冰箱内贮放可使用1个月。

3. 仪器与设备

（1）多孔玻板吸收管：普通型，内装9mL吸收液，在流量0.5L/min时，玻板阻力应为4～5kPa，气泡分散均匀。

（2）空气采样器：流量范围0.2～1.0L/min，流量稳定。使用时，用皂膜流量计校准采样系统在采样前和采样后的流量，误差应小于5%。

（3）具塞比色管：10mL。

（4）恒温水浴。

（5）水银温度计：精度为±0.5℃。

（6）分光光度计：用20mm比色皿，在610nm波长处测吸光度。

4. 采样

用硅胶管连接两个内装9.00mL吸收液的多孔玻板吸收管，罩上黑色避光套，以0.5L/min的流量采气5～20L。当第一支管中的吸收液颜色明显减退时立即停止采样。如不退色，采气最少应不小于20L。采样后的样品在20℃以下暗处存放至少可稳定1周。记录采样时的温度和大气压。

5. 分析步骤

1）绘制标准曲线

取10mL具塞比色管6支，按表4.17制备标准色列管。

表4.17 标准色列管系列

管 号	1	2	3	4	5	5
IDS标准溶液/mL	10.00	8.00	6.00	4.00	2.00	0
磷酸盐缓冲溶液/mL	0	2.00	4.00	6.00	8.00	10.00
臭氧含量/（μg/mL）	0	0.2	0.4	0.6	0.8	1.0

各管摇匀，用20mm比色皿，以水作参比，在波长610nm下测定吸光度。以标准系列中零浓度与各标准管吸光度之差为纵坐标，臭氧含量（μg/mL）为横坐标，绘制标准曲线，并计算回归线的斜率。以斜率的倒数作为样品测定的计算因子B_s［μg/（mL · 吸光度）］。

2）样品的测定

采样后，将前后两支吸收管中的样品分别移入比色管中，用少量水洗吸收管，使总体积分别为10.00mL。按绘制标准曲线的操作步骤，测定样品吸光度。

同时，另取未采样的吸收液，作试剂空白测定。

6. 结果计算

测定结果的计算见式（4.34）。

$$c=\frac{[(A_0-A_1)+(A_0-A_2)]\times B_s}{V_0} \tag{4.34}$$

式中：c——空气中臭氧量浓度，mg/m^3；

A_0——试剂空白溶液的吸光度；

A_1——第一支样品管溶液的吸光度；

A_2——第二支样品管溶液的吸光度；

B_s——用标准溶液绘制标准曲线得到的计算因子，μg/mL；

V_0——换算成标准状况下的采样体积，L。

7. 注意事项

二氧化氮使臭氧的测定结果偏高，约为二氧化氮质量浓度的6%。空气中二氧化硫、硫化氢、过氧乙酰硝酸酯（PAN）和氟化氢的浓度分别高于750、110、1800和$2.5\mu g/m^3$时，将干扰臭氧的测定。

空气中氯气、二氧化氮的存在使臭氧的测定结果偏高。但在一般情况下，这些气体的浓度很低，不会造成显著误差。

4.3 颗粒污染物的分析测试

一、颗粒物概述

（一）空气颗粒物

颗粒物（particulate matter）又称尘，一般是指大气中的固体或液体颗粒状物质。颗粒物可分为一次颗粒物和二次颗粒物。一次颗粒物是由天然污染源和人为污染源释放到大气中直接造成污染的颗粒物，如土壤粒子、海盐粒子、燃烧烟尘等。二次颗粒物是由大气中某些污染气体组分，如二氧化硫、氮氧化物、碳氢化合物等之间，或这些组分与大气中的正常组分（如氧气）之间通过光化学氧化反应、催化氧化反应或其他化学反应转化生成的颗粒物，例如二氧化硫转化生成硫酸盐。

（二）与健康有关的颗粒物名词

1. 降尘（dustfall）

一般粒径大于 30μm 的较大尘粒，在空气中由于重力作用沉降相当快，称为降尘。但在静止空气中 10μm 以下的尘粒也能沉降。

2. 悬浮颗粒物（suspended particulate matter，SPM）

SPM 是指分散和悬浮在空气中的液体或固体颗粒物的总体。在空气中的 SPM 的粒径分布，主要是与 SPM 物理的和化学的形成过程有关，其粒径范围从几纳米（nm）到几百微米（μm）。美国环保局规定，粒径小于 100μm 的悬浮颗粒物（SPM）称为总悬浮颗粒物（TSP）。SPM 粒径分布具有明显的双峰形，以 2～5μm 为界，分别代表细颗粒和粗颗粒。

1）细颗粒

粒径小于 2.5μm 称为细颗粒，主要是人为活动的产物，例如，燃料不完全燃烧形成的碳粒，污染物在空气中由于光化学反应形成的二次污染气溶胶（如硫酸盐、硝酸盐和铵盐等）。细颗粒毒性比较大，对健康影响较大。

2）粗颗粒

粒径大于 2.5μm 称为粗颗粒，主要是由自然因素形成的，如风沙、灰土、海水雾滴以及机械粉碎的水泥、石灰等。细颗粒可经过凝聚形成粗颗粒，或吸附在粗颗粒上，最终沉降下来。

3. 可吸入颗粒物（inhalable particulates，IP）

IP 是指 SPM 中能用鼻和嘴吸入的那部分颗粒物。IP 粒径范围与头部的风速和方向以及个体的呼吸速率（次/min）和呼吸量（mL/次）有关。IP 没有确定的上切割点粒径和 50%切割粒径（D_{50}）。因此把 IP 称为小于 10μm 的颗粒物是不确切的。

4. 胸部颗粒物（thoracic particulates，TP）

TP 是指 IP 中能穿透咽喉的那部分颗粒物。TP 的上切割粒径为 30μm，即没有一个粒径大于 30μm 的颗粒物能穿透咽喉部。TP 的 50%切割粒径（D_{50}）为 10μm，即假设有两个粒径为 10μm 的颗粒物，预计其中只有一个颗粒物能穿透咽喉部。具有上述特性的可吸入颗粒物采样器称为 PM_{10} 采样器。因此 TP 又可用 PM_{10} 表示，即 TP 和 PM_{10} 表示同一概念。应当指出，PM_{10} 或 TP 不是表示粒径小于 10μm 的可吸入颗粒物，而是表示具有 D_{50}＝10μm，粒径小于 30μm 以下的可吸入颗粒物。

5. 呼吸性颗粒物（respriable particulates，RP）

RP 是指 IP 中能透过非纤毛通道（指肺泡部分）的那部分颗粒物。对健康人群 RP 上切割粒径为 12μm，D_{50}＝4μm；对于高危人群（儿童、年老体弱和有心脏疾病的人）

RP 上切割粒径 7μm，D_{50}＝2.5μm。根据上述特性设计的呼吸性颗粒物采样器，分别称为 PM_4 采样器和 $PM_{2.5}$ 采样器。因此，对健康成年人的 RP 称为 PM_4，高危人群的 RP 称为 $PM_{2.5}$。

上述各种颗粒物规定是根据 SPM 在人的呼吸道各个部位的穿透特性曲线（图 4.3）而确定的。从图中各部位的特征曲线可以看出：IP 没有确定的上切割点，也没有 50%的切割点粒径（D_{50}），TP 的上切割粒径为 30μm，D_{50}＝10μm。健康人 RP 的上切割粒径为 12μm，D_{50}＝4μm；高危人群 RP 的上切割粒径为 7μm，D_{50}＝2.5μm。

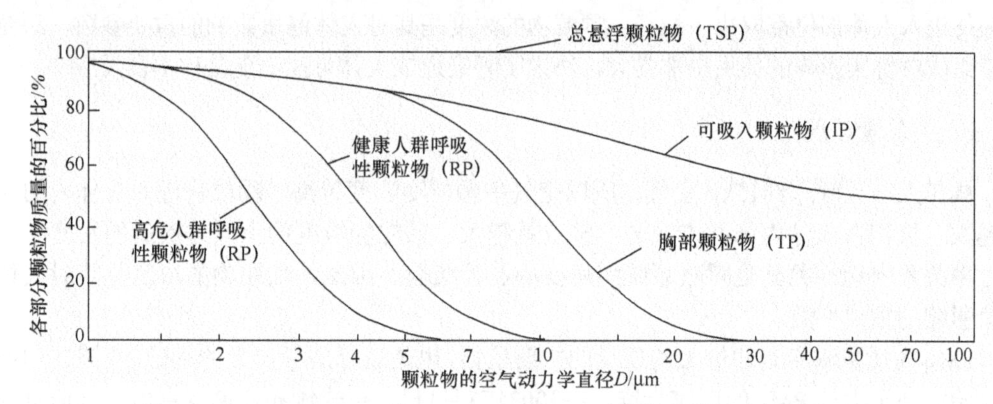

图 4.3　IP、TP（PM_{10}）和 RP（PM_4 和 $PM_{2.5}$）在呼吸道中穿透特性曲线

目前，大气环境科学所研究的颗粒物的空气动力学直径通常是在 0.1～100μm。由于粒径越小，在环境空气中持续的时间越长，对人体健康和大气能见度影响就越大，因此，PM_{10}、$PM_{2.5}$ 和 $PM_{0.5}$ 一直备受关注。

（三）室内可吸入颗粒物的研究意义与现状

随着相应的管理措施和法律法规的制定，室外空气质量得到了不同程度的改善，但是对于室内空气的污染，近些年才引起人们的重视。由于人们平均有 80%～90%以上的时间是在室内度过的，特别是老人和小孩在室内活动时间更长，所以，室内环境污染已经列入对公众健康危害最大的五种环境因素之一。大量的流行病学研究也证实了大气颗粒物与疾病的发生率和死亡率的关系，故加强室内颗粒物污染的研究，对保障人们的身体健康有着重要的意义。

目前，室内有机气体污染尤其是可吸入颗粒物的污染已经引起了大家的关注，可吸入颗粒物、CO_2 和空气细菌总数是室内空气污染的重要综合指标。美国环保局、欧共体国家、世界卫生组织以及我国也都先后组织制定了室内空气质量标准，以控制室内空气的污染。

国外室内空气污染研究开始于 20 世纪 60 年代，并且很早就开始关注室内可吸入颗粒物污染，在以后的几十年中逐渐形成了比较科学的研究体系，建立了相对比较完善的法律法规和各项污染物的卫生标准。我国室内空气污染研究开始于 20 世纪 80 年代，主要集中在室内挥发性有机气体污染以及与人体健康等关系方面的研究，后来逐渐聚焦到室内大气颗粒物，特别是 PM_{10}、$PM_{2.5}$、$PM_{0.5}$ 的研究上来。

二、颗粒物的物化性质

可吸入颗粒物PM_{10}、$PM_{2.5}$和$PM_{0.5}$不能靠自身的重力降落到地面，因此，又被称为“飘尘”。它们在空气中可飘浮几天，甚至几年。其在空气中的迁移特性及最终进入人体的部位都主要取决于颗粒物的粒径大小。可吸入颗粒物的物理化学特征主要包括质量浓度、单颗粒的大小和形状、粒径、颗粒的聚集特性、可溶性、吸湿性、挥发性、带电性、化学成分等。其中，粒径是决定颗粒物空气动力学特性的重要参数，颗粒在空气中的迁移特性及其最终进入人体部位都取决于粒径。颗粒物的浓度是其对人体健康影响的重要参数，颗粒化学组成对健康影响的关系也非常大，决定了呼吸道或人体可能出现某种不良反应。

（一）质量浓度

成年人一天呼入约15kg空气，所以空气中颗粒物浓度越高，颗粒物进入人体内的质量越大，沉积在人体内部并造成的危害也就越大。颗粒物浓度的上升与疾病的发病率、死亡率关系密切，尤其是呼吸系统疾病及心血管疾病，因此，颗粒物的浓度是其对人体健康影响的重要参数。

PM_{10}的质量浓度是评价大气质量的主要依据，也是流行病学调查的基础。我国在1996年开始实施了大气PM_{10}的国家标准，在2003年3月1日，正式颁布实施《室内空气质量标准》（GB/T 18883—2003），其中明确规定了PM_{10}的日平均浓度的最高限值为$0.15mg/m^3$。

研究质量浓度的检测主要是采用滤膜称重法得到的，按式（4.35）计算PM_{10}和$PM_{2.5}$的质量浓度：

$$C=\frac{W_2-W_1}{L\times T} \tag{4.35}$$

式中：C——质量浓度，$\mu g/m^3$；

W_1——采样前滤膜的重量，μg；

W_2——采样后滤膜的重量，μg；

L——采样流量，m^3/min；

T——采样时间，min。

（二）空气颗粒物粒径

颗粒物的粒径是描述颗粒物的一个重要的指标。颗粒物的所有物理化学性质都与粒径有关，同时，由于较细小颗粒组成的复杂结构集合体比由较大颗粒组成的简单结构体比表面积大，所以更容易吸附一些对人体健康有害的重金属和有机物，因而，其毒性更大，所以大气颗粒物粒度的时空分布规律一直是人们注意的焦点之一。

当被测颗粒的某种物理特性或物理行为与某一直径的同质球体（或组合）最相近时，就把该球体的直径（或组合）作为被测颗粒的等效粒径（或粒度分布）。一般将粒径分为代表单个颗粒大小的单一粒径和代表由不同大小颗粒组成粒子群的平均粒径。

平均粒径：对于一个由大小和形状不相同的粒子组成的实际粒子群，与一个由均一的球形粒子组成的假想粒子群相比，如果两者的粒径全长相同，则称此球形粒子的直径为实际粒子群的平均粒径。

单一粒径：球形颗粒的大小是用其直径来表示的。对于非球形颗粒，要根据不同的目的和测量方法对粒径进行定义，一般有三种方法定义其粒径，即投影径、几何当量径和物理当量径。

投影径：指颗粒在显微镜下所观察到的粒径，如费雷特直径、马丁直径、最大直径和最小直径等。对于颗粒物而言，测得的这些直径反映了颗粒投影面的尺寸和大小，因而也称为统计直径。

几何当量径：取与颗粒的某一几何量（面积、体积等）相等时的球形颗粒的直径。例如，投影面积直径、表面积直径、体积直径、表面积体积直径和周长直径等。

物理当量径：取与颗粒的某一物理量相等时的球形颗粒的直径。利用颗粒在流体中的运动特性，定义出阻力直径、自由沉降直径、斯托克斯直径和空气动力学直径等。

1）颗粒物的空气动力学直径（particle aerodynamic diameter，PAD）

PAD 是指在通常的温度、压力和相对湿度的情况下，在静止的空气中，与实际颗粒物具有相同重力末速度的密度为 $1g/cm^3$ 的球体直径。空气动力学粒径是一种假想的球体颗粒直径，它与实际存在的颗粒物的粒径有显著不同。实际存在的颗粒物的粒径与颗粒物组成、相对密度和形状有很大关系。例如，在标准状况下颗粒物的空气动力学直径为 0.5μm，而实际粒径，当相对密度为 2 时，只有 0.34μm；相对密度为 0.5 时，为 0.74μm。

2）颗粒物的扩散直径（particle diffusion diameter，PDD）

当颗粒物的空气动力学直径小于 0.5μm 时，颗粒物的扩散作用比重力沉降作用显著得多，也就是说如此小的颗粒物处于布朗扩散运动状态，此时应当使用颗粒物的扩散直径（PDD），而不是空气动力学直径（PAD）。

（三）化学成分

大气颗粒物的化学成分分析是20世纪60年代至今做得最多的研究之一，一般有机化学成分构成空气颗粒物总重量的10%～30%，已经检测到的有机颗粒物主要有烷烃、烯烃、芳烃和多环芳烃等烃类，还有少量的亚硝胺、酚类和有机酸等。其中具有致癌作用的多环芳烃和亚硝胺类化合物对人体危害较大，而多环芳烃（PAH）是目前研究的重点之一。无机化学成分主要是可溶性无机盐和其他元素类，具体成分和含量因不同地区而异。

1. PM_{10}的化学成分

目前已知的PM_{10}的化学成分包括可溶性成分（大多数为无机离子，如SO_4^{2-}、NO_3^-等）、有机成分（如多环芳烃 PAHs、硝基多环芳烃 Nitro2PAHs）等、微量元素、颗粒元素碳（PEC，有时也称为炭黑）等，有时PM_{10}上还吸附有病原微生物（细菌和病毒）。对PM_{10}的化学组成研究表明，颗粒物的粒径越小，其化学成分越复杂、毒性越大。这是因为小颗粒的比表面积大，更容易吸附一些对人体健康有害的重金属和有机物，并使这些有毒物质有更高的反应和溶解速度。

2. $PM_{2.5}$的化学成分

$PM_{2.5}$的化学成分主要包括有机碳、碳黑、粉尘、硫酸铵（亚硫酸铵）、硝酸铵等五类物质。有机碳、碳黑、粉尘，属于原生颗粒物，被称为一次颗粒物。硫酸铵（亚硫酸铵）、硝酸铵等，是由人类活动排放或自然产生的二氧化硫和二氧化氮等，在大气中经过光化学反应形成的二次污染物，所以被称为二次颗粒物。

$PM_{2.5}$的化学组分除一般无机元素外，还有元素碳（EC）、有机碳（OC）、有机化合物，尤其是挥发性有机物（VOC）、多环芳烃（PAH）、微生物（细菌、病毒、霉菌等）。用X射线荧光光谱（XRF）对$PM_{2.5}$、PM_{10}颗粒物样品中的化学成分进行元素分析，发现有铝（Al）、硅（Si）、钙（Ca）、磷（P）、钾（K）、钒（V）、钛（Ti）、铁（Fe）、锰（Mn）等。谢华林等对衡阳市区空气中不同粒径颗粒物的研究中发现，颗粒物越小，所含金属元素越多，对人体危害较大的金属元素主要富集在<2.0μm的颗粒物上。

三、颗粒物的来源

室内环境中的颗粒物从来源上可以分为两大类，即室内发生源和室外颗粒物，两者共同作用决定了室内空气中颗粒物的浓度和组成。

（一）室内发生源

室内颗粒主要来自于做饭、供暖、吸烟等燃烧过程，所产生颗粒的直径大部分在1μm以下。人类活动引起的二次悬浮和某些设备的使用也会增加颗粒，特别是大粒径的污染颗粒。尽管如此，仍有约25%的室内颗粒物的来源尚不明确。

1. 燃烧过程

大量的研究表明，火炉、烤箱、壁炉的使用以及吸烟、熏香等燃烧过程是室内颗粒物最主要的来源。据统计，世界上约50%的污染主要来自供暖或做饭用的燃料，在发展中国家这个比例更是高达90%。

烟草烟雾是室内环境中细颗粒物的主要来源。近年来，越来越多的学者致力于研究吸烟、熏香等燃烧过程对室内空气污染的影响。在广泛调查办公类建筑环境的基础上，认为可以将有烟环境分为两类，即轻度污染和重度污染。调查发现，办公类环境中，香烟烟尘在颗粒物浓度中所占的比重很大，为50%～80%，会议室和休息室中更是高达80%～90%。并且，香烟在燃烧过程中平均每分钟可产生细小颗粒1.67mg。熏香在燃烧过程中会产生多种污染物，特别是多环芳香烃、碳氧化物和颗粒物，不同类型熏香产生不同粒径的颗粒物有所差别。

烹饪是室内第二重要的颗粒物污染源。统计结果表明，燃气炉所产生的颗粒物中，90%以上都属于超细颗粒（$PM_{0.1}$），峰值粒径为0.06μm。烹饪过程可以使得室内的微小颗粒物的计数浓度增加约5倍，对质量浓度的影响更大，油炸和烧烤这两类烹饪行为所导致的颗粒污染最为严重。

在天气较为寒冷的北方地区，居民住宅内往往设有壁炉和供暖器等供暖设备，这些设备在使用过程中也会产生大量颗粒物，加剧室内颗粒污染程度。例如煤油供暖器、石英供暖器和旋管加热器等供暖设备，由于其在使用过程中会产生大量的颗粒物，造成污染，危害人体健康，因此早已被淘汰使用。而壁炉中燃烧木炭取暖时，产生的颗粒数量也是十分惊人的，研究人员通过实验测出，每千克的木炭在燃烧过程中产生的颗粒总数不少于2.1g，有的甚至多达20g。

2. 人员活动

人员活动也与室内颗粒物的产生和传播密切相关。但是对于室内颗粒物浓度的贡献率要小得多。人的生理活动，如皮肤代谢、咳嗽、打喷嚏、吐痰以及谈话都可能产生颗粒物质；人的家务活动，如清洁、除尘等也会增加室内的颗粒物含量。

人体是重要的颗粒发生源，静止时产生的颗粒数较小，但是在步行时产生的颗粒数将大大增加。人们在室内从事家务活动时，例如清洁除尘、折叠衣物等，产生的颗粒量随着粒径增加而增多，也会引起颗粒的二次悬浮，并且主要对 PM_{10}和 $PM_{2.5}$的颗粒浓度造成影响。当然，人员活动产生颗粒的强度取决于室内的人数、活动类型、活动强度以及地面特性。此类颗粒源的特点是持续时间短，但是能够导致室内颗粒物浓度瞬间增加数倍。

办公设备的使用也是工作环境中重要的颗粒物来源之一。在诸多的办公设备中，复印机和激光打印机应用最为普遍，也被认为是最主要的两类颗粒发生源，其颗粒发生机制主要是碳粒从硒鼓到纸面的传送过程中的损失。办公建筑内普遍存在的病态建筑综合征和复印机的使用密切相关。其实，复印机、打印机等办公设备在使用状态和通电闲置状态下均会产生颗粒物，并且颗粒的发生率与复印速率和复印方式（单面/双面）有关，平均每页产生 PM_{10}的量为1.6～2.5μg，当设备处于连续工作状态时，会产生更多的颗粒物。除此之外，激光打印机比喷墨打印机产生更多的颗粒物。

（二）室外发生源

室外颗粒物主要通过门窗等结构缝隙渗透、机械通风的新风及人员带入进到室内，从而影响室内颗粒的分布。室外颗粒物是室内空气污染物的一部分，而室外空气污染物中颗粒的来源主要有两大类：自然发生源和人为发生源。自然发生源包括土壤微粒、植物花粉以及森林火灾、海水蒸发等形成的颗粒；人为发生源产生的颗粒主要来自工农业生产、建筑施工以及交通运输等过程。通常自然散发的颗粒量是421×10^6～1850×10^6t/a，人为活动产生的颗粒量是237×10^6～755×10^6t/a。室外颗粒物会随着季节变化，地理位置的不同，国家能源结构情况不同而不同。通常而言，发展中国家的室外颗粒物含量较高，因为这些国家的能源组成通常以燃煤和一些低品质燃料为主，可能造成大气中有较高的颗粒物含量。

室外发生源中的 PM_{10}主要由机械过程产生，如建筑施工、道路扬尘等；另一些则是由空气中硫的氧化物、氮氧化物、挥发性有机化合物及其他化合物互相作用形成的细小颗粒物，通常来自于沥青、水泥的路面上行驶的机动车、材料的破碎碾磨处理过程以及被风扬起的尘土。

细颗粒物（$PM_{2.5}$）主要来源于各种车辆所排放的废气、木材燃烧、电厂废气、工业生产、家庭厨房的油垢、人员的吸烟、某些建筑物的材料释放等。当二氧化硫、氮氧化

合物和可挥发性有机化合物等燃烧产物在空气中发生化学反应时，也可能生成极细颗粒（≤0.1μm，$PM_{0.1}$）。表4.18列出了 $PM_{2.5}$ 各种化学组分的主要来源，包括一次颗粒物和二次颗粒物的来源以及天然源和人为源。

表 4.18　$PM_{2.5}$ 化学组分的主要来源

成　分	一次颗粒物		二次颗粒物	
	天然源	人为源	天然源	人为源
SO_4^{-2}	海浪沫	化石燃料燃烧	海洋与湿地排放的 S 以及火山与森林火灾排放的 SO_2 和 H_2S	化石燃料燃烧排放的 SO_2 氧化
NO_3^-	—	机动车排放与大型燃烧源	土壤、森林火灾和闪电产生的 NO_x 氧化	化石燃料燃烧和机动车排放的 NO_x 氧化
NH_4^+	—	机动车排放	野兽和未开垦地释放的 NH_3	饲养动物，污水和施肥土地释放的 NH_3
OC	野火	露天燃烧，木材燃烧，烹调，机动车排放，轮胎磨损	植物释放的碳氢化合物，野火	机动车、露天燃烧和烧木材排放的碳氢化合物氧化
EC	野火	机动车排放，烧木材和烹调	—	—
矿物尘	风蚀，再扬起	无组织排放，铺砌与为铺砌道路，农业与林业	—	—
金属	火山活动	化石燃料燃烧，冶炼，刹车磨损	—	—
生物气溶胶	细菌，病毒	—	—	—

在整个大气颗粒物构成中，$PM_{2.5}$ 是一个庞大的家族，其数量占90%左右。$PM_{0.5}$ 的来源除了汽车尾气之外，大部分来自挥发性有机物，被氧化形成硫酸盐、硝酸盐等。另外研究还表明，吸烟者吸进去的颗粒物绝大部分也是 $PM_{2.5}$。

（三）室内外颗粒源对室内颗粒物浓度的影响

由于室内颗粒源产生的颗粒物和室外大气尘在粒径分布、化学构成等方面都存在着很大差异，所对应的污染控制手段也各不相同，因此有必要研究这两部分对室内颗粒物浓度的相对影响。一般而言，室内颗粒发生源和室外大气尘对于居住环境中的颗粒物浓度的影响大小主要取决于建筑围护结构的密闭性、人员活动强度和方式以及室内发生源的强度和特性等。研究结果表明，在人员活动强度较大的时间，来自室内发生源的颗粒占室内 $PM_{2.5}$ 的60%～89%，占室内 PM_5 的比例更是高达90%以上；在人员活动量较小的时间，来自室内发生源的颗粒物所占的比例明显减小，分别占 $PM_{2.5}$ 的27%～47%和 PM_5 的44%～60%。

四、颗粒物的危害

1. 危害的影响因素

1）空气颗粒物的人体暴露

暴露-反应关系把空气质量的变化和人群健康效应终点的变化相关联，是定量评价空气颗粒物污染危害的关键。对暴露（exposure）的定义是：人在一段时间内通过环境与人体之间的某一边界（如皮肤、鼻、口）与某有特定浓度的空气颗粒物接触的过程。大多数情况下，这些空气颗粒物包含在空气、水、土壤等介质中，接触点的空气颗粒物的浓度即暴露浓度。当人们在具体时段内出入某些场所或微环境、接触到一定质量浓度的颗粒污染物时，就会发生对颗粒物及其组分的个体暴露。个体暴露来自于不同类型的微环境；而个体日均暴露总水平，就是当天各种不同微环境的暴露分量之和。颗粒物浓度和暴露时间决定了吸入量，浓度越高，时间越长，危害越大。

2）空气颗粒物在人体内的沉积

空气颗粒物大部分是通过呼吸系统进入人体内并发生沉积而引起呼吸系统疾病，或者渗透到血液和淋巴中形成内暴露，可导致恶性肿瘤和呼吸系统慢性病发病率升高。沉积主要通过三种作用：碰撞作用：5～30μm 粒径的颗粒；沉降作用：1～5μm 粒径的颗粒；扩散作用：粒径小于0.1μm 的颗粒。由于颗粒物的大小、形状和组分决定颗粒物最终进入人体的部位和对人体的危害程度，所以通常粒径越小、沉积部位越深，对健康的危害越大。不同粒径空气颗粒物在人体内的沉积部位以及引起的疾病见图4.4。

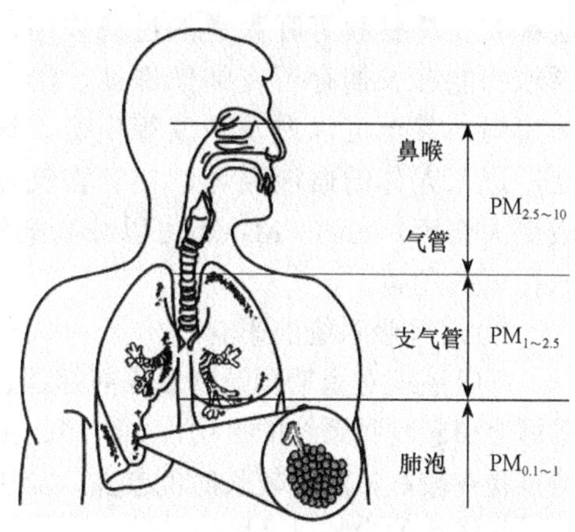

图 4.4　不同粒径空气颗粒物在人体内的沉积

2. 对人体健康的危害

由于可吸入颗粒物主要来自人为源，多为燃烧产物而含有大量对人体有害的成分，且颗粒物的粒径越小，其化学成分越复杂、毒性越大，这是因为小颗粒物的巨大表面积使其能吸附更多的有害物质，并能使毒性物质有更高的反应和溶解速度。粗粒子一般沉积在支气管部位，而细粒子更易沉积在肺泡，并可能进入血液循环，导致与心和肺的功能障碍有关的疾病。表4.19列出了颗粒物的成分及其对健康产生的毒性作用。

表 4.19　颗粒物的成分及其毒性作用

成　分	毒 性 作 用
重金属	诱发炎症、引起 DNA 损伤、改变细胞膜通透性、产生活性氧自由基、引发中毒
有机物	致癌、致突变、诱发变态反应
生物来源（细菌、病毒及其内毒素、动植物屑片、真菌孢子）	引起过敏反应、改变呼吸道的免疫功能、引起呼吸道传染病
离子（NO_3^-、NH_4^+、H^+）	损伤呼吸道黏膜、改变金属等的溶解性
光化学物（臭氧、过氧化物、醛类）	引起下呼吸道损伤
颗粒核	呼吸道刺激、上皮细胞增生、肺组织纤维化

PM_{10}和$PM_{2.5}$的毒性作用取决于颗粒物的浓度、化学组成、吸湿性、可溶性和环境的温度、湿度、pH及机体的年龄、营养、健康状况、活动意识情况等因素。

人体的生理结构决定了对$PM_{2.5}$没有任何过滤、阻拦能力，而$PM_{2.5}$对人类健康的危害却随着医学技术的进步，逐步暴露出其恐怖的一面。研究结果发现，不同质量浓度的PM_{10}和$PM_{2.5}$对人肺成纤维细胞有明显的毒性作用，相同浓度的$PM_{2.5}$毒性大于PM_{10}。并且，$PM_{2.5}$给人体健康带来的危害不是单一的，会引发人体的呼吸系统、心血管系统和中枢神经系统等方面的炎症或病变。$PM_{2.5}$颗粒的直径很小，能逃避鼻腔、鼻黏膜等呼吸道的过滤作用，直接由人体的呼吸道到达肺泡。这些微小的颗粒物能够长期存留在肺部深处，给正常的气体交换造成严重影响，可诱发多种肺部疾病，甚至可以诱发肺癌等疾病。这些大气微粒物还能通过人体的支气管和肺气泡，进入人体的血液循环，使有害气体、有毒重金属等间接溶解在血液中，对人造成更大伤害。同时$PM_{2.5}$还可以载着病毒、细菌等进入人体，对人类尤其是婴幼儿造成极大的危害。

1）对呼吸系统的影响

呼吸系统对短期颗粒物暴露能够通过机体自身清除机制清理掉，但是长期的颗粒物暴露会引起呼吸系统的疾病，如哮喘、支气管炎、发热、咳嗽、支气管收缩以及肺炎等，特别是在较高浓度下较长时间暴露，会引起肺广泛纤维化等疾病，导致肺尘埃沉着症，也就是俗称的尘肺以及肺癌。

动物性颗粒物包括动物毛发、皮屑、小颗粒排泄物、螨类及其排泄物。室内微生物包括细菌、真菌、霉菌等，对人体健康的影响以细菌和真菌最为突出。而这些动物性颗粒物可以载着室内微生物进入人体，这些污染物可造成人体免疫功能下降、过敏性哮喘，引发某些呼吸道传染病，如流感、流脑、结核、猩红热、白喉、百日咳、军团病、麻疹等爆发流行。除上述疾病外，真菌还可引起人体感染，使人患上真菌皮肤病和内脏真菌病。

过多的可吸入颗粒物的沉积会损害肺部呼吸氧气的能力，使肺泡中巨噬细胞的吞噬功能和生存能力下降，导致肺部排除污染物的能力降低。$PM_{2.5}$沉积于肺泡区后，由于其表面积大，肺泡壁上有丰富的毛细血管网，可溶性部分很容易被吸入到血液，作用到全身。而可溶性部分是在肺毒性中起主要作用，而不溶性部分则沉积于肺泡区，从而导致免疫细胞反应。

2）对心血管疾病的影响

由颗粒物引起的心脏自主神经系统在心率、心率变异、血黏度等方面的改变能增加突发心肌梗死的危险。人暴露在高浓度$PM_{2.5}$中，会增加血液的黏稠度和血液中某些白蛋白，从而引起血栓。$PM_{2.5}$由于其比表面大，所以它们吸附的重金属和有毒物质较多，同时也使这些物质在肺中易于溶解，造成肺部损伤或引起继发性的血液学改变，影响心血管疾病的发病与死亡。PM_{10}浓度每增加$100\mu g/m^3$，每分钟心率会增加0.8次，初步显示空气颗粒物污染可能与心血管自主调节功能的紊乱有关。可吸入颗粒物对健康的影响在中年以上和已患心脏疾病的人群中表现得较为明显，认为可吸入颗粒物是引起心脏病的因子之一。

3）对生殖系统的影响

研究认为，大气颗粒物的污染与人类生殖功能的改变显著相关。由于一些具有潜在毒性的元素，如铅、镉、镍、锰、钒、溴、锌和苯并（a）芘等多环芳烃（PAHs），主要吸附在直径小于2.5μm 的颗粒物上，而这些小颗粒易沉积于肺泡区，容易被吸收进入血液中，故细颗粒物的吸入对生殖系统的影响不容忽视。许多研究发现大气颗粒物的浓度与早产儿、新生儿死亡率的上升，低出生体重、宫内发育迟缓（IURG）及先天功能缺陷具有显著统计学相关性。

大气颗粒物对生殖系统的影响不仅表现为造成胎儿出生时形态畸形，而且会导致一些细微的功能缺陷，而影响其一生。研究人员发现，在那些吸烟或是长期暴露于大气颗粒物的妇女的胎盘血中，其 DNA 加合物的浓度明显增高，这类妇女中胎儿发生宫内发育迟缓、低出生体重的危险性也要高于那些不吸烟的妇女。分析其致病机制，颗粒物中的活性成分由母体呼吸道吸入，并吸收进血液，高浓度的生物活性化合物 PAH 和其含氮衍生物等毒性物质会干扰母体的一些正常的生理代谢过程，从而影响胎儿的营养与发育；另外，毒物还可能直接通过胎盘对胎儿起作用，毒物的作用时期很可能是在妊娠早期，尤其是怀孕第一个月。但细颗粒物是否仅作为载体，抑或与所携带的毒性物质存在交互作用尚无定论，仍有待深入研究。

4）对神经系统的影响

室内空气中的矿物颗粒物还有很大一部分来自工农业生产，交通和其他人类活动，粒径较小的颗粒能随气流进入室内。其中粒径小于10μm 的可吸入颗粒物，含有30多种金属元素，特别是铅含量可高达10μg/m^3。研究表明，铅对人体神经系统有明显的损害作用，可影响儿童智力的正常发育。母体接触铅污染后，后代可以出现神经系统发育异常。小于1μm 的含铅颗粒物在肺内沉积后，极易进入血液系统，大部分与红细胞结合，小部分形成铅的磷酸盐和甘油磷酸盐，然后进入肝、肾、肺和脑，几周后进入骨内，导致高级神经系统紊乱和器官调解失能，表现为头疼、头晕、嗜睡和狂躁严重的中毒性脑病。

5）具有致癌、致突变、致残作用

燃烧颗粒物主要包括烹调、取暖、焚烧垃圾、锅炉燃烧及吸烟等过程产生的颗粒物。石油、煤等化石燃料及木材、烟草等有机物在不完全燃烧过程中会产生多环芳烃（PAHs），排放的 PAHs 可直接进入大气，并吸附在颗粒物上，特别是直径小于2.5μm 的细颗粒物上。由于 PAHs 具有致癌、致突变、致残作用，因此对人体健康危害极大，其中代表物苯并（a）芘是最具致癌性的物质，能诱发皮肤癌、肺癌和胃癌。除此之外，空气中的 PAHs 还可以和 NO_x、O_3、HNO_3等反应，转化成致癌或诱变作用更强的化合物，从而对人体健康构成威胁。

6）增加死亡率

虽然对于健康人而言，$PM_{2.5}$不是直接的致死因素，但是却可以导致患有心血管病、呼吸系统疾病和其他疾病的敏感体质患者的死亡。由于许多对人体具有潜在危害的物质，如酸、重金属、PAHs 等，主要集中在 $PM_{2.5}$上。因此，可认为大气中 $PM_{2.5}$浓度的增加会导致发病率和死亡率的增加。

3. 其他情况的影响

1）对空调性能的影响

颗粒物会沉积在空调系统的各个部分，带来诸多不良后果，如降低盘管换热效率，增大设备和管道阻力而导致风量、冷量不足，阻碍甚至破坏自控元件的动作，滋生有害细菌，造成难闻异味，产生风口黑渍而影响室内装修美观，等等。

2）对工业制造的影响

在电子工业的许多工艺生产部门对大于0.5μm 的尘粒要求＞2个/L，如薄膜电容器生产中尘粒在1500个/L 时，即产生大量废品，一旦尘粒降为200个/L，则废品率为5%，质量可靠性大为提高。

实践活动 6　空气中颗粒物的测定

可吸入颗粒物 PM_{10}的测定一般采用重量法、压电晶体差频法、光散射法、β 射线吸收法等。$PM_{2.5}$的检测比较复杂，因为其粒径是大气中漂浮着的所有颗粒物中最小的。归纳起来，测定 $PM_{2.5}$的质量浓度主要有两个步骤，首先把 $PM_{2.5}$与较大的颗粒物分离，然后测定被分离出来的 $PM_{2.5}$的质量。国内外分离 $PM_{2.5}$的方法基本一致，均由具有特殊结构的切割器及其产生的特定空气流速达到分离效果。目前，国际上广泛采用的 $PM_{2.5}$检测方法有重量法、微量振荡天平法和 β 射线法，方法与 PM_{10}类似。

一、重量法

标准 HJ 618—2011规定了测定环境空气中的 PM_{10}和 $PM_{2.5}$的重量法，适用于环境空气中 PM_{10}和 $PM_{2.5}$浓度的手工测定。标准 HJ 618—2011的检出限为0.01mg/m^3（以感量0.1mg 分析天平，样品负载量为1.0mg，采集108m^{3}空气样品计）。

（一）小流量冲击式采样——重量法

1）原理

利用二段可吸入颗粒物采样器（截留粒径 D_{50}=10几何标准差 δ_g=1.5μm），以13L/min的流量分别将粒径不小于10的颗粒物采集在冲击板的玻璃纤维滤纸上。粒径不大于10μm的颗粒采集在预先恒重的玻璃纤维滤纸上，取下再称其质量，以采样标准体积除以粒径10μm 颗粒物的量，即得出 PM_{10}的浓度。

2）仪器设备与材料

可吸入颗粒物采样器，天平（感量0.1mg 或0.01mg），皂膜流量计，秒表，玻璃纤维滤纸，干燥器，镊子。

3）采样

将校准过流量的采样器入口取下，旋开采样头，将已恒重的 Φ50mm 的滤纸安放于冲击式环下，同时于冲击环上放置环形滤纸，再将采样头旋紧，装上采样头入口，放于室内有代表性的位置，打开开关旋钮计时，将流量调至13L/min，采样24h，记录室内温度、压力、及采样时间，注意要随时调节流量，使其保持在13L/min。采样后，小心取下采样滤料，尘面向里对折，放于清洁纸袋中，再放于样品盒内保存。

4）操作步骤

将带回实验室的滤纸，在与采样前相同的环境下放置24h，称量至恒重，以此质量减去空白滤纸质量，可得出可吸入颗粒物的质量 W。将滤纸保存好，以备成分分析用。

5）计算

首先，将采样体积换算成标准状况下的采样体积。可吸入颗粒物浓度的计算，见式（4.36）。

$$C=\frac{W}{V_0} \tag{4.36}$$

式中：C——可吸入颗粒物的质量浓度，mg/m^3；

W——颗粒物的质量，mg；

V_0——换算成标准状况下的体积，m^3。

6）说明

第一，采样前，必须先将流量计进行校准。采样时准确保持体积流量恒定为13L/min。第二，称量空白及采样的滤纸时，环境及操作步骤必须相同。第三，采样时必须将采样器部件旋紧，以免样品空气从旁侧进入采样器，造成错误的结果。第四，用感量为0.1mg 或0.01mg 的分析天平，检测下限分别为0.4mg 和0.04mg。

（二）小流量旋风采样——重量法

1）原理

应用50%截留点为10的旋风式分级个体采样器，按规定体积流量采样，空气中悬浮颗粒物依照空气动力学特性分级，PM_{10}被收集在预先称量的滤料上。根据采样前后滤料质量之差和采样体积，计算出可吸入颗粒物（PM_{10}）的质量浓度。

2）仪器和设备

重量法的仪器和设备主要有旋风式个体可吸入颗粒采样器；恒流量校准器；皂膜流量计；干燥器；分析天平。

3）采样

首先，将滤料放在干燥器中平衡24h。然后，称量至恒重，并记录滤料的称重结果 W_1。将已称重的滤料平放在采样夹上，夹紧，按采样器说明书操作，在规定的体积流量下，采气24h。记录采样时的气温和大气压力。采样后，打开采样夹，用镊子小心取出样品滤料，颗粒物向里对折，装入清洁纸袋中，再放进滤料盒中保存。

4）分析步骤

将采过样的滤料，置于干燥器平衡24h 后，称重至恒重。记录样品滤料的称量结果 W_2。称量后的样品滤料放进铝箔袋中低温保存，以备颗粒物成分分析。

5）计算

$$C=\frac{(W_2-W_1)\times 1000}{V_0} \tag{4.37}$$

式中：C——空气中 PM_{10}的质量浓度，mg/m^3；

W_2——采样后滤料质量，g；

W_1——采样前滤料质量，g；

V_0——换算成标准状况下的采样体积，m^3。

6）说明

该方法的检测下限依分析天平感量而定。若天平感量为0.01mg/m^3，检测下限为0.04mg；若采样体积流量为1.7L/min，采样24h，检测下限浓度为0.004mg/m^3。

二、压电晶体差频法（微量振荡天平法）

1）原理

空气中的颗粒物因高压电晕放电作用而带上负电荷，它被带有正电荷的石英振荡器电极表面吸引放电并沉积在其表面，尘量增加使振荡频率降低，频率降低程度与尘量呈正比。用静电采样器原理将颗粒物采集在石英谐振器的电机表面上，因电极上增加了颗粒物的重量，使其振荡频率发生变化。根据频率变化，可求出空气中颗粒物浓度。

2）仪器和设备

压电晶体差频法颗粒物测定仪，进气口装 PM_{10}粒径切割器。测量范围分为4挡：0～ 50μg/m^3，0～500μg/m^3；0～5mg/m^3，0～50mg/m^3。仪器结构如图4.5所示。

3）采样

按仪器说明书操作。空气样品以规定的体积流量，通过聚四氟乙烯导管，抽入仪器。

4）分析步骤

将量程选择、采样时间，采样周期开关放在所需位置上。按仪器说明书操作完成仪器的调试、校正、采样和浓度读数。

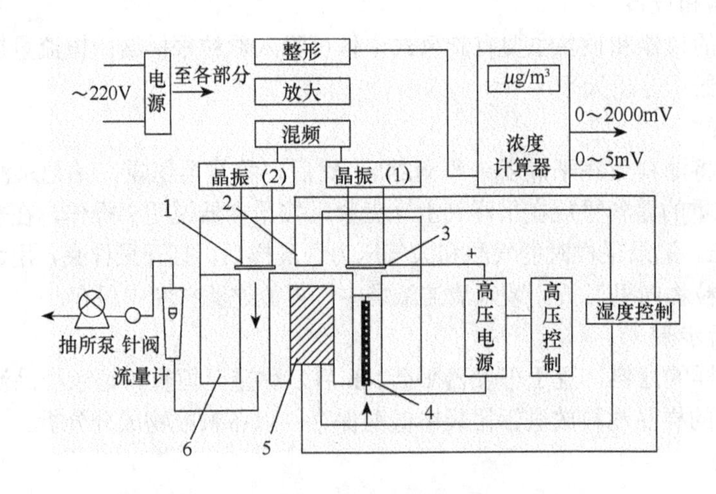

图 4.5 压电晶体差频法测定颗粒物的工作原理

1—补偿晶体；2—控浊热敏电阻；3—测量晶体；
4—高压放电针；5—加热器；6—传感器壳体

5）计算

石英谐振器实际上相当于一个超微量天平。若采样体积流量为 Q（L/min），采样时间为 r（min），则空气中颗粒物浓度 C（mg/m^3）的计算方式见式（4.38）。

$$C = A\frac{\Delta f}{Q_\tau} \times 1000 \quad (4.38)$$

式中：A——与石英谐振器的称量灵敏度有关的常数，相当于单位频率变化下的颗粒物质量数 $\Delta f/\Delta M$，mg/Hz；

Δf ——采样后石英谐振器的频率变化，Hz。

6）说明

方法检测下限为$5\mu g/m^3$。

三、光散射法

1）原理

空气样品被连续吸入遮光的检测器内，悬浮颗粒物在其内遇一定光束产生散射光，这种光被接受放大变为光电流，当光电流与时间之积达到一定量时，即产生脉冲数，此数值与颗粒物的浓度成正比。通过测量散射光强度，按照光散射理论，计算出被测颗粒物的平均粒径和浓度，并应用质量浓度转换系数就可以计算出颗粒物的质量浓度。按照光源可分为可见光散射法和激光散射法。

2）设备和仪器

（1）可见光光散射法数字测尘仪，仪器的结构原理：光源和透镜于暗室中产生平行光，由风机抽入定量样品，经入口颗粒物粒径切割器使一定粒径范围的颗粒物进入暗室中检测器的灵敏区，与光作用产生散射光，被成直角方向的光电接收器接收，经积分放大成每分钟脉冲数读出。再用标准方法矫正仪器的读数成质量浓度。检测范围：0.01～$100mg/m^3$。仪器结构原理如图4.6所示。

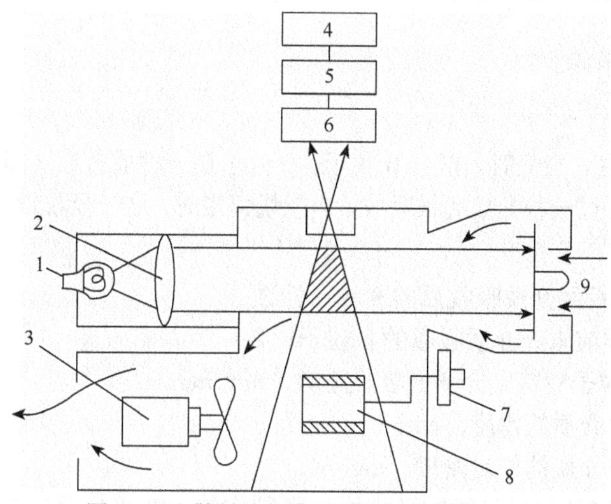

图 4.6　光散射法数字测尘仪结构原理

1—光源；2—平行光透镜；3—抽气风机；4—计数器；5—积分电路；
6—光电传感器；7—切换控制板；8—标准散射板；9—入口粒径切割器

（2）激光光散射法测尘仪，仪器构造原理：以激光二极管为光源，当暗室中的悬浮颗粒物在激光的照射下产生散射光，并转换成其散射光强度与质量浓度成正比的脉冲计

数 R。通过预制 K 值，仪器的微处理器可自动计算出悬浮颗粒物的质量浓度 C。检测范围：0.001～10mg/m^3。

3）采样与测定

根据仪器说明书进行调试、校正、采样和测定。

4）计算

（1）计算单位时间内的脉冲数，见式（4.39）。

$$R=\frac{\text{累计读数}}{\tau} \tag{4.39}$$

式中：R——单位时间的脉冲读数，CPM；

τ——设定的采样时间，min。

（2）空气中 PM_{10}浓度，见式（4.40）。

$$C=KR \tag{4.40}$$

式中：K——由 CPM 换算成 mg/m^{3}的系数。

5）说明

由于光散射法对于不同粒径，不同颜色的颗粒物会得出不同的测量结果。为此，在某一特定的环境中，需用称重法与仪器进行平行对照测定，以求出 K 值，见表4.20。

表 4.20　质量浓度与转换系数 K 的经验值

项　目	密闭空调房间		一般公共场所	
	范围	建议值	范围	建议值
可见光光散射数字粉尘仪 K_1	0.013～0.15	0.014	0.016～0.012	0.02
激光光散射数字粉尘仪 K_2	0.0007～0.001	0.001	0.0007	0.001

四、β 射线吸收法

1）原理

原子核在发生 β 衰变时，放出 β 粒子。β 粒子是一种放射线（即电子流），它的穿透能力较强，当它通过一种介质而被吸收，当能量恒定时，这一吸收量与物质的质量成正比。

$$I=I_0\mathrm{e}^{\mu_m d\rho} \tag{4.41}$$

式中：I——采样后经介质吸收后的 β 粒子计数；

I_0——采样前未经介质吸收的 β 粒子计数；

μ_m——β 粒子对特定介质的吸收系数，cm^2/mg；

d——吸收介质的厚度，cm；

ρ——吸收介质的相对密度，mg/m^3。

β 射线测定仪是利用射线的吸收原理而制作的。在采样器入口有一个 PM_{10}的切割器和专用采样夹，装好滤纸后即可采集空气中可吸入颗粒物（PM_{10}）。采样后同时测定同批号、同样大小的空白滤纸和样品滤纸，单位时间内通过 β 射线的计数（$I_0>I$）。已知 β 粒子对特定介质的吸收系数 μ_m，过滤面积 S 和采样体积 V，即可算出空气中 PM_{10}质量浓度。

2）仪器和设备

β射线数字测定仪是由^{14}C射线源产生β射线经过滤料吸收后，用β计数管测定穿透滤料后的β射线强度。测量范围：1～10mg/m³。仪器结构原理如图4.7所示。

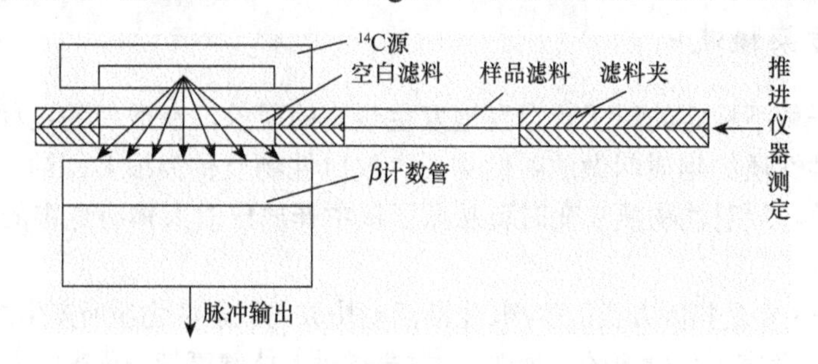

图 4.7　β射线数字测定仪结构示意图

3）试剂和材料

滤料为玻璃纤维滤纸或聚四氟乙烯滤膜。

4）采样

（1）将干净滤料置于采样夹中，使滤料能完全挡住采样夹上2个圆孔，然后将采样夹插入采样头，并推到底，再拧紧采样头上的2个压紧螺丝钉。

（2）按仪器说明书要求，确定采样时间和流量。

（3）采样结束后，将采样头上的2个压紧螺丝钉旋松，小心抽取采样夹，立即插入测尘仪主机，进行PM_{10}质量浓度测量。

（4）记录采样时的温度和大气压力。

5）分析步骤

按仪器说明书进行操作。

6）计算

$$C=\frac{S}{V_0\mu_m}\ln\frac{I_0}{I} \tag{4.42}$$

式中：C——空气中PM_{10}的平均质量浓度，mg/m³；

S——样品滤料的过滤面积，cm²；

V_0——换算成标准状况下的采样体积，m³。

几种PM_{10}测量方法的比较如表4.21所示。

表 4.21　四种PM_{10}测量方法的比较

测量方法	测量原理	检测限	特点及应用
称重法	直接测量采样滤纸上颗粒物的质量确定采样气体中PM_{10}的质量浓度	取决于质量分析仪器精度	测量结果可靠，受干扰因素少，可作为其他仪器的矫正方法
光散射法	散射光强与颗粒物浓度成比例	0.01mg/m³	受颗粒物粒径及颜色影响大，需要进行质量浓度转换，可连续自动测量
射线法	射线衰减强度与颗粒物浓度成比例	3μg/m³	误差较大，可分段连续自动测量
压电晶体差频法	石英振动频率与颗粒物质量成比例	5μg/m³	需定期清洗石英振荡器电极，颗粒物采集率不稳定，可分段连续自动测量

4.4 放射性污染的分析测试

一、放射性污染概述

放射性是一种不稳定的原子核自发地发生衰变的现象，在放射的过程中同时释放出射线。具有这种性质的物质叫做放射性物质。放射性物质种类很多，铀、钍和镭就是常见的放射性物质。放射性物质衰变时可从原子核中释放出对人体有危害的 α 射线、β 射线和 γ 射线等。

放射性污染主要是指因人类的生产、生活活动排放的放射性物质所产生的电离辐射超过放射环境标准时，危害人体健康的一种现象，主要指对人体健康带来危害的人工放射性污染。第二次世界大战后，随着原子能工业的发展，核武器试验频繁，核能和放射性同位素的应用日益增多，使得放射性物质大量增加，因此放射性污染越来越受到人们的重视。

（一）放射性污染的来源

环境中放射性的来源分天然辐射源和人工辐射源。

天然辐射主要来自宇宙辐射、地球和人体内的放射性物质，这种辐射通常称为天然本底辐射。在世界范围内，天然本底辐射每年对每个人的平均辐射剂量当量约为2.4mSv（毫希），有些地区的天然本底辐射水平比平均值高得多。

人工辐射源是指对公众造成自然条件下不存在的辐射的辐射源，主要有核试验造成的全球性放射性污染，核能、放射性同位素的生产和应用导致放射性物质以气态或者液态的形势释放而直接进入环境，核材料贮存、运输等则可能造成放射性物质间接地进入环境。

（二）放射性污染危害

1. 辐射对人体的生物效应分为躯体效应和遗传效应

躯体效应是由辐射引起的显现在受照者本人身体的有害效应，是由于人体细胞受到损伤引起的，只影响受照者个人本身。放射线对生物的危害是十分严重的。急性的躯体效应发生在短时间内接收到大剂量照射的情况下；辐射的远期效应是需要经过很长时间潜伏期才显现在受照者本身上的效应，主要表现为诱发白血病和癌症，也可能导致寿命的非正常缩短，即过早衰老或提前死亡。

遗传效应是由于生殖细胞受到损伤引起的，表现为受照者后代的身体缺陷。一般认为在已有的人体细胞中，基因的非自然性突变基本上是有害的。所以必须避免人工辐射引起的人体细胞内的基因突变。

2. 辐射对人体的危害

辐射对人体的危害主要表现为受到过量照射引起的急性放射病，以及因辐射导致的远期影响。

急性放射病是由大剂的急性照射引起的，多为意外核事故、核战争造成的。按射线的作用时间，短期大剂量辐射引起的辐射损伤可造成全身性辐射损伤和局部性辐射损伤。全身性辐射损伤主要症状、病程特点和严重程度可分为骨髓型放射病、胃肠型放射病、脑型放射病三类。局部性辐射损伤指肌体某一组织或器官受到损伤。例如，单次接受低能射线的照射，皮肤将产生红斑，剂量大时将出现水泡、皮肤溃疡等病变。

远期影响主要是慢性放射性病和长期小剂量照射对人体健康的影响，多属于随机效应。慢性放射性病是由于多次照射和长期积累的结果。可能会导致白血病、癌症、白内障、生育能力降低、生长迟缓等躯体效应；还可能出现胎儿性别比例变化、先天畸形、流产等遗传效应。长期小剂量照射对人体影响的特点是潜伏期长、发生概率低、既有随机性效应也有确定性效应。

（三）放射性单位

在描述放射性物质的特性和对人类影响的过程中，经常用到一些特定的概念和单位：

1. 放射性活度

放射性活度（A）　表示在单位时间内放射性原子核所发生核衰变数，其 SI 单位为 Bq（贝可），1Bq 表示每秒发生一次核衰变。曾用单位是 Ci（居里），$1\text{Ci}=3.7\times10^{10}\text{Bq}$。

2. 照射量

照射量（X）　表示 X 射线或 γ 射线在空气中产生电离能力大小的辐射量。定义为

$$X=\frac{\mathrm{d}Q}{\mathrm{d}m} \tag{4.43}$$

式中：X——照射量，C/kg。曾用单位 R（伦琴），$1\text{R}2.5\times10^{-4}\text{C/kg}$；

$\mathrm{d}Q$——射线在质量为 dm 的空气中释放出的全部电子（正、负电子）被空气完全阻止时在空气中形成的一种符号的离子的总电荷的绝对值，C；

$\mathrm{d}m$——受照空气的质量，kg。

照射量率 $\dot{X}$ 的定义为

$$\dot{X}=\frac{\mathrm{d}X}{\mathrm{d}t} \tag{4.44}$$

式中：$\dot{X}$——照射量率，C/（kg·s）；

$\mathrm{d}X$——时间间隔 $\mathrm{d}t$ 照射量的增量，C/kg；

$\mathrm{d}t$——时间间隔，s。

3. 吸收剂量

吸收剂量（D）　是单位剂量受照物体中所吸收的平均辐射能量。其定义式为

$$D=\frac{\mathrm{d}\bar{\varepsilon}}{\mathrm{d}m} \tag{4.45}$$

式中：D——吸收剂量，J/kg，称为 Gy（戈瑞）；曾用单位 rad（拉德），1rad＝0.01Gy；

$d\bar{\varepsilon}$——电离辐射授予质量为 dm 的物质的平均能量，J；

dm——受照空气的质量，kg。

吸收剂量在剂量学的实际应用中是一个非常重要的物理量，它适用于任何类型的辐射和受照物质，并且是与一无限小体积相联系的辐射量，即受照物质中每一点都有特定的吸收剂量数值。因此，在给出吸收剂量数值时，必须指明辐射类型、介质种类和所在位置。

4. 吸收剂量率

吸收剂量率 $\dot{D}$ 是单位时间内的吸收剂量，定义为

$$\dot{D}=\frac{dD}{dt} \tag{4.46}$$

式中：$\dot{D}$——吸收剂量率，Gy/s；

dD——时间间隔 dt 吸收剂量的增量，Gy；

dt——时间间隔，s。

5. 剂量当量

为了用同一尺度表示不同类型和能量的辐射照射对人体造成的生物效应的严重程度或发生概率的大小，辐射防护上采用剂量当量这一辐射量。组织内某一点的剂量当量为

$$H=DQN \tag{4.47}$$

式中：H——剂量当量，Sv；曾用单位是 rem（雷姆），1rem＝0.01Sv；

Q——品质因数，用以计算剂量的微观分布对危害的影响；

D——在该点接受的吸收剂量，Gy；

N——国际放射委员会（ICRP）规定的其他修正系数，目前规定 $N=1$。

二、氡及其子体

地球上的一切自然物质中都含有不同数量的放射性元素，整个地球、乃至整个宇宙的一切自然物质，实际上都是由103种天然元素（不包括人造元素）组成的。在103种天然元素中，有一族元素具有放射性特点，被称为“放射性元素族”。所谓“放射性元素”，是指这些元素的原子核不稳定，在自然界的自然状态下不断地进行核衰变，在衰变过程中放射出 α、β、γ 三种射线和有放射性特点的惰性气体氡气。其中的 α 射线（粒子）实际上是氦（He）元素的原子核，其质量大、电离能力强、高速的旋转运行，速度大约是光速的1/10，电离强度是 α、β、γ 中最强的，但穿透性最弱，只释放 α 粒子的放射性同位素在人体外部不构成危险。然而，释放 α 粒子的物质（镭、铀等）一旦被吸入或注入体内，那将十分危险，它能直接破坏内脏的细胞，是造成对人体内照射危害的主要射线；β 射线是负电荷的电子，速度接近光速；γ 射线是光子，没有静止质量，是类似于医疗透视用的 X 射线一样的波长很短的电磁波，由于它的穿透力很强，所以是造成人体外照射伤害的主要射线；与此同时由衰变而产生的氡（Rn）气是自然界中仍具有放射性特点的惰性气体，由于它还要继续衰变，因此被吸入肺部后，容易造成对人体照射（特别是对肺）的伤害。

（一）氡及其子体的衰变

自然界中氡的同位素（^{219}Rn，^{220}Rn，^{222}Rn）分别来源于三大天然放射系——铀系、钍系和锕系：在铀的衰变系中起始元素是铀-238（^{238}U），它经一系列衰变后生成镭-226（^{226}Ra），其半衰期为 1602 年，镭-226 衰变产生的子体是氡（^{222}Rn），故 ^{226}Ra 是 ^{222}Rn 的直接母体。在钍的衰变系中第一个核素是钍-232（^{232}Th），在这个衰变系中有一个放射性惰性气体核素，称钍射气，用 ^{220}Rn 表示，其半衰期为 55.6s，因其半衰期短，在空气中的含量仅为 ^{222}Rn 的几十分之一，其重要性比 ^{222}Rn 小。在有独居石等钍含量高的地质结构的地区，会使空气中 ^{220}Rn 浓度升高，而 ^{220}Rn 的危害也引起了人们的关注。在锕系中也有一个气态惰性放射性核素，称锕射气，用 ^{219}Rn 表示，其半衰期仅约 4s，一般可忽略不计。这些同位素本身又具有放射性，衰变产生一系列新的核素。习惯上将这些新生的核素称作氡子体，而氡叫做母体。氡的所有子体都是固体的。自然界中钍的平均含量约为铀的 3 倍，但其半衰期差不多也是其 3 倍，故两者的放射性活度差不多，即单位时间内产生的这些同位素 ^{220}Rn、^{222}Rn 的原子数基本相同。但是由于氡子体间的半衰期差异，在自然环境中他们的浓度差异很大。^{220}Rn 的半衰期短，地壳中产生的 ^{220}Rn 只有很少的一部分能够释放到大气中来，而且很快衰变掉，所以在空气中，^{220}Rn 的含量不足 ^{222}Rn 的 10%。^{219}Rn 的半衰期更短，在形成的瞬间就衰变掉，因而在空气中很难发现它的存在。而 ^{222}Rn 的半衰期相对较长（3.824d），空气中氡主要为 ^{222}Rn。正因为如此，在没有特别说明的情况下，所谓的氡是指 ^{222}Rn。

在氡的一系列衰变子体中，把 ^{218}Po、^{214}Pb、^{214}Bi、^{214}Po 统称为氡的短寿命子体。因它们半衰期短，大部分衰变时生成的 α 粒子，辐射能量高，但这些子体极易吸附在微粒上，经呼吸进入人体可沉积在肺部，会对人体造成损伤，因而引起人们的特别重视。一般涉及氡的危害指的主要是 ^{222}Rn 和它的短寿命子体。自然界中氡的同位素以及其短寿命子体的主要辐射特性见表 4.22 和表 4.23。

表 4.22 氡（Rn）同位素的主要辐射特性

质量数	习用名称	衰变方式	半衰期	粒子能量/MeV
219	锕射气（Av）		3.96s	6.819
220	钍射气（Tv）	α	55.6s	6.288
222	镭射气（Pv）		3.824d	5.489

表 4.23 氡及其子体的辐射特性

^{238}U 衰变链			^{232}Th 衰变链			^{235}U 衰变链		
核素	半衰期	α粒子能量/MeV	核素	半衰期	α粒子能量/MeV	核素	半衰期	α粒子能量/MeV
^{222}Rn	3.824d	5.49	^{220}Rn	55.6s	6.29	^{219}Rn	3.96s	6.12
^{218}Po	3.04min	6.00	^{216}Po	0.15s	6.78	^{215}Po	1.78ms	8.35
^{214}Pb	26.8min	β,γ	^{212}Pb	10.64h	β,γ			
^{214}Bi	19.7min	β,γ	^{212}Bi	60.6min	6.05			
^{214}Po	164μs	7.69			6.09	^{211}Po	0.516s	6.22
^{210}Po	138.8d	5.30	^{212}Po	0.30μs	8.78			

氡作为一种广泛存在的天然辐射源，与其子体一起对人体产生的辐射剂量，占天然或人工源对人体的辐射总剂量的 50%以上。在铀矿开采中，氡是导致矿工肺癌的主要危害，也是导致居民肺癌发生的原因之一。从铀与非铀矿山的辐射防护、核电站、民用地下工程、军用地下工事、居民住房等的氡污染调查治理，到氡法找矿、地震预报及地球科学等领域，氡和氡子体的测量和控制已成为多领域共同关心的问题。

（二）物化性质

1. 物理性质

氡是一种无色、无味、无臭的放射性气体。氡在温度为−65℃和 101 325Pa 压力下，转化为液态。氡转化为固态的温度约为−113℃，熔点为−71℃，沸点为−61.8℃。在 0℃和 101 325Pa 下，气态氡的密度为 $9.73\times10^{-3}g/cm^3$，液态氡的密度为 $5.7g/cm^3$，临界温度为 104.4℃。

液态氡起初是无色透明的，然后由于衰变产物逐渐变浑，它能使容器的玻璃壁发绿色荧光。固态氡不透明，能发出明亮的浅蓝色光。

2. 化学性质

氡的原子序数是 86，是元素周期表第 6 周期的零族元素。氡的同位素原子不带电荷，分子是单原子的，其电子构型为 $6s^26p^6$。氡不能离解为离子，一般以气体存在，是一种化学性质不活泼的惰性气体。氡的主要化学参数见表 4.24。

表 4.24 氡的化学参数

符号	原子序数	相对原子质量	原子容积/（g/L）	熔点/℃	沸点/℃	电子构型	地表丰度	电离势/（eV）
Rn	86	222	9.73	−71	−61.8	$6s^26p^6$	7×10^{-12}	10.746

3. 氡的溶解性

氡易溶于水，这对于氡在地下水中的溶解以及搬运十分有意义。根据格林定律，液体中的氡浓度和气体中的氡浓度成正比。即

$$\frac{N_{Rn液}}{V_{液}}=\omega\frac{N_{Rn气}}{V_{气}} \tag{4.48}$$

式中：ω—— 氡的溶解系数；

$V_{液}$ 和 $V_{气}$ ——分别为液体和气体的体积；

$N_{Rn液}$ 和 $N_{Rn气}$ ——分别为液体和气体的氡浓度。

氡在水中的溶解受温度的影响十分明显。氡在水中的溶解系数与温度的关系可由下式表示：

$$\omega=0.105+0.405\times\exp(-0.0502t) \tag{4.49}$$

式中 t 为水的温度（℃）。根据该式计算氡在水中的溶解系数与温度的关系见表 4.25。

表 4.25　氡在水中的溶解系数与温度的关系

t/℃	0	5	10	20	30	40	50	60	70	80	90	100
ω	0.5	0.4	0.35	0.25	0.19	0.15	0.13	0.12	0.117	0.112	0.11	0.10

由表 4.25 可知，70℃以上，氡在水中的溶解度随温度的升高变化不大；70℃以下，氡在水中的溶解系数随温度的升高而迅速降低，所以氡在水中的溶解度随温度升高而降低。温泉或热泉中原来溶解的氡，流出地表之后，随着温度下降，大量逸出到空气中。如果水和空气体积相等，则在 t=20℃时，有 1/4 的氡含在水中，而 3/4 则含在空气中。在 70～100℃范围内，氡只有 10%左右含在水中。溶液沸腾时，氡基本上从液相中析出。

氡也易溶于有机溶剂之中，而且在有机溶剂的溶解度大于在水中的溶解度（表 4.26）。如在脂肪中的溶解度比水中高 120 倍，氡在人体中的毒理与这一特征有一定的关系。在有机溶剂的溶解度也与温度有关，随温度的升高而降低。

4. 固体物质对氡的吸附性

所有固体均在不同程度上吸附氡，其中尤以煤、橡胶、蜡、石蜡等最为突出。活性炭又是它们中吸附氡能力最强的一种，因为它有大体积的微孔隙，总表面积也最大。用 2.5g 活性炭能全部吸附 10～100Bq 的氡。在岩石中黏土是很好的氡吸附剂。金属是很弱的氡吸附剂，玻璃更弱。低温时氡易被吸附，如在－180℃时，氡可以全部被吸附。值得注意的是，在进行氡测量时，橡皮管的长度和直径同氡的吸附密切相关，经试验，用 20m 长的橡皮管抽土壤中气体时，可以使局部氡异常漏失。

表 4.26　氡在有机溶剂中的溶解系数

液　体	溶解系数	
	18℃	0℃
二硫化碳	23.1	23.4
环己烷	18	
己烷	17	23.4
松节油	15	
丙酮	6.3	7.99
无水甘油	0.21	1.7
汽油	12.3	
橄榄油和其他类似油	29	
凡士林油，煤油	10	
苯胺	3.8	4.45
纯酒精	6.17	8.28
甲苯	12.8	18.4
乙醚	15.1	20.1
石油	9.2	12.6
乙酸乙酯	7.4	9.41

这里应指出的是，在常温下，活性炭也能吸附大量同它相接触的氡。而在液态空气温度下，炭吸附氡的量也是很大的，这实际上是瞬时吸收。谢罗久柯娃指出了木炭能从空气中吸附氡的性质，并建议利用木炭测定空气中氡的浓度。

各种无机凝胶和有机胶体，也能极强烈地吸附氡，并能牢固地将氡保持住。氡吸附量是气体与吸附剂接触持续时间的函数。氡吸附量与速度关系的研究表明：在给定条件、一定速度下，吸附量不变。

三、来源

氡是天然存在的放射性气体，在地球上无处不在，想完全避免氡的照射是不可能的。在地球表面的土壤岩石中普遍存在有铀、镭等“天然放射性元素”，在它们不断的衰变过程中生成的气态放射性氡，会不断释放到地面上的空气中，人们赖以生存的空气中到处都有氡存在，距地面越高空气中氡浓度越低。室外的氡气属于不可控制的天然辐射照射，而对于室内的氡气，它的含量是可以控制的，它的来源主要包括房子地基，周围土壤和岩石，建材，室外空气，天然气和供水。室内氡的来源如图 4.8 所示，主要有以下几个方面。

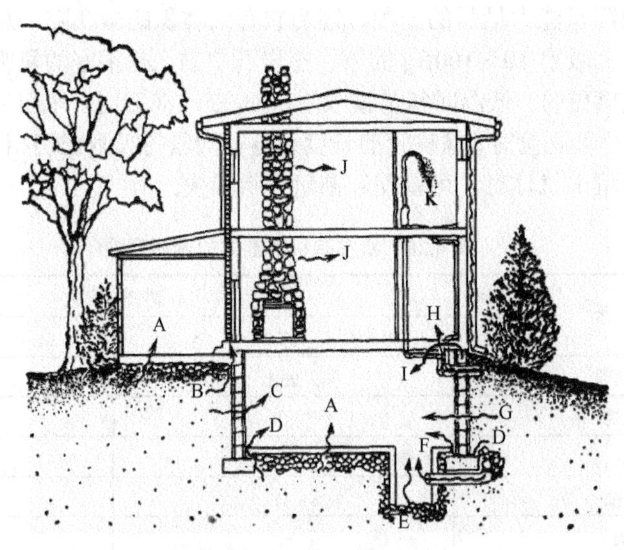

图 4.8　室内氡的来源

A—水泥地板上的裂缝；　B—建在无盖空心砌块基础上的砖饰面墙后面的空间；　C—在水泥块中的孔和缝；
D—地板和墙的连接处；　E—暴露的土壤，如集水坑；　F—排水孔管将水排至敞开的集水坑；
G—墙缝；　H—管子穿过墙时管周围的空隙；　I—砌块墙顶层的开口；
J—建材，如某些岩石；　K—水（来自井中）

（一）地基土壤中析出的氡

某些地区，在地层深处含有铀、镭、钍的土壤和岩石中，含有高浓度的氡。这些可以通过地层断裂带进入土壤，并沿着地层或建筑物的裂缝、建筑材料结合处、管道进入室内的松动处扩散到室内。一般而言，这种来源的氡在室内浓度建筑物低层高于高层。

如果是地下室，则室内氡及其子体的浓度最高。从北京地区的地质断裂带上检测结果表明，三层以下住房或办公室内氡气含量较高。

（二）从建筑材料中析出的氡

1982 年联合国原子辐射效应科学委员会（UNSCEAR）的报告指出，建筑材料是室内氡气的最主要来源。如石块、花岗岩、黏土、砖瓦、水泥、再生水泥及石膏等含有镭的建筑材料，特别是含有放射性元素的石材，易释放出氡。

就传统建材而言，其放射性物质的含量因建材种类及产地不同而有很大差异。通常，花岗岩、页岩、浮岩等岩石类建材的放射性含量相对较高，沙子、水泥、混凝土、红砖次之，石灰、大理石较低，天然石膏、石材最低。随着工业“三废”治理的不断发展，许多工业废渣被用作建材，由于其往往对放射性物质有不同程度的富集，因而使工业废渣建材如粉煤灰砖、磷石膏板等的放射性有所提高。检测结果表明，灰渣砖、红砖、花岗岩的辐射量远远超过了国家对建材要求的标准值。

关于建材，特别应当提到的是陶瓷，建筑陶瓷如瓷砖、洗面盆和抽水马桶、便池等主要是由黏土、砂石、矿渣或工业废渣和一些天然原料等材料成型涂釉经烧结而成。由于这些材料的地质历史和形成条件不同，或多或少存在着放射性元素，如钍、镭、钾等。特别是建筑陶瓷表面的一层“釉料”中，含有放射性较高的皓锢砂，虽然建筑陶瓷的烧结温度大多在 1100～1300℃，但并不能消除这些物质的放射性，其放射性高低决定于材料和釉料的放射性。

我国常用建筑材料中放射性含量的测量值如表 4.27 所示。由表中列出的建筑材料中，天然石材的放射性核素含量还是比较高的。

表 4.27　国内常用建筑材料的放射性含量　　单位：Bq/m^3

建筑材料	镭—226	钍—232	钾—40
天然石材	91	95	1037
砖	50	50	700
水泥	55	35	176
砂石	39	47	573
石灰	25	7	35
土壤	38	55	584

建筑材料大多源于自然界中的土壤、岩石，其中含一定的天然放射性物质氡是必然的。只是当进入室内后，由于发生氡气的积聚就有可能超标，而构成污染危害。研究表明，建材中所含放射性水平的高低与建材的类别和具体材质有关：

1）一般建材

包括砖类、地板类、墙面材料等，放射性水平高低排序如下：

（1）砖类建材：废渣砖、粉煤灰砖＞混凝土＞红砖。

（2）地板：花岗岩＞水泥＞瓷砖、釉面砖＞大理石＞木地板；在釉面砖中，含皓英砂的乳浊釉＞水晶釉、透明釉。

（3）墙面：一般抹灰墙＞喷涂处理墙＞乳胶漆。

2）石材

在石材中，白色、红色、绿色和花斑系列等花岗岩类放射性活度偏高。大理石类、绝大多数的板石类，暗色系列（包括黑色、蓝色和暗棕色）和灰色系列的花岗岩类，放射性活度较低。

（三）从室外空气中渗入室内的氡

在室外空气中，氡被稀释到很低的含量，几乎对人体健康不构成威胁，可是一旦进入室内，就会在室内大量积聚，影响人体健康。研究发现，室内的氡具有显明的季节变化，冬季最高，夏季最低。究其原因是冬、夏季室内通风状况不一样所致。

由于植物可以吸收沉积在土壤中的氡及其子体，所以烟草中也含有氡及其子体，可随吸烟进入人体，并污染环境。

（四）天然气中的氡

天然气作为一种较为清洁的能源已经进入千家万户。天然气是采自地下深部的气体，因而或多或少含有一定量的氡。天然气中的氡浓度变化很大，有的测不出来，有的高达50kBq/m^3。因而，在使用天然气时，要注意及时排风，防止氡全部释放在室内，对人体造成健康伤害。

（五）生活用水中的氡

氡易溶于水，其半衰期很短，可以从水中迅速衰变逸出。因此地表水中氡含量较低，基本上不存在因水而来的氡问题。城市中在对水进行处理时，会将水暴露于空气中，使氡可以逸出，因此也不会带来大的氡污染。然而在以地下水作为直接用水来源的地区（以农村为主），则可能因为供水系统封闭导致氡不能及时逸出，而通过淋浴或其他家庭活动释放出来，增加室内氡浓度，甚至对室内氡污染起到支配作用。值得一提的是，温泉和地热水都来自地下深部，氡含量较高。

可以看出，一般情况下，对室内氡含量的影响大小，排序为：房基及周围土壤＞建筑材料＞室外空气＞天然气＞生活用水。必须指出的是，对应不同的条件，氡有不同的来源，不能一概而论。例如平房，由于地面岩裸露，室内氡主要来自地基下的岩石、土构造带（特别是新构造带）以及镭水（如油气区）等；而对于三层以上楼房，氡可能主要来自花岗岩等建材。

四、危害及检测方法

氡普遍存在于我们的生活环境中，从20世纪60年代末期首次发现室内氡的危害至今，科学研究已经发现，氡对人体的辐射伤害占人体所受到的全部环境辐射中的55%以上，对人体健康威胁极大，其发病潜伏期大多都在15年以上，因此，氡已被国际癌症研究机构列入室内重要致癌物质。据美国国家安全委员会估计，美国每年因为氡而死亡的人数高达30000人。我国也存在着严重的氡污染问题，1994年以来我国调查了14座城市的1524个写字楼和居室，每立方米空气中氡含量超过国家标准的占6.8%，氡含量最高的达到 596Bq/m^3，是国家标准的 6 倍。有关部门曾对北京地区公共场所进行室内氡含量调查，发现室内氡含量最高值是室外的 3.5 倍，据不完全统计，我国每年因氡致肺癌为 50000 例以上，必须引起我们的高度重视。

（一）危害

1. 室内氡危害的特性

氡对人类的健康危害主要表现为隐蔽性、随机性和确定性。

隐蔽性是相对机械力伤害、烫伤、触电而言，辐射生物效应的直接作用（对生命物质的破坏或传输的能量）是很微小的，但由此引发的复杂生物化学过程可以导致严重的伤害。例如，短期接受 1Sv 剂量的照射时，在生物体内产生的电离、激发分子的比例只有一亿分之一，传输的能量相当于 2×10^{-4}cal/g，难以察觉，但它可以导致明显的放射病症状（呕吐、疲倦、血象变化等），氡的照射一般是慢性的，一年内有 0.1Sv 就算是高的，其直接作用是不可能觉察的。

随机性是指放射诱发癌症的概率。当人体组织和器官受到照射后，组织和器官中会有一些细胞被杀死或杀伤，数目由射线多少和射线能量，即照射剂量决定。当照射剂量较小、被杀死细胞的数目少时，不足以影响器官和组织的功能。被杀伤的细胞在修复过程中，就可能变异而成为癌细胞，最终会发展成癌症。照射诱发的癌症可在人体任何部位发生，发生概率与接受的照射剂量线性相关。任何小的照射剂量都会引起癌症发病率的增加，这就是“线性无阈”的概念。随机效应中，癌症发病以后的严重程度与接受的剂量无关。氡诱发肺癌即为随机性效应。

确定性指人体接受的照射剂量达到一定数值后，肯定会发生的效应。这个剂量数值成为确定效应的“剂量阈值”。发生确定效应的机制是：随着人体器官和组织接受照射剂量的增加，器官或组织中被杀死的细胞越来越多。到一定程度后，器官或组织的功能受到影响，这时就会发生确定性效应。此时接受的剂量已达到或超过了剂量阈值。确定效应的临床表现有：皮肤红斑、乏力、脱发、牙龈出血、性欲减低、白细胞降低直至不同程度的放射病。X 射线医生、辐照工作人员、核工业人员等，在事故情况下都可能受到过量照射，发生确定效应。一般情况下，人们接受的剂量远低于剂量阈值，不会发生确定效应。

2. 氡对人体的危害

主要有两种：体外辐射和体内辐射，其中以体内辐射为主。

1）体外辐射

氡给人带来的体外辐射的危害是较小的。因氡的衰变以 α 衰变为主，而 α 射线的电离作用大，穿透能力较差，所以难以穿透人体的皮肤对人体造成较大的危害。但它也能对人体的造血器官、神经系统和消化系统造成一定的损伤。但总的来说危害相对不大。

2）体内辐射

由于氡存在于空气中，因此很容易通过呼吸道进入人体。当氡及其子体经呼吸道进

入肺部后，衰变形成的一系列氡子体不再是气体而是以固体微粒沉积在肺部。此时，氡及其子体在体内发生衰变，形成对人体致命的内照射，可导致肺癌。另外，氡还与人的脂肪有很高的亲和力，从而影响到人的神经系统，使人精神不振、昏昏欲睡。

3. 氡与肺癌

引发肺癌作为一种随机性辐射生物效应，其发生概率与所受剂量的大小成正比例，而一旦发生时，效应的严重程度与剂量无关。因此在所受剂量小时，不能排除发病的可能，只是可能性小些。尽管直接的实验证据还不够，但国际放射防护委员会的专家们至今仍坚持这样的观点。

氡及其子体诱发肺癌主要是通过内照射进行。由于氡具有放射性，空气中的氡原子能自发地衰变成其他原子。形成的这些原子被称为氡子体，它们电学上带电荷并附着到室内空气中微小的灰尘粒子上。这些灰尘粒子能容易地被吸入到肺中，附着在肺的内壁。氡子体衰变是放出 α 射线，这射线像小“炸弹”一样轰击肺细胞，使肺细胞受损，从而引发患肺癌的可能性。

氡及其子体对健康的影响也主要表现在内照射诱发肺癌上，如矿工中的肺癌发病率远高于一般民众。根据矿工受氡及其子体照射，矿工肺癌的相对危险度可表示为

$$RR = 1 + 0.0049WLM \tag{4.50}$$

式中：RR——矿工肺癌的相对危险度；

WLM——矿工受氡及其子体的照射量，以工作水平月（WLM）表示，随隧洞照射量增加，矿工肺癌的相对危险度也呈明显的上升趋势。

居民受氡及其子体的照射量要低于矿工。根据线性无阈假设，原则上居民也可应用上式，但是矿工受氡及其子体照射毕竟与居民不同（受用剂量不同、人员组成不同、受照环境不同等），所以还必须找到居室水平氡导致居民肺癌危险度增加的直接证据。现在对居室水平氡与肺癌的关系进行的流行病学研究，结论比较一致，即居室水平的氡确实可以引发肺癌危险度的增加。我国曾与美国在甘肃省进行过这样的研究，在室内年平均浓度为 100Bq/m^3 时，肺癌的相对危险度为 1.19。

与放射致癌线性无阈学说相反，还有一种小剂量刺激作用理论。该理论认为放射性和其他毒物一样，过量摄取对身体有害，少量摄取不仅对人体无害，而且有益。有些实验数据也表明，放射可以刺激多种细胞的繁殖与修复。但是由于在小剂量下统计学的困难，这些数据尚无定论，目前在放射防护中，尚未给予考虑。

（二）检测方法

1. 室内氡的特性及影响因素

要进行空气中氡浓度的测量，首先要了解室内氡的特性。氡不像其他化学气体，挥发一段时间后浓度会明显降低，而是由于镭在长期衰变中，不断地向空气中释放氡，故任何地方的空气中都有氡的存在，只是浓度有差异。室内氡具有以下三个特性：

第一，浓度低。按我国颁布的《住房内氡浓度控制标准》（GB/T 16146—1995）规定，现有住房室内空气中氡的浓度为 200Bq/m^3（如平衡因子选 0.5，则相当于氡浓度为

$400Bq/m^3$）。按此计算，氡的质量含量仅为 $0.07\times10^{-3}mg/m^3$。而室内空气甲醛的限值浓度为 $0.08mg/m^3$，可见室内的氡浓度的限值与其他有害的化学气体的限值浓度相比要低得多，所以环境中氡浓度的测量方法的灵敏度要求很高。

第二，室内空气中氡浓度的波动范围大。同一房间在不同的时间、不同生活条件和季节的变化，都会使氡浓度有很大的波动，可相差数倍到十多倍，因此在短时间内快速测量很难得到有代表性的结果。在国家标准和国际标准中对氡的行动水平都是指年平均值。

第三，高差异性。同一建筑物里不同房间由于通风、装修或生活方式的差异，里面的氡浓度往往会相差很大。即使是在同一单元，卧室与客厅等不同功能室内的浓度也会有很大差异。美国卫生和环境保护部门以及癌症研究机构曾建议三层楼以下的所有房屋都应进行氡浓度的测试。

影响居室内氡浓度的主要因素有以下几种：

（1）建筑物所在地区、位置和地质特点，如地质断裂带或高本底辐射地区、铀矿区氡浓度会升高。

（2）建筑材料种类、性质和产地不同使其中天然放射性核素含量有很大差异。

（3）建筑物结构，楼层高低。

（4）微小气象条件（气温、气压、湿度、风量）。

（5）时间（年、季、日）。

（6）室内生活用水和燃料。

2. 检测方法分类

氡的检测方法较多，但都是依据其衰变过程中产生一系列的不同能量和不同半衰期的 α、β、γ 射线的强度进行检测的。

按测定对象不同、采样方式的不同和测量方式的不同，进行的分类列于表 4.28。

表 4.28　氡的检测方法类别

按测定对象	①氡气的测定；②氡衰变产物的测定
按采样方法	①现场无动力式采样/实验室测量；②现场无动力式采样/直读测量；③现场动力式采样/直读测量；④静电扩散法
按测量方法	①闪烁（室）瓶法；②α射线能谱法；③γ射线能谱法；④静电捕集法；⑤脉冲电离势法

3. 氡的室内标准采样条件

依据《环境空气中氡的标准测量方法》（GB 14582—1993）附录 A，列出氡的“室内标准采样条件”，主要条件如下。

（1）采样要在密闭条件下进行，外面的门窗必须关闭，正常出入时外面门打开的时间不能超过几分钟。

（2）宜在早晨采样，要求前一天晚上关闭门窗，直到采样结束后再打开。

（3）若采样前 12h 或采样期间出现大风，则停止采样。

（4）选择采样点，可分布在通风率最低的地方。如卧室、客厅、书房。不应设在走廊、厨房、浴室、厕所内。

（5）被动式采样器距室内的外墙 1m 以上，最好悬挂起来。

（6）采样时间针对不同的方法、仪器，所需要的采样时间列于表 4.29。

表 4.29　不同仪器（方法）的采样时间

仪器（方法）	采样时间（在密闭条件下）	仪器（方法）	采样时间（在密闭条件下）
α径迹法	放置 3 个月	连续用水平监测仪	采样 24d
活性炭盒法	放置 2～7d	连续氡监测仪	采样 24d
氡子体累计采样单元	连续采样 48h	瞬时法	上午 8～12 时采样测量，连续 2d

4. 氡及其子体的测量方法

依据《环境空气中氡的标准测量方法》（GB 14582—1993）附录 C，列出其测量方法。

1）氡的测量方法

适用于空气中氡的测量方法，列于表 4.30。

表 4.30　环境空气中氡的测量方法

方　法	采样方式	采样动力	探　测　器	探测下限	说　明
α 径迹蚀刻法	累积	被动式	聚碳酸酯膜 CR-39	$2.1\times10^{3}Bq\cdot h/m^{3}$	
活性炭盒法	累积	被动式	NaI（T1）或半导体	$6Bq/m^{3}$	
双滤膜法	瞬时	主动式	金硅面	$3.3Bq/m^{3}$	
气球法	瞬时	主动式	金硅面	$2.2Bq/m^{3}$	
连续氡监测仪	连续	主动式	金硅面	$10Bq/m^{3}$	200L 气球
闪烁室法	瞬时或连续	主动式	闪烁室	$40Bq/m^{3}$	
活性炭浓集法	瞬时	主动式	闪烁室或电离室	$3Bq/m^{3}$	0.5L 闪烁率

2）氡子体的测量方法

适用于环境空气中氡子体的测量方法，列于表 4.31。

表 4.31　环境中氡子体测量方法

方　法	采样方式	采样动力	探　测　器	探测下限	说　明
被动式 α 径迹蚀刻法	累积	被动式	聚碳酸酯膜 CR-39	$6\times10^{-5}J\cdot h/m^{3}$	
主动式 α 径迹蚀刻法	累积	主动式	聚碳酸酯膜 CR-39	$2.1\times10^{-5}J\cdot h/m^{3}$	用泵或加静电场
氡子体累积采样单元	累积	主动式	TLD	$1\times10^{-8}J/m^{3}$	
库斯尼茨法	瞬时	主动式	金硅面	$1\times10^{-8}J/m^{3}$	
马尔柯夫法	瞬时	主动式	金硅面	$5.7\times10^{-8}J/m^{3}$	
二段法	瞬时	主动式	金硅面	$2.0\times10^{-8}J/m^{3}$	

3）室内氡检测规定

依据室内环境质量标准，氡的检测方法和要求列于表 4.32。

表 4.32 氡的检测方法要点

序号	依据标准	方法标准	方法概要	备 注
1	GB/T 18883 GB/T 16146	GB/T 14582—1995 《空气中氡浓度的闪烁瓶测量方法》 （主动式采样）	闪烁瓶是一种氡的探测器和采样容器。内涂 ZnS（Ag）。按规定的程序将待测空气吸入闪烁瓶内，^{222}Rn、^{218}Po、^{214}Po 衰变放射出 α 粒子入射到 ZnS（Ag）涂层，使其发光，经光电倍增管收集并转变成电脉冲，通过放大甄别定标记数	单位时间内的脉冲数与氡浓度成正比。 FD216 环境测氡仪可直读
2	GB/T 18883	GB/T 14582—1993 《径迹蚀刻法》 （被动式采样）	氡及其子体发射 α 粒子轰击探测器（聚碳酸酯片）使其产生亚微观型径迹。将其进行化学或电化学刻蚀，扩大损伤径迹用显微镜或自动计数装置进行计数	单位面积上的径迹数与氡浓度和暴露时间的乘积成正比。将径迹密度换成氡浓度
3	GB/T 18883	GB/T 14582—1993 《双滤膜法》 （主动式采样）	将含氡空气用抽气泵吸入带有入口膜、出口膜的衰变筒中。经过入口膜滤掉氡的子体后，在衰变筒中氡又生成新子体，新子体的一部分为出口膜所收集	测量出口滤膜上的 γ 放射性可换算出氡浓度
4	GB/T 18883	GB/T 14582—1993 《气球法》 （主动式采样）	气球法其工作原理同双滤膜法，只不过气球代替了衰变筒。把气球法测氡和马尔可夫法测潜能联合起来，一次操作 26min。即可得到氡及其子体潜能浓度	能测量出采样瞬间空气中氡及子体浓度
5	GB/T 18883 DBJ 01-91	GB/T 14582—1993 《活性炭盒法》 （主动式采样） DBJ 01—91—2004	在内装 25～100g 活性炭的采样盒的上敞开面用滤膜封住，允许氡进入采样器。空气扩散进入盒内炭床吸附氡，并发生衰变，产生新的子体沉积在活性炭盒内	用γ谱仪测定氡子体的特征 γ 射线峰强度、根据其峰面积计算氡浓度

实践活动 7 室内空气中氡的测定

一、闪烁瓶法

（一）原理

闪烁瓶法测氡根据空气取样方式分为连续流经型和周期注入型两种。原理是用泵将空气引入闪烁室，氡和子体产物发射的 α 粒子使闪烁室壁上的 ZnS（Ag）晶体产生闪光，由光电倍增管把这种光信号转变为电脉冲，经电子学测量单元放大后记录下来，储存于连续探测器的记忆装置中。单位时间内的电脉冲数与氡浓度成正比，因此可以确定氡浓度。

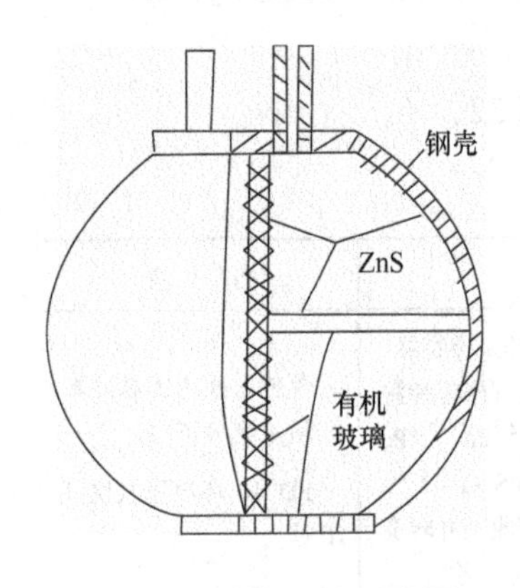

图 4.9 球型闪烁瓶示意图

（二）仪器和设备

1. 探头

由闪烁瓶、光电倍增管和电子学分析记录单元组成。典型的闪烁瓶见图 4.9。探头要求如下。

（1）图中通气阀门应经真空系统检验；底板用有机玻璃制成，接触面平坦无划痕，与光电倍增管的光阴极有很好的光耦合。整个测量期间，闪烁瓶的漏气量必须小于采样量的 5%。

（2）必须选择低噪声、高放大倍数的光电倍增管，工作电压低于 1000V。

（3）前置单元电路应是深反馈放大器，输出脉冲幅度为 0.1～10V。

（4）探头外壳必须具有良好的光密性，材料用铜或铝制成，内表面应氧化涂黑处理，外壳尺寸应适合闪烁瓶的放置。

2. 高压电源

输出电压应在 0～3000V 范围连续可调，波纹电压不大于 0.1%，电流应不小于 100mA。

3. 记录和数据处理系统

可用定标器和打印机，也可用多道脉冲幅度分析器和 *X-Y* 绘图仪。

（三）采样和测量步骤

1. 采样

将在真空状态下已知本底值的闪烁瓶抽至真空度为 1.33×10^{-3}kPa。置于被测地点，打开充气孔，待空气充满后，密封充气孔。

2. 分析步骤

（1）镭标准源的封存：取数个扩散器，连接在真空泵上，抽气 20min，以除去积聚的 Rn。然后将 0.1～10Bg 的液体镭逐一封存在扩散器中，记录封存时间，放置 14d 以上，使 Rn 与 Ra 达到放射活度平衡。

（2）绘制标准曲线：用经过干燥净化的氮气，在 10～15min 内将扩散器中不同活度的 Rn 分别充入相应的已抽成真空的闪烁瓶中。待到常压后，密封闪烁瓶，放置 3h，测量 α 计数率，再求得净计数率。以净计数率（cpm）对 Rn 活度（Bq）绘制标准曲线，计算出斜率即刻度常数 *K*（Bq/cpm）。

3. 样品测定

采样后，放置 3h。按绘制标准曲线的步骤操作，测量 α 净计数率。

（四）计算

$$c=\frac{N_c-N_b}{V}\cdot K \tag{4.51}$$

式中：c——空气中 Rn 的浓度，Bq/m^3；

N_c——样品加本底的 α 计数率，cpm；

N_b——闪烁瓶本底的 α 计数率，cpm；

V——闪烁瓶体积，m^3；

K——刻度常数，Bq/cpm。

（五）说明

（1）此法是测量氡气比较经典的方法近年来不断发展。我国研制的 8501 型环境氡浓度闪烁测量仪，通过增大闪烁探测面积来提高探测灵敏度，改换闪烁材料降低本底，以满足测量环境氡的需要。

（2）优点是灵敏度高，快速，现场采样仅需要十几秒钟；对住户干扰小，而可以同时进行多点采样。稍加改进可以进行水和天然气氡以及土壤氡发射率的测定。

（3）缺点是采样后放置 3h 才能测量，现场不能得到测量结果；由于采样体积小，不到 1L，由此造成的误差较大；如果抽真空不足或闪烁室漏气也会影响测量结果；该检测仪的特点是修正了收集室内壁沉积的氡子体对测量结果的影响，但老化引起的探测效率下降问题还难以解决。常用的仪器有 FD125 氡钍分析仪和低水平氡气测量装置。

（4）闪烁瓶在停止使用时，应充氮气密封保存，以减小其本底值，提高测量的灵敏度。

（5）标准曲线应定期进行校准，以保证测量的准确度。

二、径迹蚀刻法

径迹蚀刻法是利用 α 径迹探测器（alpha track detectors，ATD）对氡浓度进行测量的一种累计测量方法。α 径迹探测器也叫固体核径迹探测器，是 20 世纪 60 年代后发展起来的一种新型的核辐射径迹探测器，起初用于铀矿勘探。20 世纪 80 年代初随着稳定性好、灵敏度高的新型材料聚丙烯二甘醇碳酸酯（CR-39）的出现，以及德国 KfK 测氡杯的成功设计（Urban 1981），使该探测器在环境氡测量方面的研究得到了突破性的进展。

（一）原理

ATD 由扩散杯、渗透膜和径迹片三部分组成。空气中的氡气通过渗透膜扩散到尺度的辐射损伤，即潜径迹。经化学处理，这些潜径迹能够扩大为可观察的永久性径迹。根据径迹密度和在标准氡浓度暴露下的刻度系数可计算出被测场所的平均氡浓度。

（二）仪器和设备

（1）探测元件 CR-39，或聚碳酸酯膜作为径迹片。

（2）采样盒（图 4.10）。塑料制成，直径 60～70mm，高 50mm；内放采样片。上口

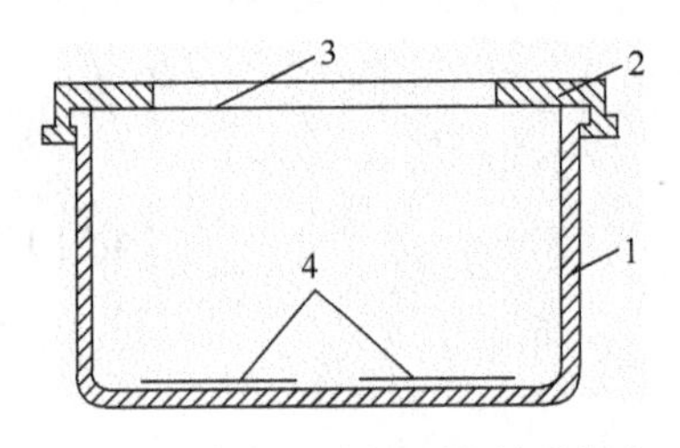

图 4.10 固体径迹探测器的采样盒

1—采样盒；2—压盖；3—滤膜；4—探测器

用滤膜覆盖作为渗透膜。

（3）蚀刻槽。塑料制成。

（4）恒温器。1～100℃。

（5）切片机。

（6）测厚仪、计时钟及注射器。

（7）烧杯。

（8）音频高压振荡电源，频率 0～10Hz，电压 0～1.5V。

（三）采样和测量步骤

1. 蚀刻片的制备

用切片机把聚碳酸酯片切成一定形状的片子，一般为圆形或方形。用测厚仪测出每张片子的厚度，偏离标称值 10%的片子淘汰。用不干胶把 3 个片子固定在采样盒底部，盒口用滤膜覆盖。

2. 采样盒的制备

将蚀刻片固定在采样盒底部，盒口用滤膜覆盖，作为渗透膜。将采样盒密封包装备用。

3. 蚀刻液的配置

取分析纯氢氧化钾 80g 溶于 250g 蒸馏水中，配成浓度为 16%的溶液。氢氧化钾溶液与无水乙醇溶液的体积比为 1∶2 配成化学蚀刻液；氢氧化钾溶液与无水乙醇溶液的体积比为 1∶0.36 配成电化学蚀刻液。

（1）化学蚀刻：抽取 10mL 化学蚀刻液加入烧杯中，取下探测器置于烧杯中，烧杯要编号；将烧杯放入恒温器内，在 60℃下放置 30min 化学蚀刻结束后，用水清洗片子、晾干。

（2）电化学蚀刻：测出化学蚀刻后的片子厚度，将厚度相近的分在一组；将片子固定在蚀刻槽中，每个槽注满电化学蚀刻液，插上电极；将蚀刻槽置于恒温器内，加上电压，以 20kV/cm 计，频率 1kHz，在 60℃下放置 2h；2h 后取下片子，用清水洗净，晾干。

4. 布放

在测量现场去掉密封包装，将采样器布放在测量现场。采样器可悬挂起来，也可放在其他物品上，其开口上方 20cm 内不得有其他物品。采样终止时，取下采样器，密封起来，送回实验室，布放时间不少于 30d。

5. 记录

在采样期间记录内容包括街道、房号、户主姓名；采样器的类型、编号；采样器在室内的位置；采样开始和终止的日期、时间；是否符合标准采样时间；采样器是否完好，计算结果是否组合修正；采样温度、湿度、气压等气象参数；采样者姓名；其他有用资料，如房屋类型、建筑材料、采暖方式、居住者的吸烟习惯、室内电扇及空调器等运转情况。

6. 测量

（1）蚀刻样品径迹片：采样后打开采样盒取出蚀刻片，放在烧杯中，聚碳酸酯片加 10mL 蚀刻溶液，在 60℃放置 30min，然后取出样品蚀刻片用清水冲洗、晾干。CR-39 片加 20mL 6.5mol/L KOH 溶液，在 70℃放置 10h。

（2）计数测定：将处理好的片子用显微镜下测读出单位面积上的径迹数。一般数 20 个视野以上。

（四）计算

$$C_{Rn}=\frac{n_R}{T\times F_R} \tag{4.52}$$

式中：C_{Rn}——氡浓度，Bq/m^3；

n_R——净径迹密度，T_c/cm^2（T_c 为径迹数）；

T——暴露时间，h；

F_R——刻度系数，$(T_c/cm^2)/[Bq/(m^3 \cdot h)]$。

补充：CR-39 片操作程序。

① 样品制备。用切片机将 CR-39 片切成一定尺寸的圆形或方形，以下操作同聚碳酸酯片。

② 布放。同聚碳酸酯片。

③ 记录。同聚碳酸酯片。

④ 蚀刻。用化学纯氢氧化钾配成浓度为 6.5mol/L 的蚀刻液。

化学蚀刻：抽取 20mL 蚀刻液加入烧杯中，取下片子置于烧杯内，烧杯要编号；将烧杯放入恒温箱内，在 70℃下放置 10h；化学蚀刻结束后，用水清洗片子，晾干。

⑤ 计数和计算：同聚碳酸酯片。

（五）说明

（1）ATD 最大特点是可以进行环境水平氡浓度的累积测量，直接得到被测场所氡的年均照射量，从而避免了由于时间、季节、气象因素变化所带来的影响。另外该方法稳定、测量结果重现性好；在测量期间不需要电源；探测器的体积很小便于布放和邮寄；而且操作简便、价格低廉。主要存在的问题是海拔高度的影响和杯体材料产生静电的干扰。另外有些探测器为了提高灵敏度，设计了很高的空气交换率，致使测量时 ^{220}Rn 也同 ^{222}Rn 一起扩散到测量杯中，对测量结果造成干扰。从近年联合国原子辐射效应科学委员会报告发表的室内氡浓度调查结果来看，ATD 的应用率逐年增加，已成为环境氡测量的主要手段之一。

（2）为了克服在显微镜下数径迹的人为误差，目前已经建立了利用计算机图像识别技术测定团体径迹图像的分析方法。除了显微镜和微机外，连接摄像机、图像卡、监视器等组成图像分析仪，建立不同径迹特征的系统分析，以甄别出 α 粒子数。使图像分析的测量准确性、测量速度和探测下限都符合测量误差的要求。

（3）固体径迹法具有方便、易保存、可连续测量的优点，但在选径迹片时材料必须一致，否则影响本底。径迹识别和计数有不确定性，不同海拔高度的气压差对灵敏度有影响。

（4）对于 CR-39 径迹材料来讲最好的蚀刻剂是碱金属的氧化物，KOH 和 NaOH 是最常见的蚀刻剂，实验表明：同浓度下 KOH 的蚀刻速度大于 NaOH。

三、活性炭盒法

活性炭盒法（activated carbon collectors，AC）是目前测量室内氡常用的被动式累计测量装置。采样器为塑料或金属制成的圆柱形小盒，内装 25～200g 活性炭，盒口罩一层滤膜，以阻挡氡子体进入。采样周期为 2～7d。然后用 γ 能谱仪或液体闪烁仪测量。

（一）原理

氡扩散进入炭床内被活性炭吸收，同时衰变，新生的子体也沉积在活性炭内。用能谱仪测量活性炭盒的氡子体特征 γ 射线峰或峰群强度，根据特征峰的面积计算出氡浓度。用液体闪烁仪测量时首先要将吸附在活性炭上的氡解析到闪烁液中，然后用闪烁计数器进行 α/β 放射性测量。

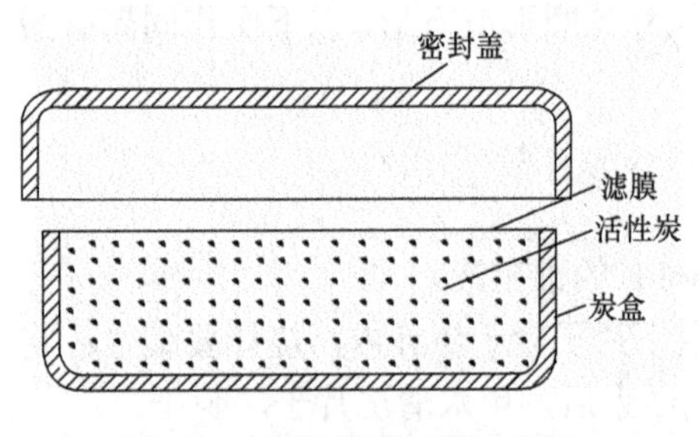

图 4.11　活性炭盒结构示意图

（二）仪器和材料

（1）活性炭。椰壳炭 8～16 目。

（2）采样盒。见图 4.11。

（3）烘箱。

（4）天平。感量 0.0001g，最大量程 200g。

（5）滤膜。

（6）测量仪器。γ 谱仪、液体闪烁谱仪或热释光仪。

（三）采样和测量步骤

（1）样品制备：将选定的活性炭放入烘箱内，在 120℃下烘烤 5～6h，存入磨口瓶中待用；称取一定量烘烤后的活性炭装入采样盒内，并盖以滤膜；称量样品盒的总重量；把活性炭盒密封起来，隔绝外面空气。

（2）布放：在待测现场去掉密封包装，放置 3～7d；将活性炭盒放置在采样点上；活性炭盒放置在距地面 50cm 以上的桌子或架子上，敞开面朝上，其上面 20cm 内不得有其他物品；采样终止时，将活性炭盒再密封起来，迅速送回实验室。

（3）记录：在采样期间记录内容包括街道、房号、户主姓名；采样器的类型、编号；采样器在室内的位置；采样开始和终止的日期、时间；是否符合标准采样时间；采样器是否完好，计算结果是否组合修正；采样温度、湿度、气压等气象参数；采样者姓名；其他有用资料，如房屋类型、建筑材料、采暖方式、居住者的吸烟习惯、室内电扇及空调器等运转情况。

（4）测量：采样停止 3h 后测量，再称量，以计算水分含量。将活性炭盒在 γ 谱仪计数，测出氡子体射线峰强度，测量几何条件与刻度时要一致。

（四）计算

$$C_{Rn}=\frac{a\times n_{\gamma}}{K_w\times t_1^{-b}\times e^{-\lambda_R t_2}} \tag{4.53}$$

式中：C_{Rn}——采样期间内平均氡浓度，Bq/m^3；

a——采样 1h 的响应系数，$Bq/(m^3\cdot cpm)$；

n_{γ}——特征峰对应的净计数率，cpm；

K_w——吸收水分校正系数；

t_1——采样时间，h；

b——累积指数，可取 0.48；

λ_R——氡衰变常数，7.55×10^{-3}/h；

t_2——采样时间终点至测量开始的时间间隔，h。

（五）说明

（1）活性炭法的优点是成本低，对于已有 γ 能谱仪和液体闪烁仪的单位，只需很少的花费就可以开展工作；操作简单，不需要特殊技能；通过适当的分析，能获得精确的结果。

（2）本方法的缺点是对湿度、温度比较敏感，不适合在室外和湿度较大的地区使用；要在不同湿度下校正其响应系数 α。采样后必须尽快（＜7d）分析，否则最初收集的氡将要衰变掉。用液体闪烁仪测量需要将吸附的氡解析到闪烁液中，因而花费的时间比 γ 能谱法多。

（3）本法与 γ 能谱测量法相比，液体闪烁技术对 α 粒子有高的探测效率，而且本底要低。

四、双滤膜法

（一）原理

此法为主动式采样，能测量采样瞬间的氡浓度，探测下限为 $3.3Bq/m^3$。抽气泵开动后含氡空气经过入口滤膜进入衰变筒，被滤掉子体的纯氡在通过衰变筒的过程中又产生新的子体，新子体为出口滤膜所收集，测量出口滤膜上的 α 放射性就可换算出氡浓度。

（二）仪器和设备

仪器由采样泵、衰变筒、α 放射性测量仪组成，见图 4.12。

（三）试剂和材料

（1）入口滤膜。49#玻璃纤维滤膜，至少两层。

（2）出口滤膜。LXGL-15-1 合成玻璃纤维滤膜，至少两层。

（四）采样和测量步骤

（1）采样：进气口距地面 1.5m，且与出气口高度差要大于 50cm，应在不同方向上。

（2）测量前应对采样系统和计数设备进行检查使其处于正常工作状态。具体操作步骤见仪器说明书。

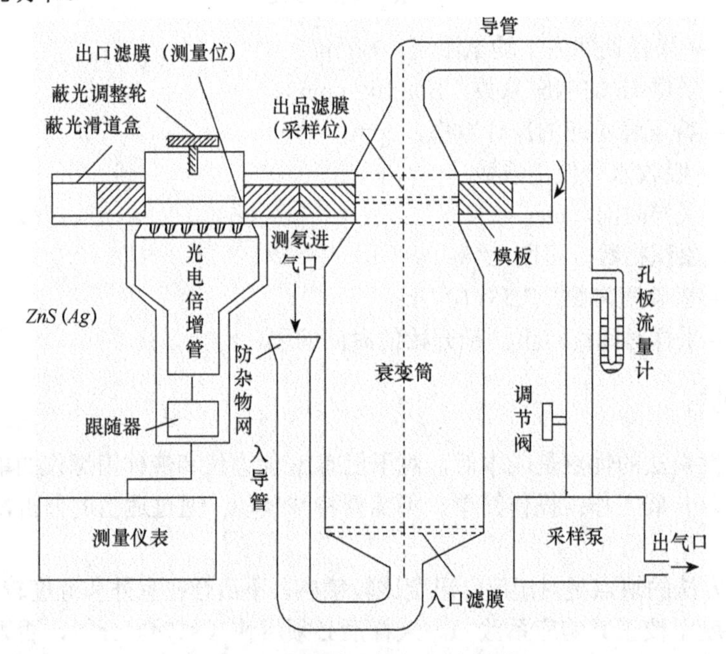

图 4.12　双滤膜法测氡仪器示意图

（3）首先检查将装好滤膜的滤膜卡是否安装好，并检查是否漏气。

（4）将采样泵与衰变筒流量计和测量装置连接好，有的仪器有自检功能，应拨到自检键，做仪器自检，调好甄别阈。

（5）求出仪器和带滤膜的本底值 N_b。

（6）接通采样泵电源，以流速 q（L/min）采样，时间为 t（min）。

（7）采样结束后出口滤膜即从采样位置自动移到测量位置，在时间间隔（$T_1 \sim T_2$ 内测量出滤膜的 α 放射性计数。

（五）计算

$$c_{Rn} = K_T N_a = \frac{16.65 \times N_a}{V \times E \times \eta \times \beta \times Z \times F_f} \tag{4.54}$$

式中：C_{Rn}——氡浓度（Bq/m^3）；

K_T——总刻度系数（Bq/m^3/计数）；

N_a——（$T_1 \sim T_2$）时间间隔的净 α 计数，计数；

V——衰变筒容积，L；
E——计数效率，%；
η——滤膜过滤效率，%；
β——滤膜对 α 粒子的自由吸收因子，%；
Z——与 t、T_1～T_2 有关的常数；
F_f——新生子体到达出口滤膜的份额，%。

（六）说明

（1）双滤膜法是一种成熟的测氡方法，最大的优点是排除了氡子体的干扰，提高了测量的准确度，而且灵敏度高，可满足环境测量需要，时间短，操作简便。缺点是装置比较笨重，在现场需要两人完成采样和测量任务；采样泵流量大时，采样产生的噪声干扰较大。

（2）双滤膜法可以同时测量氡及其子体。

（3）北京核仪器厂生产的 FT-648 型测氡仪，可测 Rn 及其子体；衰变筒体积为 14.8L，出口滤膜直径为 60mm，配置 ZnS 探头和光电倍增管计数系统，LLD 可达到 0.74Bq/m^3。

五、气球法

气球法是我国科技人员建立的测氡方法，由于具有简便、迅速、灵敏度高等优点，在矿山和环境测氡中得到了广泛的应用。

（一）原理

工作原理与双滤膜法的相同，只不过是将双滤膜管换成了气球，入口和出口为同一通路。装置如图 4.13 所示。抽气泵开动后，入口滤膜滤掉空气中已有的子体，纯氡进入气球后又产生新的子体。排气过程中，新生子体的一部分为出口滤膜所收集，测出其上面的 α 活度就可以确定氡浓度。

测量进程的时间坐标绘于图 4.14，分充气、等待、排气、测量等步骤。方法的灵敏度可满足矿山和环境测氡的要求。由于入口滤膜也就是潜能样品，因而此法测氡的同时也测定了氡子体潜能。

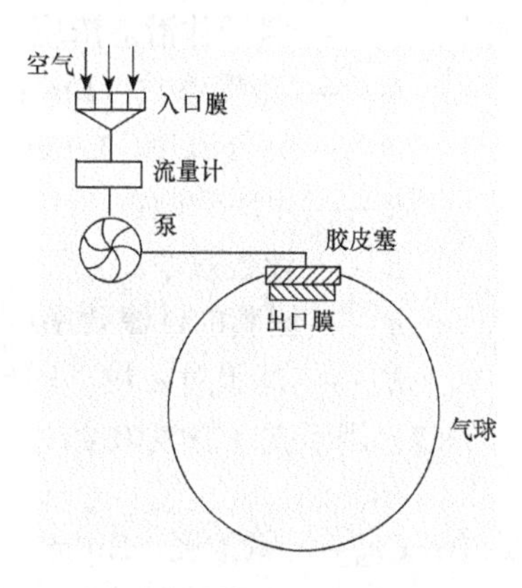

图 4.13　气球法测氡装置图

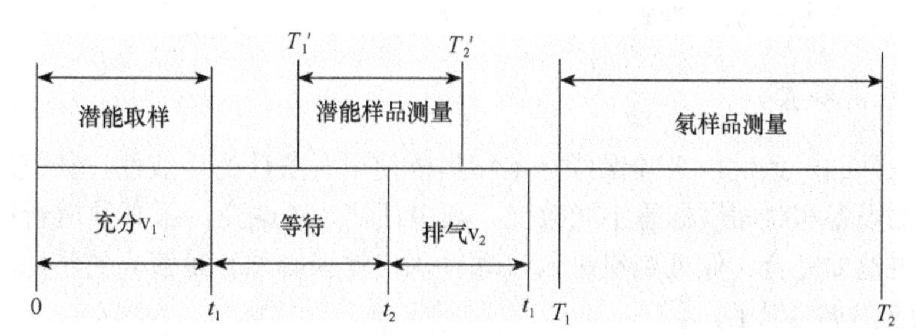

图 4.14　气球法测氡的时间坐标

（二）主要设备及仪器

主要设备及仪器有：①气球，常用的为乳胶球，其体积根据需要而定；② α 计数设备，现在多用的是 FJ-13 型 α 辐射探测仪；③抽气泵，现在矿山多用 DW60 型微尘取样仪；④流量计，用叶轮流量计较为方便。

（三）测量程序

时间坐标如图 4.14 所示，在不同的测量过程中，其具体时间有所不同，现把一般程序简述如下：

（1）按图 4.13 把设备连接起来。

（2）在 0 至 t_1 时间间隔内以流速 v_1（L/min）往球内充气。

（3）在 t_1～t_2 时间间隔内以流速 v_2 排气。

（4）在 T_1'～T_2'时间间隔内（具体时间在不同的测量中有所不同），对入口滤膜进行 α 计数，其积分计数记为 N_E。

（5）在 T_1～T_2 时间间隔内对出口滤膜进行 α 计数，其积分计数记为 N_R。

（6）用下式计算子体潜能浓度：

$$C_p = \frac{10^3 K_E(N_E - 3R)}{v_1 E \eta K_a} \tag{4.55}$$

式中：C_p——氡子体潜能浓度，J/m^3；

K_E——刻度系数，J/m^3；

v_1——充气流速，L/min；

R——本底计数；

E——计数效率；

η——滤膜的过滤效率；

K_a——滤膜对 α 粒子的自吸收修正系数。

（7）用下式计算氡浓度：

$$C_{Rn} = K_R(N_R - N_b) \tag{4.56}$$

式中：C_{Rn}——氡浓度，Bq/m^3；

N_R——出口滤膜计数；

N_b——本底计数；

K_R——气球的标定常数。

（四）注意事项

（1）条件的一致性：必须保持标定和具体使用时条件的一致性，如气球体积、用的滤膜、计数设备和时间坐标等不能改变。其中任何一项改变，都必须重新标定 K_R。

（2）过滤要完全：保证纯氡进入气球，入口滤膜必须有足够高的清除子体的能力，过滤效率应在 99%以上。

（3）保持球内清洁对于新球要洗出里面的滑石粉，用过的球也要经常清洗，以保持清洁。

（4）缩短气体通路无论在打气或者排气时，都要尽量缩短气体的通路，禁止通过管道式的充气和排气，否则会降低 N_R 值，使氡浓度偏低。为此，要去掉气球的颈部，排气时始终保持气球为球形状态。

（5）防止过排气：排气稍过头，气球就会被吸附在滤膜上，而使此样品报废。排气时一定要精力集中，及时关闭抽气泵。

（6）定期标定：一般要每季度刻度一次，当测量条件变更时要及时标定。

（7）抽气泵的选择：由于加的滤膜层数较多，阻力较大，如果抽气泵的负荷特性不好，会使流量计前面形成负压，导致实际流速低于流量计的指示值，而气球体积不足。因而要选择负荷特性好的抽气泵。

（8）渗透问题：氡可以穿透气球（现在用的都是乳胶探空气球）壁，内外渗透。当球内外氡浓度差异较大、测量时间又长时，这种渗透就相当严重。这种渗透现象对环境和井下测量无影响，但在室内标定气球时不要使球内的氡浓度过高。

（9）湿度影响：相对湿度对 N_R 值有影响，N_R 随 RH 的增加而增加。为消除此影响，必须在不同相对湿度下标定，求出 K_R 的湿度修正因子。

项目小结

通过对项目四的学习与实践，在了解并熟悉室内环境主要有机污染物、无机污染物、颗粒物及放射性物质的基本情况及检测方法的基础上，通过小组成员分工合作，设计并完成某一室内空间某项污染物的检测，掌握整个操作过程并基本实现与企业对检测人员要求的对接。

课后自评

是否了解主要的室内环境污染物有哪些？各自的检测方法有哪些？是否掌握了常规检测的操作流程？

【知识链接】

世卫组织确定了减少室内空气污染对健康危害的指标

2014 年 11 月 12 日，在日内瓦新的《世卫组织室内空气质量指南》强调指出，特别在低收入和中等收入国家中，需要改善人们获得更清洁液化气、沼气、天然气、乙醇或电力等家庭能源的机会。

全世界仍有近三十亿人无法获得清洁的烹饪、取暖和照明燃料及技术。每年高达数百万人死于家中空气污染，其中 34%的人死于中风，26%死于缺血性心脏病，22%死于慢性阻塞性肺病，12%死于儿童期肺炎，6%死于肺癌。

在低效的炉灶和空间加热器中燃烧木材、煤炭、动物粪便和木炭等固体燃料或使

用油灯而排放的微细颗粒物和一氧化碳水平过高是导致这些疾病的主要原因。

新指南确定了各种家用器具的一氧化碳和微细颗粒物的排放指标。这些指标是在多年审查家庭空气污染排放对健康的影响和认真审查为达到世卫组织指南确定的空气质量所需减排水平之后订立的。排放指标主要有：

1. 微细颗粒物

微细颗粒物系指主要由硫酸盐、硝酸盐、氨、氯化钠、煤烟、矿物粉尘和水组成的固态和液态悬浮颗粒的复杂混合物。

有烟囱或有罩盖的器具：不超过 0.80mg/min。

无排风装置的炉灶、加热器和油灯：不超过 0.23mg/min。

2. 一氧化碳

有罩盖或有烟囱的器具：不超过 0.59g/min。

无排风装置的炉灶、加热器和油灯：不超过 0.16g/min。

项目 5　室内空气污染控制与治理

学习目标

（1）了解室内空气的污染源控制途径；

（2）掌握通风换气方法及其基本原理；

（3）了解室内空气污染控制主要物化技术；

（4）了解室内空气植物净化方法及常用植物。

相关知识

（1）常用通风换气方法；

（2）静电净化、过滤技术、吸附净化技术、负离子净化、光催化法、臭氧净化、植物净化基本原理；

（3）低温等离子体-催化协同空气净化技术。

案例导入

家住杜鹏名苑的张小姐乔迁新居，经常抱怨家里已装修近半年了，但室内仍有很大异味，不明白室内装修污染为什么会这么严重？虽然家里已经放了很多活性炭，但也没有起到作用。通过向有关专家咨询，张小姐了解到家里新装修后或多或少都会存在一些污染，只是污染程度不同，而且如果家里的装饰材料过多，造成叠加污染的后果更加严重。类似这种情况，必须制订针对污染源控制与治理。

那么，应如何根据室内环境检测结果，选择经济有效的办法治理室内环境污染？

课前自测题

（1）简述常用的室内空气污染的控制方法。

（2）室内采取怎样通风方式才能减少室内的空气污染？

（3）简述当前室内空气净化技术。

（4）新装修的房屋放置哪些植物可以净化室内空气？

5.1 室内空气污染控制技术

我国建筑行业报告显示，我国有将近 30%的建筑物存在着室内空气污染严重的问题，抽样调查表明，在室内空气污染中，对人体有害的物质多达 400 多种，其中不乏致癌物质。

引起室内空气污染的原因是多方面的，室内空气污染主要来源于室外空气污染、室内装饰装修和人为活动。室内空气污染主要有 3 个方面：一是室外空气污染，大气中的粉尘、工业废气中的 NO_x、CO、SO_2 和可吸颗入粒物；二是建筑装修材料和室内设备，相关污染物如酚醛树脂、脲醛树脂类化合物中的甲醛等，这是室内污染的主要来源；三是人类自身活动，由人体代谢带来的 CO_2、NH_3、烹饪或取暖造成的 NO_x、CO 和粉尘，吸烟烟雾及其他活动引起的可吸入颗粒物等。

室内空气污染控制主要可以通过 3 种途径实现，即污染源控制、通风和室内空气净化。污染源头控制是消除室内污染的关键，消除室内污染源、减少室内污染源散发强度、污染源局部排风是控制室内污染的主要方法。污染源控制包括室外污染源控制和室内污染源控制两个方面。消除或减少室内污染物，从源头控制的策略，是改善室内空气品质最经济、最有效的途径。

一、污染源控制

污染源控制是指从源头着手避免或减少污染物的产生，或利用屏障措施隔离污染物，不让其进入室内环境。通风则是借助自然作用力和机械作用力将不符合卫生标准的污浊空气排至室外或排至空气净化系统，同时，将新鲜空气或经过净化的空气送入室内。室内空气净化则是指借助特定的净化设备收集室内空气污染物，将其净化后循环回到室内或排出室外。消除或减少室内污染源是改善室内空气质量、提高舒适性的最经济有效的途径，在可能的情况下应优先考虑。

室内空气污染源控制作为减轻室内空气污染的主要措施具有普遍意义，室内环境污染，既受大气环境的影响，又兼有室内来源的污染的特点。由于受建筑结构和建筑材料、通风换气状况、居住者的生活起居方式以及是否吸烟等因素的影响，室内空气污染状况有很大差异。当室内与室外无相同污染源时，大气污染物进入室内后浓度则大幅衰减；而室内外有相同污染源时，室内污染物浓度一般高于室外；居住环境长期受到各种化学和生物因子的污染，在大多数情况下室内比室外的污染严重。

（一）室外污染源控制

1. 室外空气污染物对室内空气品质的影响

室外环境与室内空气紧密相连，室外的污染必定影响室内空气。室外空气中存在着许多污染物，主要的污染物是二氧化硫、氮氧化物、烟雾和硫化氢等。这些污染物主要来源于工业企业、以及建筑周围的各种小锅炉烟囱、垃圾堆等。包括地震引发核泄漏造成的放射性污染物的扩散沉降、火山喷发等不可抗拒自然灾害引起的颗粒污染物污染。近年来，交通运输工具、特别是汽车尾气已对城市空气造成较大的影响。当前城市雾霾天气较多，雾霾的颗粒会从缝隙和打开的门窗进入室内，对室内的空气造成污染。

室外空气中的某些空气质量指标已超过室内空气质量的控制指标，例如悬浮颗粒浓度，室内控制标准为 $0.15mg/m^3$，而室外空气的悬浮颗粒浓度已达到 $0.30\sim15mg/m^3$。通风可能不会稀释室内空气污染，尤其是处于交通要道附近环境的住宅，如果通风不当，将会影响室内空气质量。

人们经常出入居室或办公室，很容易将室外的污染物随身带入室内。最常见的是在上下班、市场购物以及乘车、穿越马路过程中。将室外的污染物带入办公室，或进入居家室内，从而将室外的污染物或工作场所的污染，被人为地转移到办公室或家中室内，污染了室内的空气。

2. 集中对周边环境污染进行治理

建筑周边环境的好坏直接影响着建筑物室内的空气质量，一些城市空气往往到达中度污染，对人体也是有影响的，加大对周边环境的整治力度，很大程度上提高了居民的生活质量。地方政府应该投入专项资金对城市环境集中治理，加快城市绿色化的进程。对于污水，生活垃圾进行合理的处理，同时对工业园区的工厂进行严格的监控，对于工厂排污治污没有达标的企业进行停业整改，积极创建省文明城市，空气质量达标，为人民谋福利。

3. 污染防治措施

在室外空气质量基本满足室内空气质量要求的情况下，在无空调设施的建筑物内，加强自然通风；在有空调设施的建筑物内，加大室内通风量，这是改善室内环境有效的措施。经常开门窗或安装使用通风换气机是清除室内空气污染最简单、经济、有效的方法。

室内每天开窗通气是改善室内环境的首要之举，是建造少生病环境的必要条件，也是营造“健康住宅”的重要条件。首先每天至少要开2～3次窗户，调换新鲜空气，排出有害气体：其次要堵住污染源头，装修时要用环保材料，装修后要经过较长时间通风排毒后才能入住；最后就是室内不要养有毒气的花草等。为了家人，为了自己，为了健康，应着力净化室内空气。

1）选择合适的时间通风

冬夏室内温度高有害物质挥发快，更需要开窗通风，夏天最好每天开窗三次。①清晨室外空气清新凉爽，此时不用开空调，可将所有窗户全部打开，尽量使户外新鲜空气进入室内。9～10 时，户外气温逐渐升高，这时可将有阳光照射的朝南的窗户关闭，拉上窗帘避免热辐射，而朝北的窗户可以开启到中午 12 时再关闭。②中午 12 时～下午 5 时多是最炎热的时候，应适当开空调，开启前先通风 10min；在开启 1～3h 后关闭空调，开窗通风。必要时可用电风扇朝外送风，使室内外空气对流，让废气、有害气体排出室外，至少通风 20～30min，再关闭门窗，重新启动空调。③晚上 10 时左右，在入睡前应关闭空调，打开所有窗户以便室内外空气对流。如果闷热，也可以用电风扇降温，但不

要直接吹人体某一固定部位，同时设定定时关闭电扇。千万不可持续 8～9h 开空调而不通风，免得患空调病。

2）雾霾天气室内也需要通风

雾霾天气，室内也需要适当的通风换气。如果窗子关得太严，不通风换气，家里会有厨房油烟污染、家具添加剂污染等污浊的室内空气同样会危害健康。雾霾天气通风时间尽量避开雾霾高峰时段，可以选择中午阳光较充足、污染物较少的时候，短时间开窗换气。可以将窗户打开一条缝，不让风直接吹进来，通风时间每次以半小时至一小时为宜。

3）防止人为带入室内引起室内空气污染

主要指从室外回来，随身携带的衣物和鞋对室内空气的污染。所以，从室外进入室内需要及时换下衣物，并且换下的衣物不要随便放在室内，也不能直接放进衣橱内，需要及时清洗的，就及时清洗，更不能带进卧室，鞋也要放在门厅指定的位置，换上室内的鞋，以免引起卧室内空气污染。同时及时清洗手和面部，有条件的最好洗澡，然后换上室内的家居服。

（二）室内污染源控制

室内空气质量是一个很复杂的问题，它与环境科学、建筑技术、卫生学以及暖通空调技术等密切相关。

1. 室内污染源控制对策

1）避免或减少室内污染源

从理论上讲，用无污染或低污染的材料取代高污染材料，避免或减少室内空气污染产生的设计和维护方案，是最理想的室内空气污染控制方法。例如，新建或改建楼房时，应尽可能停止使用产生石棉粉尘的石棉板和产生甲醛的脲醛泡沫塑料。使用原木木材、软木胶合板和装饰板，而不用刨花板、硬木胶合板、中密度纤维板等，可减少室内甲醛散发量。集中供热，用电取暖和做饭，或配备性能可靠的通风系统，可避免燃烧烟气进入室内空气环境。良好的建筑设计可以减少来自室外的汽车尾气污染。正确选址或使用透气性差的建筑材料，可避免或减少氡进入室内。正确选择涂料及家具，例如，用水基漆替代油基漆，可以避免或减少挥发性有机化合物进入室内。

2）室内污染源的处理

对于已经存在的室内空气污染源，应在摸清污染源特性及其对室内环境的影响方式的基础上，采用撤出室内、封闭或隔离等措施，防止散发的污染物进入室内环境。例如，对于暴露于环境的碎石棉，可通过喷涂密封胶的方法将其严密封闭，其成本远低于彻底清除。在有霉类污染的建筑物中应清除霉变的建筑材料和家具陈设。对于新的刨花板和硬木胶合板之类散发大量甲醛的木制品，可在其表面覆盖甲醛吸收剂。这些材料老化后可涂覆虫胶漆，阻止水分进入树脂，从而抑制甲醛释放。

3）绿色建材

建筑材料（包括装饰材料和家具材料等）是造成室内空气污染的主要原因之一。众多挥发性有机化合物普遍存在于各类建筑材料中。另一方面，由于空气调节设备的大量使用，导致室内与室外的空气交换量大大减少，建筑材料释放的污染物不能及时排至室外，而被积聚在室内，于是造成更严重的室内空气污染。

所谓绿色建材是指对人体和周边环境无害的健康型、环保型、安全型建筑材料。绿色装修产业的发展是一种利用现代科学技术来改善人与居住环境关系、建材与居住环境关系的持续过程。发达国家十分注重对绿色建材的研究与开发。早在1989年，欧共体就规定了建筑材料不得释放有害气体和含有危害人体健康和恶化卫生条件的成分。美国、加拿大、日本等也就建筑材料对室内空气的影响进行了全面、系统的研究，并制订了有关法规。同时，经过这些国家的努力，不少装饰材料在环保、安全方面也已取得了明显的进步。

例如，丹麦为了促进绿色建材的发展，推出了“健康建材”标准，规定所出售的建材产品在使用说明书上除了标出产品质量标准外，还必须标出健康指标。1992年开始制定建筑材料室内空气浓度指标值，提出挥发性有机化合物空气残留度含量小于0.2mg/m^{3}时为无刺激或无不适残留度含量；残留度含量为0.3～3mg/m^{3}时，若存在其他因素的联合作用。则可能会出现刺激和不适；残留度含量为3～25mg/m^{3}时，会出现刺激和不适，甚至头痛。

瑞典也积极推动和发展绿色建材，目前已正式实施新的建筑法规，规定用于室内的建筑材料必须实行安全标签制。制定了有机化合物室内空气浓度指标限值：有机化合物小于0.2mg/m^{3}为一类空气；介于0.2～0.5mg/m^{3}为二类空气。瑞典的地面材料业很发达，出口量很大，出口厂家已自觉在产品说明书上标出产品在4周和26周时，室内有机化合物空气浓度指导限值。

英国是研究开发绿色建材较早的欧洲国家之一。早在1991年英国建筑研究院（BRE）曾对建筑材料及家具等室内用品对室内空气质量产生的有害影响进行了研究。通过对臭味、霉菌、潮湿、结露、通风速率、烟气运动等调研和测试，提出了污染物、污染源对室内空气质量的影响。通过对涂料、密封膏、胶黏剂、塑料及其他建筑制品的测试，提出了这些建筑材料不同时间的有机挥发物散发率和散发量。通过大量的研究，提出在相对湿度大于75%时，可能产生霉菌，并对某些人会诱发过敏症。对室内空气质量的控制提出了建议，并着手研究开发了一些绿色材料。

4）自然通风

空气质量的好坏反映了满足人们对环境要求的程度。通常影响空气质量的因素包括空气流动、空气的洁净程度等。如果空气流动不够，人会感到不舒服；流动过快则会影响温度以及洁净度。因此应根据不同的环境调节适当的新风量，控制空气的洁净度、流速，使得空气质量达到较优状态。同时对室内空气污染物的有效控制也是室内环境改善的主要途径之一。

自然通风即利用自然能源或者不依靠传统空调设备系统而仍然能维持适宜的室内环境的方式。上班前一般可以在早晨上班前，下午下班后或中午阳光好的时候进行通风换气。可以让一个房间开窗通风，30min后关上窗户，再开另一房间的窗户通风的方式。特别是卫生间没有窗户的家庭，一定要警惕通风不好的问题。这样的卫生间首先要安装一个功率大、性能好的排气扇，在入厕时全程开启排气扇。

2. 室内甲醛的污染源控制

甲醛主要来自室内装修和装饰材料。用作室内装饰的胶合板、细木工板、中密度纤维板和刨花板等木制人造板材，加工生产中使用的胶黏剂为脲醛树脂和酚醛树脂，其主要原料是甲醛、尿素、苯酚和其他辅料，板材中残留的未参与反应的甲醛会逐渐向周围环境释放。形成室内空气中甲醛的主体，从而对室内空气造成污染。尽管含有甲醛的其他各类装饰材料，如壁纸、化纤地毯、泡沫塑料、油漆和涂料等也可能向外界散发甲醛，但其散发量远远低于各类人造板甲醛的散发量。因此，控制人造板散发的甲醛是控制室内甲醛污染的重点。降低人造板甲醛散发的措施有以下几个方面。

（1）胶黏剂控制。胶黏剂控制是最重要、最有效的措施，降低甲醛/尿素摩尔比和分批投加尿素是控制甲醛释放行之有效的方法。除此之外，多元共聚制胶、无醛胶黏剂、无胶胶合等都是技术可行的减少甲醛释放途径。

（2）工艺条件控制。就工艺条件而言，可减少甲醛释放的措施降低水分、改进热压条件和使用甲醛捕捉剂。

（3）后期处理控制。后期处理是对热压后的板子甲醛散发量偏高时的应急补救措施，可通过化学处理和封闭处理两种方法实现。化学处理是在人造板的表面施加某种有反应活性的物质，这些物质能够与板子中的游离甲醛发生化学反应，阻止甲醛向外界散发；封闭处理是在人造板表面贴面或涂饰，使这些经过表面处理的板子具有较高的阻止甲醛散发的能力。这两种方法也可结合使用。例如，已经开发一些涂料配方，这些涂料一方而具有封边的功能；另一方面涂料中也含有能参加反应的物质，以化学结合游离甲醛，阻止其对外散发。

① 氨处理。把热压后的板子送人氨处理室，用氨对其进行后期处理可显著地降低板子的甲醛散发量。在处理过程中，氨可以和板子中的游离甲醛发生化学反应生成六亚甲基四胺（乌洛托品）。

② 尿素处理。将尿素溶液喷洒到板子表面可使板子的甲醛散发量降低 30%，假如对工艺进行优化选择，甚至可以降低 50%以上。实际应用中，应将尿素溶解成一定的浓度，喷洒量常以每平方米表面积若干克计。尿素的作用是多种多样的，一是可以和甲醛起化学反应并与之结合；二是尿素在水溶液中热分解，尤其在酸性条件下分解形成铵离子，后者可以和甲醛起化学反应生成六亚甲基四胺。加酸和加热能促进尿素热分解。酸的作用在于与氨结合使反应向平衡方向移动。当用氨基树脂胶制成人造板时，固化剂［NH_4Cl 或（$(NH_4)_2SO_4$）］的分解产生微量的酸，这些微量的酸以及从木材中游离出来的酸参加尿素的分解反应。

③ 油漆处理。在刨花板表面涂刷可与游离甲醛进行反应的油漆也是控制人造板甲醛散发的一种好方法。部分涂料里含有尿素、联氨等可与甲醛反应的物质，同时涂层还具有一定的封闭功能。油漆涂饰后，人造板向外界环境散发甲醛能力的降低程度取决于涂饰量、涂层抗渗能力、可与甲醛反应的添加剂种类及其用量，以及板子原有的甲醛散发能力等。

④ 表面封闭处理。对人造板的表面和端面进行封闭处理不失为一种可操作性强的措施，归纳起来，大致有以下各种贴面方法，即单板贴面、微薄木贴面、聚氯乙烯（PVC）

薄膜贴面、塑料装饰板贴面、三聚氰胺浸渍纸贴面、硬质纤维板贴面、金属箔贴面等，这些方法大多已在工业性生产中得到应用并取得了良好的封闭效果。不同表面封闭处理的效果不同，最好的封闭处理效果可以把甲醛浓度降低到基值的1.67%。

3. 室内氡的污染源控制

氡是由镭衰变产生的自然界唯一的天然放射性惰性气体，氡的性质及危害在项目四中已经介绍，这里主要介绍氡的源头控制技术。

室内的氡含量无论高低都会对人体造成危害，但只要注意降低住房的氡含量就可以减少这种危害。氡的防治，最主要是从源头抓起，其一般性原则是：房子应设计并建造使土壤中的气体可能进入室内的途径减至最少；房子应设计并建造成使室内外的压力差保持为零；如果房子建成后发现防护措施不能满足要求时，应能够容易地将室内氡排出去，在建造期间应使房子具有这样的功能。具体做法如下。

1）正确选址

在建房前进行地基选择时，先基于地质和土壤性状或实测数据，确定在某一地址是否适合建造房屋或需要采取何种降氡措施，这是降低氡及其子体潜在危害的最有效措施。

2）铺垫隔离层

当必须在氡释放潜力较高的地址上建造房屋时，合理地处理地基、铺填隔离层，可在一定程度上降低进入新建房的氡量。

3）自然或强制沉积

氡子体是荷电的，这使得它们能黏附于气溶胶颗粒表面。它们也可能保持为非附着状态，并且沉积到建筑物表面，从而减少暴露。沉积消减氡子体暴露的实际应用包括：使用天花板和HVAC系统设备来降低氡子体暴露；选择强制空气供暖系统替代辐射传热系统；减少颗粒产生，比如限制吸烟和控制室内灰尘等。

4）设置扩散屏障和涂覆封闭剂

某些建筑材料会释放氡，例如在美国东南部，磷酸盐矿渣是一种被广泛采用的建筑原料，被掺混进混凝土砖中，这样的混凝土砖具有较高的镭和氡释放水平。

5）防止氡气进入室内的地下建筑物设计和施工

通过合理设计和建设地下室、水泥地板和管廊等地下建筑，可有效地防止氡气进入室内。

6）避免室内真空防止氡气进入室内

当室内存在真空时，氡气在压力差的作用下，可能通过缝隙进入室内，因此，保持墙壁无裂缝和裂隙、窗玻璃安装严密，甚至各间居室之间减少对流风，以免形成负压造成地下氡气上涌是比较合理的。空气流通是必要的，但宜缓慢地进行，设置上述阻挡层可使部分氡气在进入居室之前就衰变掉，缓慢地流通也避免降低室内大气压强，造成地下气流涌入室内造成室内氡过高。

7）防治氡气进入已建好的房子

4. 室内挥发性有机化合物的污染源控制

挥发性有机化合物（VOCs）数量众多，其来源和浓度差异很大，所以不易对它们进行定性和定量。正因为如此，针对特定化合物的控制难度也较大，这里主要讨论挥发性有机化合物的一般性源控制方法。

1）避免使用高挥发性有机化合物产品

从理论上讲，控制 VOCs 暴露水平的最佳方法是避免那些会导致室内高浓度 VOCs 的产品或行为。对于产品，避免措施需确保替代品的 VOCs 释放量低，而且自身不会引起任何特定的健康威胁。对于行为，避免措施相对简单，例如，吸烟产生的烟气是主要的室内 VOCs（特别是苯）来源之一，限制吸烟可减少吸烟致 VOCs 的暴露水平。将涂料、溶剂、汽油和报纸、杂志等贮存在附属建筑物或通风良好的空间中，可以避免或减少它们进入室内。由于矿物燃料燃烧往往会引起较高的丙烷、苯和甲苯水平，所以全电气房屋是较为可取的。

明智的产品选择可以避免出现较高的 VOCs 污染水平，但是，由于不同产品的 VOCs 释放特征通常是未知的，而且不同制造商生产的产品性能差异很大，所以实践起来比较困难。不过，通过大量的研究已经积累了类似哪些产品或产品使用行为会导致不可接受的室内高 VOCs 水平之类的信息。例如，表 5.1 总结了各种地面和墙面材料、涂料引起的 VOCs 浓度和释放率。各种产品在 VOCs 释放上存在明显的差异，基于其 VOCs 释放的潜力，可以做出理性的选择。

2）陈化

大多数新建建筑物的 VOCs 浓度通常较高，然而，这种状况是短暂的，也即 VOCs 浓度会随时间很快下降。对一座新建幼儿园的 VOCs 水平进行测定表明，所选 15 种 VOCs 的浓度在 6 个月内从平均 15～20μL/m^3 衰减到平均 2～3μL/m^3。对两栋新建办公楼和一所疗养院的测定表明，建筑物完工后的 7～23 周内，脂肪烃和芳香烃浓度显著降低，VOCs 浓度下降 3～10 倍（表 5.2），显然这是由于建材释放 VOCs 的速率减小，以及较大的通风率所致。

表 5.1　对应各种地面/墙面材料和涂料的 VOCs 浓度和释放率

材料类型		浓度 /(mg·m^3)	释放率 /（mg·m^2·h）	材料类型		浓度 /（mg·m^3）	释放率 /（mg·m^2·h）
墙纸	乙烯基墙纸	0.95	0.04	地面材料	油毡	5.19	0.22
	乙烯和玻璃纤维	7.18	0.3		合成纤维	1.62	0.12
	印刷纸	0.74	0.03		橡胶	28.4	1.4
					软材料	3.84	0.59
					均质 PVC	54.8	2.3
墙面材料	粗麻布	0.09	0.005	涂料	丙烯酸胶乳	2	0.43
	PVC	2.43	0.1		清漆（环氧）	5.45	1.3
	织物 I	39.6	1.6		清漆、聚氨酯（双组分）	28.9	4.7
	织物 II	1.98	0.08		清漆（酸硬化）	350	0.83

表 5.2 三栋新建建筑中三类平均 VOCs 浓度 单位：μg · m^{-3}

项 目		刚刚建成			入住后				最大室外浓度
		办公楼 1	办公楼 2	疗养院	办公楼 1	办公楼 2	办公楼 1	疗养院	
建成后时间/周		1	2	6	7	15	22	23	—
脂肪烃	癸烷	380	440	68	38	15	4	4	4
	十一烷	170	210	69	48	34	13	4	2
	十二烷	47	150	31	19	24	5	未检出	1
芳香烃	二甲苯	214	59	33	27	19	12	7	6
	乙苯	84	51	8	6	5	5	2	2
	苯	5	3	2	7	5	7	2	5
	苯乙烯	8	3	3	7	3	4	1	4
氯代烃	1，1，1-三氯乙烷	380	13	4	100	39	49	2	10
	三氯乙烷	1	未检出	3	38	8	27	1	1
	四氯乙烷	7	未检出	1	2	2	3	1	1

3）小气候控制

建筑产品和家具的 VOCs 释放会随着建筑物内部的温度增加而增加。正因为如此，诸如甲苯等 VOCs 的浓度在夏季时通常较高。同样，湿度也显著地影响 VOCs 的释放率，对一家图书馆内部的 VOCs 浓度进行测定，结果表明相对湿度与 2-丁酮、1-丁醇、2-乙基环丁醇及醋酸正丁酯浓度之间成反比。当室内湿度较低时，建材及书籍等的 VOCs 释放量高。理论上，控制建筑物内部的小气候，即对建筑内部的温度和相对湿度进行控制可作为一种 VOCs 源控制措施，应用这个办法可以减少短期内的暴露水平或者加快陈化进程。

4）烘赶

为了减少新建筑中 VOCs 水平，一种有效而新颖的方法是应用被称为“烘赶”（Bake out）的工艺。该工艺是在未住人的新建筑中维持一段时间较高的温度，并进行正常的通风。它基于以下原理：残留溶剂的蒸气压随温度升高而增加，如果在足够时间内保持这样的条件，残留溶剂将会较快地蒸发，VOCs 释放由此也会相应减少。

5. 石棉的污染源控制

石棉是一种天然矿物纤维，它具有良好的抗拉强度和隔热性、防腐蚀性，而且不易燃烧。由其制成的产品被广泛应用于建材、化工、冶金、电力、交通等领域。石棉种类很多，包括温石棉（白石棉）、阳起石、铁石棉（棕石棉、镁铁闪石-铁闪石）、直闪石、青石棉（蓝石棉）等。以温石棉含量最为丰富，用途最广，我国温石棉资源位居世界第三位。石棉含有可致癌的有害物质，特别是角闪石棉。温石棉的危害则主要起因于它是一种非常细小质脆的肉眼几乎看不见的可吸入性纤维。当这些细小的纤维被吸入人体时，就会附着并沉积在肺部，造成肺部疾病，如石棉肺、胸膜和腹膜的间皮瘤，严重时引起肺癌。这些肺部疾病往往有很长的潜伏期（肺癌一般 15～20 年、间皮瘤 20～40 年）。石

棉已被国际癌症研究中心肯定为致癌物。室内石棉主要来源于以下几点。

1）旧石棉制品污染

一些旧住宅的天花板，管路绝热和隔音材料大多是石棉制品，当拆修、切割或重塑这些制品时，会有大量的细小石棉纤维飘散到空气中。

2）建材石棉污染

某些建材、室内装修材料，如石棉水泥，乙烯基塑胶地板也会散发细小的石棉纤维。

3）管道石棉污染

石棉水泥管道，用于输水管会造成饮用水污染。

4）人体携带石棉污染

细小的石棉纤维附着在人体上，从室外带入室内。

目前各国均未建立非工业性场所室内空气石棉浓度的质量标准，但对于相关车间的标准比较健全，可供参考。如中国规定温石棉在车间空气中的阈限值为 2f/cm^3。（大约5μm 的纤维）。尽管石棉粉尘是有害的，但是可以通过一定的途径对其进行控制，也正因为如此，我国已经将石棉产品从《淘汰落后生产能力工艺品和产品的目录》中剔除，并根据我国国情及世界发达国家石棉产品生产和使用情况，重新制定了我国石棉工业的发展方针，即全面禁止生产蓝石棉，安全合理地生产和使用温石棉。控制石棉污染源是防止石棉纤维成为室内空气组分，污染室内空气环境的唯一可接受方法。这是由它的危险性及对其进行控制的强制性决定的。具体做法包括：加强房屋维护，对外露石棉进行修补、封闭、包胶或排除处理等。

（1）加强房屋维护。房屋维护是一种临时性石棉控制措施，适用于已经识别的，但因户主或开发商的原因未及时采取措施的潜在石棉问题，这些问题往往与排除石棉材料开支大，或由此会带来住户搬迁等困难有关。

在进行房屋维护之前，识别脆质含石棉制品以及了解其位置至关重要。为了尽可能减少石棉纤维释放，维护人员必须避免下列破坏或扰动活动。

（2）修补、封闭和包胶。被损脆质石棉材料在某些情况下易于修补，特别是用于蒸汽管路和其他与锅炉相关表面的绝热材料。一般修补对象为包裹脆质石棉绝热材料的防护罩。

包胶类似于封闭，但包胶密闭的空间比封闭小，它是将密闭材料直接喷涂于石棉制品表面。利用密闭材料将纤维黏固在石棉基体上，并使石棉黏附于建筑基材。它的优点是初始费用较低，而且不需替换绝缘材料。

包胶只是一个暂时解决建筑石棉暴露危险的办法，定期检查、重新喷涂对于保证人群健康非常重要。

（3）排除。理论上，减少石棉暴露的最佳方法是排除污染源，即将石棉材料排除出建筑空间。尽管这种排除措施在大多数情况下是适用的，但是排除操作不当会引起额外的暴露风险。所以在除石棉时，选择经验丰富且认真负责的施工队伍是确保安全和有效的关键。

二、通风换气

通风则是借助自然作用力或机械作用力将不符合卫生标准的污浊空气排至室外或排

至空气净化系统，同时，将新鲜空气或经过净化的空气送入室内。前者称为排风，后者称为送风。

1987年，美国国家职业安全与卫生研究所对被投诉存在室内空气质量问题的529个场所进行了一项调查，结果显示，通风不足是导致不良室内空气质量的主要原因，占总投诉场总数的53%。由此可见，通风与室内空气质量密切相关。实际上，通风稀释作为控制室内空气污染的最直接方法早已得到了广泛的应用。同时，随着对于通风控制室内空气污染作用和效果的认识的不断提高，人们更加重视研究通风与室内空气污染的关系，并将这些研究成果应用于通风系统的设计和完善。

（一）通风换气量

1. 为消除有害气体所需的通风量 L

$$L=\frac{Z}{y_2-y_1}\ (\mathrm{m^3/h}) \tag{5.1}$$

式中：Z——室内有害气体产生数量；

y_2——排风中韩有该种有害气体的浓度，$\mathrm{mg/m^3}$，一般取卫生标准中规定的最允许浓度；

y_1——送风中含有该种有害气体的浓度，$\mathrm{mg/m^3}$。

2. 为消除余热所需通风量 G

$$G=\frac{Q}{C\gamma(t_{排}-t_{进})} \tag{5.2}$$

式中：Q——室内余热量，kJ/h；

$t_{排}$，$t_{进}$——进风及排风温度，℃；

C——空气的质量比热；取 C＝1.01kJ/（kg·℃）；

γ——空气的容量，取 $1.2\mathrm{kg/m^3}$。

3. 为消除余湿所需通风量 L

$$L=\frac{W}{\gamma(d_{排}-d_{进})} \tag{5.3}$$

式中：W——余湿量，g/h；

$d_{排}$，$d_{进}$——排风及送风的含湿量，g/h。

4. 按换气次数计算通风量

$$L=nV \tag{5.4}$$

式中：V——房间的体积，$\mathrm{m^3}$；

n——换气次数，即通风量相当于房间体积的倍数，次/h。

换气次数已由总结而得，各种民用房屋的换气次数见表5.3。

表 5.3　居住及公共建筑的换气次数

房间名称	换气次数/（次/h）	房间名称	换气次数/（次/h）
住宅居室	1.0	食堂贮粮间	0.5
住宅浴室	1.0～3.0	托幼所	5.0
住宅厨房	3.0	托幼浴室	1.5
食堂厨房	1.0	学生礼堂	1.5
学生宿舍	2.5	教室	1.0～1.5

对于设置全面机械通风系统时，整个房间的进气量最好略大于排气量（约 10%），以便防止冷风或未经处理的室外空气深入室内。置于一些产生有气味或有毒气体的房间，排气量应大于进气量。

（二）通风换气方式

按照工作动力的差异，通风方法可分为两类：自然通风和机械通风。前者是利用室外风力造成的风压或室内外温度差产生的热压进行通风换气；而后者则依靠机械动力（如风机风压）进行通风换气。按照通风换气涉及范围的不同，又可将通风方法分为局部通风和全面通风，局部通风只作用于室内局部地点，而全面通风则是对整个控制空间进行通风换气，通常情况下，前者所需通风量远小于后者。

1. 自然通风

自然通风是指风压和热压作用下的空气运动，具体表现为通过墙体缝隙的空气渗透和通过门窗的空气流动。这种通风方式特别适合于气候温和地区，目的是降低室内温度或引起空气流动，改善热舒适性。充分合理地利用自然通风是一种经济、有效的措施。因此，对于室内空气温度、湿度、清洁度和气流速度均无严格要求的场合，在条件许可时，应优先考虑自然通风。

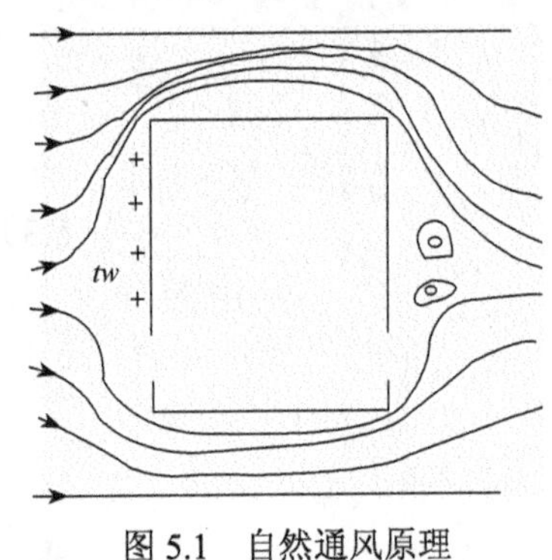

图 5.1　自然通风原理

如图 5.1 所示，建筑物有 a、b 两个开口，分别位于迎风面和背风面。假设室内温度与室外温度相等，即不存在热压作用。当风经过该建筑物时，将发生绕流现象。同时，迎风面气流因受到建筑物阻挡而动压降低，静压增高，当该静压值高于迎风面开口 a 的内侧静压时，在内、外压差作用下，空气将由开口 a 流入室内；而建筑物侧面和背风面因产生局部涡流而静压下降，当该静压值低于处于该面上的开口 b 的内侧静压时，开口 b 的内外侧也将产生压力差，空气由开口 b 流出。可见，正是室外风力的存在，造成开口 a、b 两侧出压力差，从而引起空气流动。这样的空气流动就称为风压作用下的自然通风。

风压作用下的自然通风量与风压有关。对应特定建筑物，实际风压分布取决于风速、建筑物几何形状和尺寸，以及风向与建筑物夹角等因素。图 5.2 和图 5.3 给出了风向与建

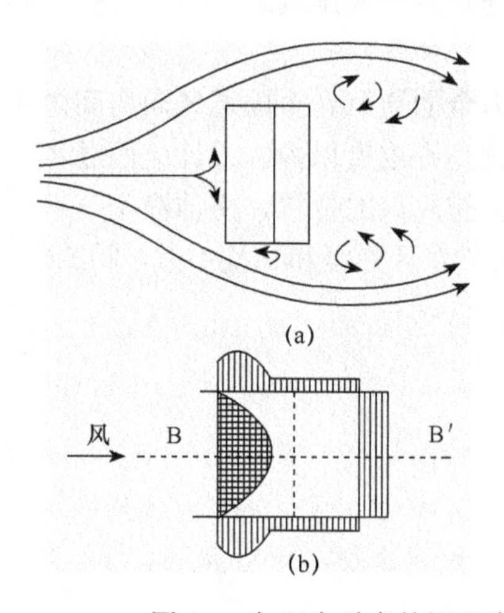

图 5.2　与风向垂直的矩形建筑的理想流场（a）和压力分布（b）

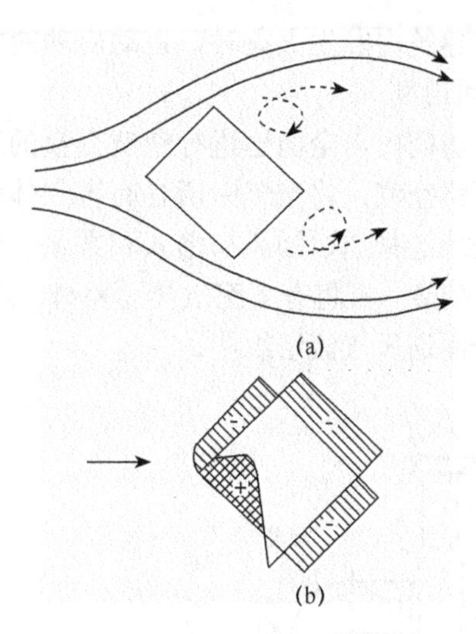

图 5.3　与风向成斜角的巨型建筑的理想流场（a）和压力分布（b）

筑物夹角对风场及其压力分布的影响，另外屋顶斜度与风压的关系如图 5.4 所示。

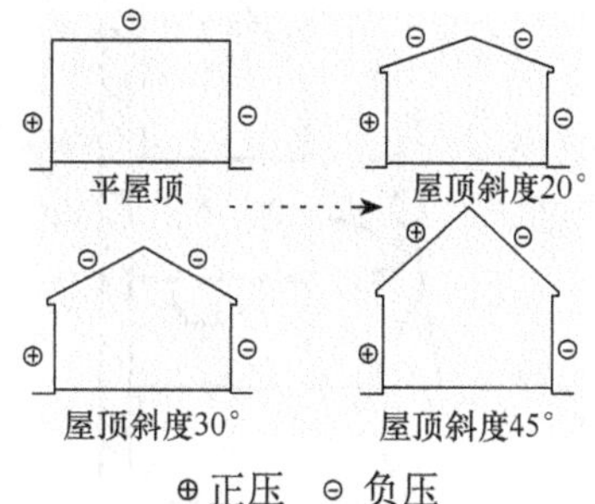

图 5.4　屋顶斜度与分压的关系

2. 机械通风

机械通风是依靠风机产生的抽力或压力，通过通风管道进行室内、外空气交换的通风方式。

由于风机能提供足够的风量和风压，就能把对空气进行过滤、加热、冷却、净化等各种处理的设备联成一个较大的系统，工作可靠，效果较稳定，但系统初投资和运行费用较高。机械通风可分为局部机械送风、排风系统和全面机械送风、排风系统。

1）局部送风

局部送风是将符合卫生要求的空气送到人的有限活动范围，在局部地区造成一定保护性的空气环境，气流应该从人体前侧上方倾斜地吹到头、颈和胸部，称为空气淋浴，通常用来改善高温操作人员的工作环境。

2）局部排风

局部排风是在室内局部工作地点安装的排除某一空间范围内污浊空气的通风系统。这种系统由局部排气罩、风管、空气净化设备、风机等主要设备组成。图 5.5 所示为厨房灶台的局部排风系统，排气罩把污染源灶台产生的油烟等吸入罩内，经罩内设置的金属过滤网过滤后，污染气体中大部分油雾被分离、净化，再用管道风机排人室外大气。局部送风和局部排风也可结合使用。

3）事故排风

对室内可能突然放散大量有害气体或有爆炸危险气体的生产厂房，应设置事故排风装置。高层建筑内发生火灾时，自动启动的机械排烟系统即为事故排风。

4）全面通风

在整个房间内，全面地进行空气交换的通风方式称为全面通风。全面通风向房间内送入大量新鲜空气，将空气中所含有害气体的浓度冲淡到允许浓度以内。设计全面通风时，要正确地选择送、回风口形式和数量、合理布置进、排风口的位置，将洁净空气直接送到工作位置，再将有害空气排至室外，避免有害物向工作区弥漫和二次扩散。图 5.6 为正确的全面通风气流组织图。

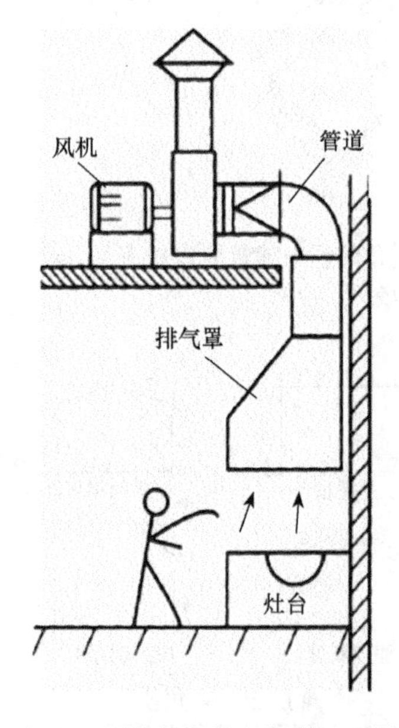

图 5.5 厨房炉灶的局部排风系统

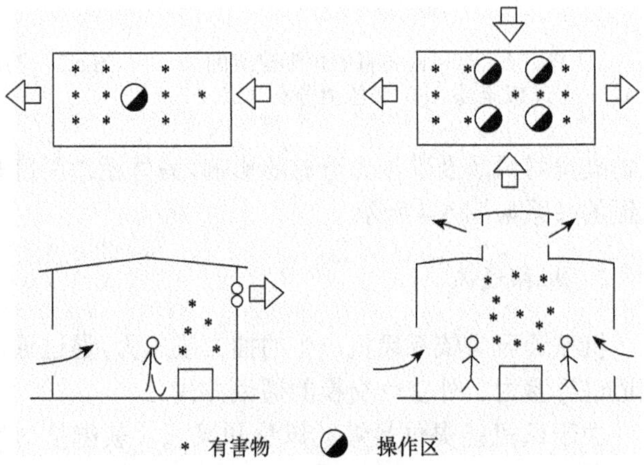

* 有害物 操作区

图 5.6 全面通风气流组织图

在工业厂房中，单纯设置机械进气系统或排气系统是不多的，最普遍的是采用进气与排气全有的联合式通风系统。

3. 空调系统

1）空调体统的分类

（1）按空调处理设备设置情况情况分为：集中式、半集中式、分散空调系统。

（2）按承担室内空调负荷的介质分为：全空气系统、空气-水系统、全水系统、制冷剂系统。

2）集中空调系统的气流组织

（1）侧向送风。这是最常用的一种空调送风方式。送风射程（房间长度）通常在 3～8m，送风口每隔 2～5m 设置一个，房间高度一般在 3m 以上，送风口应尽量靠近顶棚，宜采用可调双层百叶风口。

（2）散流器送风。有散流器下送和平送两种送风方式，需设置技术夹层或吊顶。散流器下送，主要用于有较高净化要求的房间，房间高度以 3.5～4.0m 为宜，散流器间距一般不超过

3m。散流器平送，适合于对温度恒定有一定要求的房间、当房间面积较大时，可采用多个散流器，宜对称布置，散流器的间距一般为3～6m，散流器中心轴线距侧墙一般不小于1m。

（3）孔板送风。利用顶棚上面的整个空间作为稳压层（净高不低于 0.2m），通过在顶棚上设置大量小孔将风均匀地送进房间。有全面孔板送风和局部孔板送风两种：孔板可用铝板、木丝板、五夹板、硬纤维板、石膏板等材料制作，孔径一般为4～10mm。孔距为40～100mm。适合于对空调精度要求较高的空调房间。

（4）喷口送风。将送、排风口布置在房间的同侧，采用较高风速和较大的风量集中在少数的送风口射出。适合大型体育馆、礼堂、影剧院、公用大厅以及高大空间的一些厂房和公共建筑。喷口直径一般为0.2～0.8m，高大公共建筑的送风高度一般为6～10m（大致为房高的0.5～0.7倍）。

3）选择合适的换气次数

增加换气次数有利于提高室内空气品质，但是，加大新风量会使系统的能耗增加，因此选择换气次数时就要在二者之间取得一个平衡。丹麦的P.O.Fanger教授领导的研究小组的研究表明，在商用建筑中由于增加换气次数提高室内空气品质导致的生产率上升带来的经济效益为5%，而由此消耗的能源所付出的经济代价为0.5%，因此总体来说增加换气次数还是有利于提高经济效益。

对于我国的情况来说，由于城市的室外空气质量恶劣，可以考虑在较高的位置采集质量较好的新风；对于换气次数的选择，目前还没有相关的研究成果进行指导，通常取暖通空调规范所定义的值，但这样不考虑各地的地方差异，千篇一律，难免会产生很大的偏差。应具体考虑建筑所处位置空气质量的好坏，而选择合适的换气次数，以保证室内空气品质和能耗的平衡。

5.2　室内空气污染治理技术

一、静电除尘法

（一）原理

静电除尘的基本原理是荷电粒子或颗粒物在电场中依据同性相斥、异性相吸原理吸附在集尘极上。根据粒子荷电和捕集是否在同一电场进行，可分为单区和双区两种形式。在室内空气净化中，通常采用双区式结构——先在电离段将粒子荷电，然后在集尘段将粒子捕集。粒子的荷电通过电晕放电实现。电晕放电分为正电晕和负电晕，由于正电晕采用比较低的电压，产生的臭氧比较少，通常用于室内空气中。

1. 静电除尘的优点

静电除尘具有安全、可靠、可维护性好、运行费用低等特点，与传统滤纸过滤相比有如下优点。

1）无需更换滤料

静电除尘只需定期清洗集尘板上的灰尘就可以恢复性能。

2）风阻低

虽然气流穿过静电除尘器电极的深度比较大，但是电极之间的距离比较大，因此风阻比较小，通常只有 20Pa 左右。

3）具有杀菌功能

在除尘的同时利用正离子浸润作用，杀死细菌和病毒，在去除室内空气中病菌的同时又防止集尘板病菌的滋生。

4）能耗比较低

静电净化器功率小，耗能比较低。

2. 静电除尘的缺点

与传统滤纸过滤相比静电除尘技术也有以下缺点。

1）产生有害副产物

由于采用高压电技术，不可避免会产生低浓度臭氧、氮氧化物等有害副产物。

2）净化效率较低

净化效率相对较低，同时净化效率受湿度、悬浮物种类等影响。

3）价格贵，初期投入大

市场上的静电除尘设备比较昂贵，一次投资较大，卧式的电除尘器占地面积大。

4）减低了室内中负离子浓度

由于在室内空气净化中使用的是正电晕电离，降低了室内空气中负离子浓度，甚至为正离子状态。

（二）装置及其应用

1. 装置

图 5.7 静电式空气净化器

静电式室内空气净化器（图 5.7），由美国加利福尼亚大学的 Penny 博士于 1935 年首次设计。利用阳极电晕放电原理，使空气中的粉尘带上正电荷，然后借助库仑力作用，将带电粒子捕集在集尘装置上，达到除尘净化空气的目的。其特点为集尘效率高，有些净化器的收尘效率高达 80%以上，另外还能捕集微小粒子（0.01～0.10μm），同时集尘装置的压力损失少。它由离子化装置、集尘装置、送风机和电源等部件构成。这种净化器实际上是一种小型静电式空气过滤器，对粒径较大的颗粒污染物的净化效果较好，但是无法净化气态污染物，同时，还会产生臭氧等二次污染物。现在室内静电空气净化器主要有三种类型：电离极板型、带电介质非电离型和带电介质电离型，且均采用正电晕放电，因为正电晕放电比负电晕放电产生的臭氧浓度低。但在相同电压情况下，正电晕放电电晕电流低，净化效率低，致使分布在空气中的正离子浓度提高。为了进一步减小臭氧浓度、降低净化器的工作电压，目前采用两级负离子空气净化器，前级为常规空气净化器，后级为臭氧消除器，这样的静电吸附技术用在空气净化器的生产中，和滤清式空气净化器比较成本相对要高。

2. 应用

静电除尘器是含尘气体在通过高压电场进行电离的过程中，使尘粒荷电，并在电场力的作用下使尘粒沉积在集尘极上，将尘粒从含尘气体中分离出来的一种除尘设备。静电除尘过程与其他除尘过程的根本区别在于分离力（主要是静电力）直接作用在粒子上，而不是作用在整个气流上，这就决定了它具有分离粒子、耗能小、气流阻力也小的特点。由于作用在粒子上的静电力相对较大，所以即使对亚微米级的粒子也能有效地捕集。静电除尘器主要由放电极、集尘极、气流分布装置、清灰装置、供电设备等组成。影响静电除尘器捕集效率的因素，主要有气体的性质和状态、粉尘特性、电极形状和尺寸及供电参数等。

主要优点：力损失小，一般为 200～500Pa；工业上处理烟气量大，一般为 10^5～$10^6m^3/h$；能耗低，大约 $0.2kWh/1000m^3$；对细粉尘有很高的捕集效率，可高于 99%；可在高温或强腐蚀性气体下操作。在收集细粉尘的场合，静电除尘器已是主要的除尘装置。

（三）影响净化效果的因素

静电技术可在有人的条件下对小环境空气净化进行持续动态的净化消毒，并具有高效的除尘作用（除尘效率在 90%以上）以及能同时除菌等特点。但该法不能有效去除室内空气中的有害气体如 VOCs 等，静电除尘法还存在吸附不彻底的问题。根据电吸尘器的伏安特性曲线，在相同电压下负电晕的电流大，起晕电压低，击穿电压高，利于电吸尘器的工作，提高其吸尘效率。但净化后的气体中含有较多的臭氧和氮氧化合物，当浓度超过一定界限时。对人体的健康不利。因此，室内空气净化的电吸尘器多采用正电晕放电，即放电电极为高压正极，而负电压接地为收尘极。

二、过滤技术

应用不同类型的过滤材料可滤去空气中不同粒径的微粒。合成纤维过滤材料不耐油雾和潮湿，性能不稳定；纤维素过滤材料易燃烧，使用受限。用玻璃纤维制成的 HEPA（high efficiency particulate air）过滤材料是 20 世纪 80 年代发展起来的新型过滤材料，可有效地捕集 0.3m 以上的可吸入颗粒物、烟雾、灰尘、细菌等。在过滤效率、气流阻力及强度等性能指标上有很大改善，且耐高温、耐腐蚀和防水、防霉。在使用上最重要的发展是采用整体结构的无隔板式过滤器，不仅避免了分隔板损坏过滤材料，且有效增加了过滤面积，提高了过滤效率，过滤效率达 99.97%，在空气净化领域得到了较广泛的应用。

（一）原理

纤维过滤除尘是表面过滤和深层过滤的组合，其基本机理无论是以拦截效应、惯性效应还是扩散效应、重力效应、静电效应等。都是以单根的圆柱状纤维过滤材质为基础，并假设颗粒物碰上纤维就被纤维以范德华力捕获。在一个滤器中，纤维对微粒的捕捉是多种机理作用的结果，不同的纤维、不同的微粒，其主导机理有所不同。当微粒的直径较大时，拦截效应及惯性效应占主导作用，同时重力效应也起较大的作用；当微粒的直径＜0.1μm 时，扩散效应占主导作用；如果纤维采用驻极体材料，则静电效应占主导作用。过滤效率还与微粒种类、滤速、纤维直径、温度、湿度、气流压力、容尘量、纤维种类等有关。

（二）装置及其应用

1. 装置

空气过滤器是通过多孔过滤材料（如金属网、泡沫塑料、无纺布、纤维等）的作用从气固两相流中捕集粉尘，并使气体得以净化的设备。它把含尘量低（每立方米空气中含零点几至几毫克）的空气净化处理后送入室内，以保证洁净房间的工艺要求和一般空调房间内的空气品质良好。

空气过滤器滤层的捕集机理可能是由于惯性碰撞、接触阻留、扩散、静电等除尘机理的综合作用。也可能是由于其中一种或某几种除尘机理的作用，这主要是由尘粒的尘径、密度、纤维的直径、纤维层的填充率以及气流速度等条件决定的。

目前常用的空气过滤器的种类、形式及主要特性见附录 4。

2. 应用

与静电除尘相比，过滤除尘具有过滤效率高、价格便宜、使用方便的优点。由于过滤效率高，过滤除尘通常用在洁净室的末端，它在室内空气净化行业也有广泛应用。过滤除尘的缺点是滤器需要定期更换、易被水滴糊死、风阻比较大、细菌容易在滤器表面繁殖等。针对风阻比较大的缺点，室内空气净化采用的过滤器通常为无分隔板的折叠结构，因而使滤纸总面积为滤器迎风面积的几十倍，从而大大降低风阻，但仍然达不到静电除尘器的低阻力。而为了解决滤器表面细菌繁殖的问题，目前市场上出现了具有抗菌作用的滤器，使穿过滤器的细菌失活。需要定期更换是纤维过滤器的一个缺陷。纤维过滤器除了初效滤器能进行水洗外，中效和高效滤器不能进行水洗。为此，美国科学家发明了一种 FTFE 滤膜与传统过滤材料的复合材料，不仅过滤效率高，阻力小，还能水洗恢复过滤性能。

过滤用的纤维种类比较多，早期使用植物纤维和石棉纤维比较多，但石棉纤维有致癌作用，已经很少使用。随着玻璃纤维的广泛应用，使空气过滤器得到普及推广。玻璃纤维滤纸由于具有容尘量大、抗冲击、耐火、过滤效率高等优点一度占据大部分市场份额。随着合成纤维滤纸的发展，合成纤维滤器价格便宜、可焚烧、加工方便的优点使其市场份额日益扩大。合成纤维滤纸按是否带静电可分为两种，一种是不带电的，另一种是采用驻极体技术将静电固定在纤维上，使纤维利用静电作用吸附灰尘，从而大大提高净化效率，降低风阻，而目前需要解决的问题是提高驻极体寿命。

（三）影响净化效果的因素

影响净化效果的因素主要是空气过滤器的过滤效率问题。

过滤效率是表征空气过滤器性能的重要指标之一。单级空气过滤器的效率为η。

$$\eta=\frac{C_i-C_0}{C_i}=\left(1-\frac{C_0}{C_i}\right)100\%=(1-P)100\% \tag{5.5}$$

式中：C_i——穿过空气过滤器之前含尘气体的原始含尘浓度；

C_0——穿过空气过滤器被捕集后的气体含尘浓度；

P——穿过率，$P=\frac{C_0}{C_i}$。

当被过滤气体中的含尘浓度用不同方式表示时，空气过滤器就会有不同的过滤效率。

1. 计重效率

当被过滤气体中的含尘浓度以质量浓度（g/m^3）来表示，则效率为计重效率。此法只可适用于初效、中效和亚高效过滤器，而高效过滤器的穿透率小，就无法采用计重效率。

2. 计数效率

当被过滤气体中的含尘浓度以计数浓度（粒/L）来表示，则效率为计数效率。计数效率的尘源可以是大气尘，也可以是DOP（邻苯二甲酸二辛酯）雾。采用大气尘粒子计数测量粒子浓度时称为大气尘计数效率，采用DOP粒子计数测量粒子浓度时称为DOP计数效率。

3. 钠焰效率

以氯化钠固体粒子作尘源。氯化钠固体粒子在氢焰中燃烧。通过光电火焰光度计测得氯化钠粒子浓度，根据过滤器前后采样浓度求得效率。它适用中高效过滤器。

三、吸附净化技术

（一）原理

吸附净化是利用多孔固体表面的微孔捕集废气中的气态污染物，可用于分离水分、有机蒸气（如甲苯蒸气、氯乙烯、含汞蒸气等）、恶臭、HF、SO_2、NO_x等，尤其能有效地捕集浓度很低的气态污染物。这是因为固体表面上的分子力处于不平衡状态，表面具有过剩的力，根据热力学第二定律，凡是能够降低界面能的过程都可以自发进行，因此固体表面这种过剩的力可以捕捉、滞留周围的物质，在其表面富集。

吸附现象也分为物理吸附和化学吸附两种。物理吸附是由固体吸附剂分子与气体分子间的静电力或范德华力引起的，两者之间不发生化学作用，是一种可逆过程。化学吸附是由于固体表面与被吸附分子间的化学键力所引起，两者之间结合牢固，不易脱附。该吸附需要一定的活化能，故又称活化吸附。

图 5.8 吸附式室内空气净化器

（二）装置及其应用

1. 装置

主要用多孔性、表面积大的活性炭、硅胶、氧化铝和分子筛等作为有害气体吸附剂的一种净化器。气体与固体吸附剂依靠范德华力的吸引作用而被吸附住。其主要性能是能够除去空气中的二氧化硫、硫化氢、氨气、氮氧化物及部分挥发性有机物，如苯、甲苯、甲醛等。其对除去二氧化碳、一氧化碳效果不大，除臭也比较困难，容易吸附饱和，已吸附的有害气体和臭气，在一定条件下会释放出来；吸附剂如果如不及时更换又会造成室内二次污染。优点是在污染物的浓度较高或较低时均可使用，吸附剂容易脱附再生。如图 5.8 为吸附式室内空气净化器。

2. 应用

该法是将污染空气通过吸附剂层，使污染物被吸附而达到净化空气的目的。优点是选择性好，对低浓度物质清除效率高，且设备简单，操作方便，适合挥发性有机化合物、放射性气体氡、尼古丁、焦油等的净化。对于甲醛、氨气、二氧化硫、一氧化碳、氮氧化物、氢氰酸等宜采用化学吸附。吸附剂一般有活性炭、沸石、分子筛、硅胶等，目前使用较广的是活性炭，它吸附能力强、化学稳定性好、机械强度高。

（三）影响净化效果的因素

活性炭吸附作用主要是物理吸附，对各种气态污染物的吸附能力可用“亲和系数”描述。活性炭对有机气体的吸附性能较好，而对无机气体较差。用适当的化合物浸渍活性炭后，可使它具有相当大的化学吸附和催化效应。但活性炭对湿度敏感。某些化合物（酮、醛和酯）会阻塞气孔而降低效率。对空气中污染物种类多、污染程度重的室内场所。为实现最佳的净化效果，可采用高效空气过滤技术和浸渍活性炭吸附技术相结合的空气净化方法，空气净化器由过滤层和吸附层两部分组成，有害气体先通过粗滤层除去较大的灰尘杂物，再由风机送入其中的 HEPA 过滤层，滤除较小的颗粒物，细菌等；最后进入浸渍活性炭吸附层，有害气体在此被吸附净化，净化后的空气进入室内环境。

物理吸附只能暂时吸附少量污染物颗粒，当温度、湿度、风速升高到一定程度时，所吸附的污染物颗粒有可能游离出来，重新进入空气中。此外，吸附达到饱和就不再有吸附能力。如不进行及时更换吸附材料，吸附的有害物质、细菌、病毒等随时有释放出来的危险。

四、负离子净化法

（一）原理

空气负离子能降低空气污染物浓度，净化空气的作用原理是借助凝结和吸附作用，负离子附着在固相或液相污染物微粒上，从而形成大离子并沉降下来。

利用放电的方法，产生负离子，在风力驱动下，将其扩散到室内空间。负离子，一方面它调节了空气中的离子平衡；另一方面，它还能有效地清除空气中的污染物。高浓度的负离子同空气中的有毒化学物质和病菌悬浮颗粒物相碰撞使其带负电。则这些带负电的颗粒物就会吸引其周围带正电的颗粒物（通常空气中的细菌、病毒、孢子等带正电）。这种积聚过程一直持续到颗粒物的重量足以使它降落在地面为止。除了积聚过程外，在有限的空间里空气中带负电的颗粒物还被吸附到带正电的表上面，而通常情况下，房间里面大多数物体的表面（包括墙壁、地面、家具、电器等）都是带正电的。调节空气中的离子平衡，使负离子浓度保持在适当的水平，有利于改善空气品质。

（二）装置及其应用

1. 装置

负离子空气净化器是一种利用自身产生的负离子对空气进行净化、除尘、除味、灭菌的环境优化电器，其核心功能是生成负离子，利用负离子本身具有的除尘降尘、灭菌解毒的特性来对室内空气进行优化，如图 5.9 所示，家用高浓度负离子带加湿空气净化器，具有杀菌、除甲醛和 $PM_{2.5}$ 的功效。其与传统的空气净化器的不同之处是以负离子作为作用因子，主动出击捕捉空气中的有害物质，而传统的空气净化器是风机抽风，利用滤网过滤粉尘来净化空气，称为被动吸附过滤式的净化原理，需要定期更换滤网，而负离子空气净化器则无需耗材。

图 5.9　家用高浓度负离子带加湿空气净化器

2. 应用

负离子空气净化器根据其采用的负离子生成技术不同而分为两种，一种是传统的负离子空气净化器，采用传统的负离子生成技术，生成负离子的同时有臭氧、正离子等衍生物的产生，开机时间久后无负离子产生。另一种则是人工负离子生成技术达到生态级，应用负离子转换器和纳子富勒烯负离子释放器技术的负离子空气净化器，可以生成等同于大自然的生态负离子，即小粒径负离子。采用这两项专利技术的负离子空气净化器，不需要风扇，所以没有任何噪声，夜间也可以使用。

负离子空气净化器产生的负离子能使空气中微米级肉眼看不见的 $PM_{2.5}$ 等微尘，

通过正负离子吸引、碰撞形成分子团下沉落地。且负离子能使细菌蛋白质两级性颠倒，而使细菌生存能力下降或致死。负离子净化空气的特点为灭活速度快，灭活率高，对空气、物品表面的微生物、细菌、病毒均有灭活作用。

配合高效的 HEPA 过滤网，可过滤空气中 98%的灰尘，过敏源及病毒，保护人体呼吸道健康，而且滤网内置沸石及高效活性炭过滤层，强力驱除各种有机挥发气体，如甲醛、苯等以及各种异味。

（三）影响净化效果的因素

根据居室状态选择负离子空气净化器，室内烟尘污染较重，可选择除尘效果较佳的空气净化器。像是 HEPA 高密度过滤材料也是当前空气净化领域最先进的空气过滤材料之一，能很好地的过滤和吸附 0.3μm 以上污染物，它对烟尘、可吸入颗粒物、细菌病毒都有很强的净化能力，而附加催化活性碳对异味有害气体净化效果较佳。室内烟尘较少则可考虑采用等离子空气净化器。它对空气中的细菌病毒有较强的杀灭作用，能很快分解空气中多种有异味和污染性的高分子物质。

研究表明，在实验条件下，负离子的除菌效果超过浓度为 3%过氧乙酸。据报道，在室内用人工负离子作用 2h，空气中的悬浮颗粒、细菌总数和甲醛等的浓度都有明显的降低。空气中负离子极易与尘埃结合形成具有一定极性的污染粒子，即所谓的“重离子”，悬浮的重离子在降落过程中，会附着在室内物体上，人的活动又会使其飞扬到空气中。所以空气负离子只是附着灰尘，不能清除污染物。同时由于通常使用的负离子发生器往往伴有臭氧的产生，并且其寿命很短，污浊空气会进一步降低其浓度。因此，负离子在空气中转瞬即逝，其净化功效有限。

五、光催化法

（一）原理

光催化净化技术是近几年来发展较快的一项技术，主要是利用光催化剂，吸收外界辐射的光能，使其直接转变为化学能。选择光催化剂要考虑成本、化学稳定性、抗光腐蚀能力、光匹配性等多种因素。二氧化钛（TiO_2）在近紫外线区吸光系数大、催化活性高、氧化能力强、光催化作用持久、化学性质稳定、耐磨、硬度高、造价低而且对人体和环境不会造成任何伤害，是应用最广泛的光催化剂。目前最好的光催化剂是含 70%锐钛矿型和 30%金红石型的晶体粒子的 TiO_2。

TiO_2 是公认的有效光催化剂，它的显著优点是：能有效吸收太阳光谱中的弱紫外辐射部分；氧化还原性较强；在较大 pH 范围内的稳定性强；无毒。但由于 TiO_2 的禁带宽度为 3.2eV，只能吸收波长小于 387nm 的紫外辐射部分，不能充分利用太阳能。另外，TiO_2 的光量子效率也有待进一步提高。有鉴于此，国内外已从多种途径对 TiO_2 材料进行改性，包括 TiO_2 表面贵金属淀积、金属离子掺杂、半导体光敏化和复合半导体的研制等。近年来研究发现纳米级 TiO_2 材料的催化效率高于一般的半导体材料。纳米半导体粒子存在显著的量子尺寸效应，它们的光物理和光化学性质已成为目前最活跃的研究领域之一，其中纳米半导体粒子优异的光电催化活性备受世人瞩目。与体相材料相比，纳米半导体量子阱中的热载流子冷却速度下降，量子效率提高；光生电子和空穴的氧化还原能力增强；振子强度反比于粒子体积；室温下激子效应明显；纳米粒子比表面积大，具有强大的吸附有机物的能力，有利于催化反应。

纳米 TiO_2 具有良好的半导体光催化氧化特性，是一种优良的降解 VOCs（可挥发性有机合物）的光催化剂。它的本质是在光电转换中进行氧化还原反应。如图 5.10 所示，根据半导体的电子结构，当其吸收一个能量不小于其带隙能（Eg）的光子时，电子（e^-）会充满的价带跃迁到空的价带，而在价带留下带净电的空穴（h^+）。价带空穴具有强氧化性，而导带电子具有强还原性，它们可以直接与反应物作用，还可以与吸附在催化剂的其他电子给体和受体反应。例如空穴可以使 H_2O 氧化，电子使空气中的 O_2 还原，生成 H_2O_2，· OH 基团和 · OOH，这些基团的氧化能力都很强，能有效的将有机污染物氧化，最终将其分解为 CO_2、H_2O、PO_4^{3-}、SO_4^{2-}、NO_2^{3-}以及卤素离子等无机小分子，达到消除 VOCs 的目的。

$$TiO_2 + h\nu \rightarrow e^- + h^+$$

$$e^- + h^- \rightarrow N + \text{能量}（h\nu < \text{入射光能量 } h\nu \text{ 或热能}）$$

$$HO^- + h^+ \rightarrow OH$$

$$H_2O + h^+ \rightarrow OH + H^+$$

$$O_2 + e^- \rightarrow O_2^-$$

$$O_2^- + H_2O \rightarrow OOH + OH^-$$

$$4 \cdot OOH \rightarrow H_2O_2 + OH^-$$

$$H_2O_2 \rightarrow e^- \rightarrow OH + OH^-$$

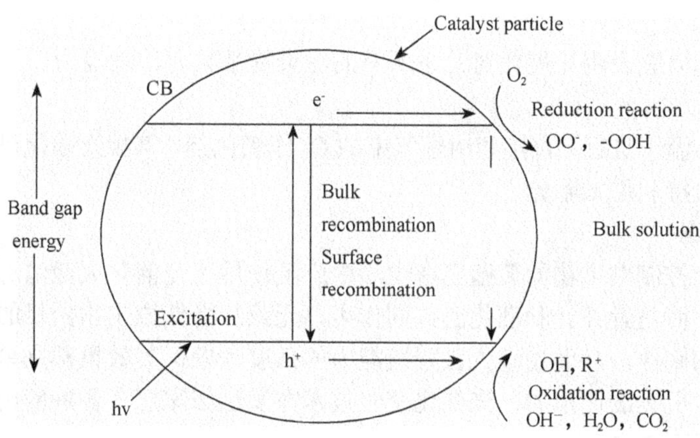

图 5.10　光催化氧化机理图

（二）装置及其应用

1. 装置

华东理工大学国家超细粉末工程研究中心研制的我国首台具有自主知识产权的多功能

图 5.11　光催化室内空气净化器

纳米光催化空气净化器（图 5.11）。该光催化空气净化器采用纳米材质，核心模块不需更新；具有光催化、紫外线和除尘系统三重杀菌功能，采用纳米光催化的机理和大比表面积、高吸附性能的载体来负载纳米二氧化钛制备光催化网，可发挥高效物理吸附和光催化分解的协同效应，实现对甲醛、苯等有机污染物的持久分解和对甲型 H1N1 流感等病菌的及时杀灭，并把有机污染物快速分解成二氧化碳和水，消除了物理吸附饱和及二次污染的缺陷。该净化器对室内空气中病菌杀菌效果可达 99.9%，双重光催化对甲醛、苯等去除率达 90%，除尘率达 95%以上，并可有效控制甲型 H1N1 流感病菌在空气中的传播。

此外，该净化器设计了人性化的液晶显示板，能自动检测室内空气质量，并根据空气质量优劣，液晶显示板自动呈现不同颜色："红色"提示当前室内空气质量差，"蓝色"为中等，"绿色"为优良；而智能控制系统，可根据室内空气质量的不同自动调节出风量，实现节能，又能让空气时时保持清净状态；其负氧离子释放功能，每秒可释放出过百万负氧离子，将空气中极小微尘净化，营造清新气息。

2. 应用

近年来，光催化净化空气技术越来越受到重视，成为各国研究和开发的热点，其原因是该法具有以下优点：

1）广谱性

迄今为止的研究表明光催化对几乎所有的污染物都具有治理能力。

2）经济性

光催化在常温下进行，直接利用空气中的 O_2 作氧化剂，气相光催化可利用低能量的紫外灯，甚至直接利用太阳光。

3）灭菌消毒

利用紫外光控制微生物的繁殖已在生活中广泛使用，光催化灭菌消毒不仅仅是单独的紫外光作用，而是紫外光和催化的共同作用，无论从降低微生物数目的效率，还是从杀灭微生物的彻底性，从而使其失去繁殖能力的角度考虑，其效果都是单独采用紫外光技术或过滤技术所无法比拟的，光催化空气技术在发达国家已有各种应用商品。这些商品大致可分为以下 3 类。

（1）结构材料。直接将光催化剂复合到各种结构材料上，得到具有光催化功能的新型材料。如在墙砖、墙纸、天花板、家具贴面材料中复合光催化剂材料就可制成具有光催化净化功能的新型材料。

（2）洁净灯。将光催化剂直接复合到灯的外壁制成各种灯具。洁净灯具有两层含义。一是能使空气净化，使环境洁净；二是灯的表面自洁。

（3）绿色健康产品。在传统的器件上（如空调器、加湿器、暖风机、空气净化器等）

附加光催化净化功能开发而成的新一代高效绿色健康产品。

总之，由于光催化空气净化技术具有反应条件温和、经济和对污染物全面治理的特点，因而有望广泛应用于家庭居室、宾馆客房、医院病房、学校、办公室、地下商场、购物大楼、饭店、室内娱乐场所、交通工具、隧道等场所空气净化。

（三）影响净化效果的因素

研究表明，纳米 TiO_2 涂料可以很好地降解室内 NH_3、甲醛和甲苯等主要污染物，降解效率在 90%以上。井立强等发现 320℃下焙烧的 ZnO 纳米离子，去除模拟大气中 SO_2 效率高达 99%。通过在纳米 TiO_2 中添加特殊的氧化助催化剂，使 NO_x、甲醛等的去除能力比 TiO_2 提高 2 倍。古政荣等研制的活性炭-纳米 TiO_2 复合光催化空气净化网在功率 6W、波长 254 nm 的紫外灯照射 3h 后，甲苯、甲醛、H_2S、NH_3 和 CO 的净化率分别为 98.8%、98.5%、99.6%、96.5%和 60.1%。周宇松等研究出纳米光催化空气净化机，可快速分解 H_2S 气体。

纳米材料光催化是目前最具发展前景的室内空气净化技术，但是它不能净化空气中的悬浮物及细微颗粒物；同时催化剂微孔易被灰尘和颗粒物堵塞而使其失活。半导体光催化存在的问题是量子效率低（约 4%）和光生载流子的重新复合影响催化效率等问题，这使得光催化在经济上还难以和常规环保技术竞争。通过光敏化、过渡金属离子掺杂、半导体耦合、贵金属沉淀、电子捕获及和微波等外场协同强化等措施，有望提高 TiO_2 的光催化活性。用于光催化的纳米 TiO_2 同时还具有杀灭微生物的功能。

六、臭氧净化法

（一）原理

臭氧（O_3）是一种强氧化剂，可以氧化细菌的细胞壁，直至穿透细胞壁与其体内的不饱和键化合而夺取细菌生命。灭菌过程属生物化学氧化反应。

灭菌有以下三种形式：臭氧通过氧化分解细菌内部葡萄糖所需的酶，使细菌灭活死亡；直接与细菌、病毒作用，破坏它们的细胞器和 DNA、RNA，使细菌的新陈代谢受到破坏，导致细菌死亡；透过细胞膜组织，侵入细胞内，作用于外膜的脂蛋白和内部的脂多糖，使细菌发生适透性畸变而溶解死亡。

臭氧灭菌的优点：臭氧灭菌是一种溶菌级方法，能杀菌彻底，无残留，杀菌广谱，可杀灭细菌繁殖体和芽孢、病毒等，并可破坏肉毒杆菌毒素；此外，O_3 对真菌也有极强的杀灭作用。O_3 由于稳定性差，很快会自行分解为氧气或单个氧原子，而单个氧原子能自行结合成氧分子，不存在任何有毒残留物，所以 O_3 是一种无污染的消毒剂。O_3 为气体，能迅速弥漫到整个灭菌空间，灭菌无死角。

（二）装置及其应用

1. 装置

OPV-10G 柜式臭氧消毒机，此产品采用高频沿面放电技术，耗电少，臭氧产量稳定，消毒杀菌效果显著且消毒无死角。安装方便，操作简单。

臭氧能够杀灭细菌，真菌繁殖体及病毒等一切病原体，预防疾病及交叉感染，并能够消除家具散发出的甲醛，甲苯及一氧化碳等有害气体。能够有效祛除室内油漆味，烟味等异味，溢香除霉，保鲜清新，起到净化空气的作用，保持室内空气自然清新。臭氧分解后可增加空气中的含氧量，能够促进血液循环和改善新陈代谢，预防疾病的发生。适宜档案库房，家庭居室、卫生间、衣橱、办公室、娱乐场所等。

对于空气型臭氧发生器，在使用中一般要注意以下几点。

（1）放置在高处。因为臭氧密度比空气大，将臭氧发生器放在高处有利于臭氧的下沉散播。

（2）湿度要适当。在相对湿度为 50%～80%条件下臭氧的灭菌效果最理想，因为病毒、细菌在高湿条件下细胞壁较疏松，易被臭氧穿透杀灭；在相对湿度低于 30%时效果较差，一般使用中，特别是无菌室使用应注意这一点。高湿度对减少果蔬的质量损失也是有利的。

（3）控制臭氧浓度。掌握好时间和浓度是充分发挥空气型臭氧发生器效果的关键。例如，用于一般的除味、除臭、吸臭、氧化空气及保健时，浓度一般不要超过 98μg/m^3；如果用于室内灭菌消毒则一般控制浓度在 0.196～1.96mg/m^3；如果用于食品保鲜或物体表面的消毒则需要浓度为 1.96～9.8mg/m^3。这些浓度是指整个空间的散播浓度，而不是局部浓度。

值得注意的是，臭氧发生器工作时数与效果是成正比的，特别是臭氧在高温环境下短期内就进入衰减期，必须要边发生边应用，使臭氧供应不间断才能达到完美效果。短期的臭氧供应即使浓度高，也会收效不佳。

2. 应用

臭氧灭菌的速度和效果十分显著，其高氧化还原电位取决于其对氧化、脱色、除味方面的广泛应用。有人研究指出，臭氧溶解于水中，几乎能够杀水中一切对人体有害的物质，比如铁、锰、铬、硫酸盐、酚、苯、氧化物等，还可分解有机物及灭藻等。

（1）臭氧消毒灭菌方法与常规的灭菌方法相比具有以下特点。

① 高效性。臭氧消毒灭菌是以空气为媒质，不需要其他任何辅助材料和添加剂。所以包容性好，灭菌彻底，同时还有很强的除霉、腥、臭等异味的功能。

② 高洁净性。臭氧快速分解为氧的特征，是臭氧作为消毒灭菌的独特优点。臭氧是利用空气中的氧气产生的，消毒过程中，多余的氧在 30min 后又结合成氧分子，不存在任何残留物，解决了消毒剂消毒方法产生的二次污染问题，同时省去了消毒结束后的再次清洁。

③ 方便性。臭氧灭菌器一般安装在洁净室或者空气净化系统中或灭菌室内（如臭氧灭菌柜，传递窗等）。根据调试验证的灭菌浓度及时间，设置灭菌器的按时间开启及运行时间，操作使用方便。

④ 经济性。通过臭氧消毒灭菌在诸多制药行业及医疗卫生单位的使用及运行比较，臭氧消毒方法与其他方法相比具有很大的经济效益及社会效益。在当今工业快速发展中

环保问题特别重要，而臭氧消毒避免了其他消毒方法产生的二次污染。

国内的臭氧技术逐渐成熟，臭氧也慢慢被人们所熟知，由于其消毒能力极强从而代替了常规消毒被应用到各个领域。其中可以用于室内空气净化消毒，臭氧具有杀灭空气中含有的细菌和病毒，有降尘的功能，使空气清新自然，起到消除疲劳，提神醒脑的效果。

（2）臭氧空气消毒注意事项如下。

① 臭氧对人体呼吸道黏膜有刺激，空气中臭氧浓度达 1mg/L 时，即可嗅出，达 2.5～5mg/L 时，可引起脉搏加速、疲倦、头痛，人若停留 1h 以上，可发生肺气肿，以致死亡。故用臭氧消毒空气，必须是在人不在的条件下消毒后至少过 30min 才能进入。

② 臭氧为强氧化剂，对多种物品有损坏，浓度越高对物品损坏越重，可使铜片出现绿色锈斑，橡胶老化、变色、弹性减低，以致变脆、断裂，使织物漂白退色等。

（三）影响净化效果的因素

臭氧具有很强的氧化能力，可以氧化空气中的有机气体和细菌的细胞壁直至穿透细胞壁与其体内的不饱和键化合而夺取细菌生命，易义珍等使用低浓度臭氧研究发现，NO_2、CO_2 的浓度有所升高，但均未超过国家卫生标准，而 NH_3、HCHO 的浓度有显著下降，且高、低浓度（>$0.2mg/m^3$）臭氧对被检测物的影响，其均值差异无显著性。臭氧在消毒灭菌过程中还原成氧和水，不留下二次污染物。王琨等用市售臭氧空气净化器，考察了臭氧对甲醛和氨的去除效果，结果表明，臭氧浓度达到 0.1ppm 以上就有杀菌、除异味的作用。但超过 0.15ppm，臭氧本身就会发出浓烈的恶臭，并且使用环境温度不能超过 30℃，否则可能产生致癌物质。据美国 EPA 的研究表明，臭氧在规定的限值下，对空气没有任何消毒净化作用，但在高浓度下，对人体健康的损害是明显的。

实践活动 8　植物净化法治理室内空气污染

绿色植物可以有效地净化生态大气，植物的光合作用吸收二氧化碳、呼出氧气，所以白天在森林中人们会感到空气新鲜；有的植物还可以吸收有害气体，如菊花、夹竹桃等；植物的茎、叶上的绒毛能吸收大量的灰尘，经雨水将灰尘冲刷到地面上以后，又具备吸附灰尘的功能，因此植物能起到空气过滤器的作用。

美国科学家威廉发现绿色植物对居室和办公室的空气污染有很好的净化作用。在 24h 照明条件下，芦荟吸收了 $1m^3$ 空气中 90%的醛；90%的苯在常青藤中消失；龙舌兰则可消除 70%的苯、50%的甲醛和 24%的三氯乙烯；吊兰能净化 96%的一氧化碳，86%的甲醛。

绿色植物吸入化学物质的能力来自于盆栽土壤中的微生物，而不是叶子。与植物同时生长在土壤中的微生物在经历代代遗传后，其吸收化学物质的能力还会加强。

有些植物，由于其特殊的构造和生物习性，光合作用中形成的氧气在夜间才能释放出来，故而夜间放于室内更有益于健康。

在这里需要特别提到的是君子兰，它不仅具有极高的观赏价值，更具有独特的空气净化作用。君子兰叶片宽厚，叶面气孔大，光合作用释放出来的氧气是一般植物的 35 倍。一株成龄的君子兰，一昼夜能吸收 1L 空气，呼出 80%的氧气，在极微弱的光线下也能发生光合作用。并且君子兰在夜间也不释放二氧化碳。在十几平方米的室内，摆放 2～3 盆君子兰，可以把室内的烟雾吸收掉。特别是在北方寒冷的冬天，由于门窗紧闭，君子兰能起到很好的调节空气作用，保持室内空气清新。君子兰可以称之为“家庭氧吧”。

净化空气的植物很多，适宜家庭栽培的木本和草本植物主要有如下的品种。

（一）木本

（1）月季。能较多地吸收硫化氢、苯、苯酚、氯化氢、乙醚等有害气体。对二氧化硫、二氧化氮也具有相当的抵抗能力。

（2）杜鹃。是抗二氧化硫等污染较理想的花木。如石岩杜鹃在距二氧化硫污染源 300m 的地方也能正常萌芽抽枝。

（3）木槿。能吸收二氧化硫、氯气、氯化氢、氧化锌等有害气体。在距氟污染源 150m 的地方亦能正常生长。

（4）紫薇。对二氧化硫、氯化氢、氯气、氟化氢等有毒气体抵抗性较强，每千克紫薇干叶能吸收硫 10g 左右。

（5）山茶花。能抗御二氧化硫、氯化氢、铬酸和硝酸烟雾等有害物质的侵害，对大气有净化作用。

（6）米兰。能吸收大气中的二氧化硫和氯气。在含 0.001%氯气的空气中熏 4h，1kg 米兰叶吸氯量为 0.0048g。

（7）桂花。对化学烟雾有特殊的抵抗能力，对氯化氢、硫化氢、苯酚等污染物有不同程度的抵抗性，在氯污染区种植 48d 后，1kg 叶片可吸收氯 4.8g。它还能吸收汞蒸气。

（8）梅。对环境中二氧化硫、氟化氢、硫化氢、乙烯、苯、醛等的污染，都有监测能力。一旦环境中出现硫化物，它的叶片上就会出现斑纹，甚至枯黄脱落。

（9）桃树。对污染环境的硫化物、氯化物等特别敏感。因此，可用来监测上述有害物质。

（10）石榴树。抗污染面较广，它能吸收二氧化硫，对氯气、氯化氢、臭氧、水杨酸二氧化氮、硫化氢等都有吸收和抵御作用。

（11）夹竹桃。有抗烟雾、抗灰尘、抗毒物和净化空气、保护环境的作用。夹竹桃的叶片，对二氧化硫、二氧化碳、氟化氢、氯气等对人体有毒、有害气体有较强的抵抗作用。

（12）蔷薇、芦荟和万年青。可有效清除室内的三氯乙烯、硫化氢、苯、苯酚、氟化氢和乙醚等。

（13）桉树、天门冬、大戟、仙人掌。能杀死病菌；天门冬还可清除重金属微粒。

（14）无花果和蓬莱蕉。不仅能清除从室外带回来的细菌和其他有害物质，甚至可以吸纳连吸尘器都难以吸到的灰尘。

（15）柑橘、迷迭香和吊兰。可使室内空气中的细菌和微生物大大减少。

（16）紫藤。对二氧化硫、氯气和氟化氢的抗性较强，对铬也有一定的抵抗性。

（17）贴梗海棠。在 0.5ppm 的臭氧中暴露半小时就会有受害反应，从而起到监测作用。

（18）柳树、杉树、法国梧桐等。具有吸收二氧化硫的功能。

（19）刺槐、丁香、桧柏、臭椿、女贞等。吸氟能力很强；银杏、樟树、青冈栎等，净化臭氧作用很大。

（20）虎尾兰和一叶兰。可吸收室内 80%以上的有害气体。芭蕉、虎尾兰、洋常春藤、夏威夷椰子、心形喜林芋、羽叶蔓绿绒、黄金葛、银线龙血树、三色铁、白鹤芋、裂叶喜林芋、广东万年青、库拉索芦荟、明香石竹和袖珍椰子去除甲醛的综合净化能力较好。

（二）草本

1．龟背竹。可以清除空气中 80%的有害气体，非常适合刚装修完的家中。除此之外，龟背竹还有夜间吸收二氧化碳的奇特本领，龟背竹内含有许多有机酸，这些有机酸能与夜间吸收的二氧化碳产生化学反应，变成另一种有机酸保留下来。到了白天，这种变化的有机酸又还原成原来的有机酸，而把二氧化碳分解出来，进行光合作用。龟背竹不会在夜间争夺氧气的，还会吸收人体呼吸释放的二氧化碳，使室内空气保持清新，帮助睡眠。

2．吊兰。可吸收室内 80%以上的有害气体，吸收甲醛的能力强。一般房间放置 1～2 盆吊兰，空气中有毒气体即可吸收殆尽，一盆吊兰在 8～10m2 的房间内，就相当于一个空气净化器，它可在 24h 内，吸收 86%的甲醛；能将火炉、电器、塑料制品散发的一氧化碳、过氧化氮吸收殆尽。故吊兰又有“绿色净化器”之美称。

3．紫菀属、黄耆、含烟草和鸡冠花。能吸收大量的铀等放射性核素。

4．紫花苜蓿在 SO_2 浓度超过 0.3ppm 时，接触一段时间，就会出现受害症状，因此可监测 SO_2 污染。

植物净化法具有成本低、无二次污染及净化作用持久等优点，观赏植物在净化空气的同时还能够美化室内环境，是一条绿色净化途径。但植物净化处理速率较慢，且植物的净化能力受环境因素（温度、湿度、光照和土壤等）和植物生命体征（植株大小、生长阶段和生长状态等）的影响较大，甲醛浓度过高时，还会造成植物中毒甚至死亡。因此，植物净化法需要与吸附法、光催化法或催化氧化法等净化技术联合使用。

项 目 小 结

本项目从室内空气污染的来源及特点入手，介绍了室内空气控制入净化方法。在了解目前室内空气的净化主要应用的技术手段（静电净化、过滤技术、吸附净化技术、负离子净化、光催化法、臭氧净化、植物净化等）基本原理和影响净化效果的基础上，通过对文献和市场的调查，深入了解室内空气污染控制与治理应用现状，并针对存在的问题提出改进建议。

课 后 自 评

（1）是否了解主要的室内空气污染控制方法？

（2）主要室内空气净化技术方法有哪些？

（3）是否了解主要的室内空气净化技术基本原理？

【知识链接】

负离子空气净化器

当人们漫步在海边、瀑布和森林时，会感到呼吸舒畅，心旷神怡，其中一个最重要的原因就是空气中含有丰富的负离子。作为评价环境和空气质量的一个重要标准的空气负离子，一方面可以调节正、负离子浓度比，另一方面又可起到净化空气的作用，负离子能使空气中微米级肉眼看不见的漂尘，通过正负离子吸引、碰撞形成分子团下沉落地，且负离子能使细菌蛋白质两级性颠倒，而使细菌生存能力下降或致死。

当人类确认负离子对人有功效作用后，为了改善环境促进健康，各种负离子发生器大量被发明出来，主要采用两个途径，一种是利用高压电产生电离使空气产生负离子，另一种利用天然矿物质，经科原加工而成，能释放负离子材料地球上很多，通常指能量石，有各种矿石，海藻类海底石和含有蛋白的轻质页岩。

负离子空气净化器是一种利用自身产生的负离子对空气进行净化、除尘、除味、灭菌的环境优化电器，其与传统的空气净化机的不同之处是以负离子作为作用因子，主动出击捕捉空气中的有害物质。

在选择空气净化器时要注意：必须保证室内空气达到一定的换气次数，即要求空气净化器内置的风机有一定的风量。国际标准是要保证在：适用面积里每小时换气 5 次。同时，空气净化器的一次净化效率必须比较高，净化效率（CADR）越高，表明空气净化机就越好。

净化效率（CADR）值有固态颗粒物（或称烟尘）、挥发性有机物（VOC）、甲醛指标三项。一般的空气净化器对于粉尘的去处效果优于挥发性有机物和甲醛的去处效果，所以很多商家仅标示粉尘的净化效率。

项目 6　职业情景模拟

6.1　乘用车环境检测与治理

一、实训目的

通过对乘用机动车乘员舱内的空气的采样，掌握采样方法，熟悉采样设备的使用，并对车内存在的挥发性有机物、醛酮类物质等污染气体进行治理。

二、检测项目及检测方法

（一）检测项目

乘用机动车乘员舱内的空气检测项目主要包括挥发性有机物和醛酮类物质。

1. 挥发性有机组分

是指利用 Tenax 等吸附剂采集，并用极性指数小于 10 的气相色谱柱分离，保留时间在正己烷到正十六烷之间的具有挥发性的化合物的总称。

2. 醛酮组分

是指甲醛、乙醛、丙酮、丙烯醛、丙醛、丁烯醛、丁酮、丁醛、甲基丙烯醛、苯甲醛、戊醛、甲基苯甲醛、环己酮、己醛等化合物的总称。

（二）检测方法

车内空气污染物中挥发性有机组分的测定采用热脱附/毛细管气相色谱/质谱联用法，按方法一的规定进行。车内空气污染物中醛酮组分的测定采用固相吸附/高效液相色谱法，按本书方法二的规定进行。

三、检测步骤

（一）采样

1. 采样技术要求

实施采样时，受检车辆处于静止状态，车辆的门、窗、乘员舱进风口风门、发动机和所有其他设备（如空调）均处于关闭状态，所在采样环境应满足下列条件。

（1）环境温度：（25.0±1.0）℃。

（2）环境相对湿度：50%±10%。

（3）环境气流速度≤0.3m/s。

（4）环境污染物背景浓度值：甲苯≤$0.02mg/m^3$、甲醛≤$0.02mg/m^3$。

2. 采样点设置

采样点的数量与车型有很大关系，按受检车辆乘员舱内有效容积大小和受检车辆具体情况而定。其中：

（1）M1 类车辆布置测量点 1 个，位于前排座椅头枕连线的中点（可滑动的前排座椅应滑到滑轨的最后位置点）。

（2）M2 类车辆布置测量点不少于 2 个，沿车厢中轴线均匀布置。

（3）M3 类车辆布置测量点不少于 3 个（当 M3 类车辆为双层或绞接客车时，测量点为 6 个），沿车厢中轴线均匀布置。

（4）N 类车辆布置测量点 1 个，位于前排驾驶舱内座椅头枕连线的中点。采样点的高度，与驾乘人员呼吸带高度相一致。

主要包括的车型有按 GB/T 15089 规定，车型划分如下。

M1 类车辆指至少有四个车轮并且用于载客的机动车辆。包括驾驶员座位在内，座位数不超过九座的载客车辆。

M2 类车辆指至少有四个车轮并且用于载客的机动车辆。包括驾驶员座位在内，座位数超过九个，且最大设计总质量不超过 5000kg 的载客车辆。

M3 类车辆指至少有四个车轮并且用于载客的机动车辆。包括驾驶员座位在内，座位数超过九个，且最大设计总质量超过 5000kg 的载客车辆。

N 类车辆指至少有四个车轮且用于载货的机动车辆。

3. 采样装置

1）采样环境舱

采样环境舱应符合附录 A 的规定。

2）样品采集系统

（1）样品采集系统一般由恒流气体采样器、采样导管、填充柱采样管等组成。

（2）恒流气体采样器的流量在 50～1000mL/min 范围内可调，流量稳定。当用填充柱采样管调节气体流速并使用一级流量计（如一级皂膜流量计）校准流量时，流量应满足前后两次误差小于 5%的要求。

（3）采样导管应使用经处理的不锈钢管、聚四氟乙烯管或硅橡胶管，进气口固定在受检车辆乘员舱内规定的采样点位置，以适当的方式从乘员舱内引出，不破坏整车的完整与密封性。出气口与乘员舱外的填充柱采样管连接，填充柱采样管末端与恒流气体采样器连接（图 6.1）。

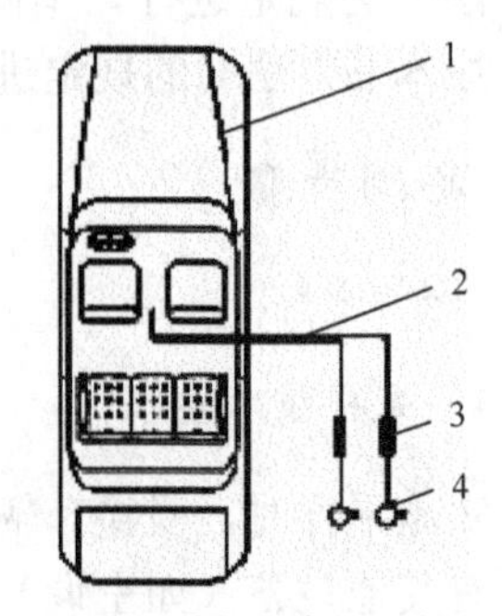

图 6.1 样品采集示意图

1—受检车辆；2—采样导管；3—填充柱采样管；4—恒流气体采样器

（4）应保证整个样品采集系统的气密性，不得漏气。

4. 样品采集步骤

样品的采集分为 3 个阶段：

1）受检车辆准备阶段

（1）将受检车辆放入采样环境舱中。

（2）去除内部构件表面覆盖物（如出厂时为保护座椅、地毯等而使用的塑料薄膜），并将覆盖物移至采样环境舱外。

（3）将受检车辆可以开启的窗、门完全打开，静止放置时间不少于 6h。

（4）整个准备阶段过程中，至少在最后 4h 时段内，用于采集空气样本的环境舱环境条件达到采样条件要求，并采取必要的质量保证措施对环境条件进行检测。

2）受检车辆封闭阶段

（1）完成准备阶段后，进入封闭阶段。

（2）在受检车辆内要求安装好采样装置，完全关闭受检车辆所有窗、门，确保整车的密封性。

（3）将受检车辆保持封闭状态 16h，开始进行样品采集。

3）样品采集阶段

在样品采集阶段，采样环境条件应满足相关规定的要求。

应分别使用符相关规定的固相吸附剂的填充柱采样管采集挥发性有机组分和醛酮组分。将填充柱采样管分别安装在样品采集系统上，使用恒流气体采样器进行样品采集。

在使用填充柱采样管采集挥发性有机组分时，采样流量 100～200mL/min，采样时间 30min；在使用填充柱采样管采集醛酮组分时，采样流量 100～500mL/min，采样时间 30min。准确记录采样体积。

采集气体总体积应不大于车内总容积的 5%。在对车内空气进行样品采集时，应对采样环境舱中的空气进行样品采集。采样点位置应在距离受检车辆外表面不超过 0.5m 的空间范围内，高度与车内采样点位置相当。

并将相关数据填入车内挥发性有机物和醛酮类物质采样原始记录表中。

（二）样品的运输和保存

采样管应使用密封帽将管口封闭，并用锡纸或铝箔将采样管包严，低温（<4℃=保存与运输。保存时间不超过 30d。

四、检测方法

（一）挥发性有机组分测定方法（热脱附/毛细管气相色谱/质谱联用法）

1. 适用范围

选用固相吸附剂测定挥发性有机组分。采样体积为 3L 时，对单一挥发性有机组分的方法检出下限为 1.5μg/m^3。

2. 方法原理

选择用填充有固相吸附剂的采样管采集一定体积的车内空气样品，将样品中的挥发性有机组分捕集在采样管中。用干燥的惰性气体吹扫采样管后经二级脱附进入毛细管气相色谱质谱联用仪，进行定性定量分析。

3. 试剂和材料

分析过程中使用的试剂均应为色谱纯。

1）标准样品（标准物质）

用标准气体或液体配制成所需浓度的标准气体，用恒流气体采样器将其定量采集于活化好的采样管中，形成标准系。所配制标准系列的分析物浓度与拟分析的样品浓度相似。在采集过程中，应以与采样相同的流速采集标准气体。

2）吸附剂

吸附剂为固相，粒径为60～80目。吸附剂在装管前应在其最高允许使用温度以下，用惰性气流活化，冷却密封，低温保存。使用时，脱附温度应低于活化温度。

3）载气

惰性，99.999%高纯氦气。载气气路中应安装氧气和有机过滤器。这些过滤器应根据厂商说明定期更换。

4. 仪器和设备

1）采样管

可购买商业化的采样管或者自行填装。采样管应标记编号和气流方向。吸附床应完全在采样管的脱附区域内。

2）热脱附/毛细管气相色谱/质谱联用仪

热脱附/毛细管气相色谱/质谱系统应保证样品的完整性。系统包括：二级脱附装置、热脱附—毛细管气相色谱传输线、毛细管气相色谱/质谱联用仪等。采样管在进行热脱附前应完全密封。样品气路应均匀加热，使用接近环境温度的载气吹扫系统去除氧气。

3）热脱附装置

能对采样管进行二级热脱附，并将脱附气用载气载带进入气相色谱，脱附温度、脱附时间及流速可调。冷阱能实现快速升温。

二级热脱附用于高选择性毛细管气相色谱，由采样管脱附出来的分析物在迅速进入毛细管气相色谱之前应重新富集，可选择冷阱浓缩设备。

5. 检测及分析

1）气相色谱分析参考条件

选用极性指数＜10 的毛细管柱，可选择柱长 50～60m、内径 0.20～0.32mm、膜厚 0.2～1.0μm 的毛细管柱。

程序升温，初温50℃保持10min，以5℃/min的速率升温至250℃，保持至所有目标组分流出。

2）校准曲线的绘制

（1）用恒流气体采样器将100μg/m³标准气体分别准确抽取100mL、400mL、1L、4L、10L通过采样管，作为标准系列；或者选用购买的系列标准管作为标准系列。

（2）用热脱附气相色谱质谱联用法分析标准系列，以目标组分的质量为横坐标，以扣除空白响应后的特征质量离子峰面积（或峰高） 为纵坐标，绘制校准曲线。校准曲线的斜率即是响应因子 R_F，线性相关系数至少应达到0.995。如果校正曲线实在不能通过零点，则曲线方程应包含截距。

（3）每一个新的校准曲线都应用不同源的标准物质进行分析验证。标准物质连续分析六次，在显著性水平α=5%条件下，分析结果和标准物质标称值无显著性差异，否则，则应采取正确的措施来消除由两种不同源标准物质引起的误差。

（4）日常分析质量控制采用质量控制图来完成。在一定的时间间隔内，取两份平行的控制样品，至少重复分析20次，制作均数控制图（天图）。在日常的分析工作中依据样品测定频率，取两份平行控制样随待分析样品同时测定。将控制样品的分析结果依次点在控制图上，按照下面的规则来判断分析过程是否处于控制状态：

① 如果此点在上下警告线之间，则测试过程处于受控状态，样品分析结果有效；

② 如果此点超出上下警告线，但仍在上下控制限制间区域内，表明分析质量开始变劣，有失控的趋势，应进行初步的检查，采取相应的校正措施；

③ 如果此点落在上下控制限外，应立即检查原因，样品应重新测定；

④ 虽然所有的数据都在控范围内但是遇到七点连续上升或者下降，表明分析过程有失控的趋势，应当查明原因，予以纠正。

3）样品分析

将样品按照绘制校准曲线的操作步骤和相同的分析条件，用质谱进行定性和定量分析。

4）结果计算

质量体积浓度计算

$$c_m=1000\times(m_F-m_B)/V$$

式中：c_m——分析样品的浓度，mg/m³；

m_F——采样管所采集到的挥发性有机物的质量，mg；

m_B——空白管中挥发性有机物的质量，mg；

V——采样体积，L。

结果计算应符合以下要求：

（1）应对沸点范围在50～260℃的浓度水平大于5μg/m³的所有有机组分进行定性分析。

（2）根据单一的校准曲线，对尽可能多的挥发性有机组分进行定量，至少应对25个最高峰进行定量，对规定的特殊物质进行定量，得到挥发性有机组分测量值。

（3）若要计算没有单一校准曲线的挥发性有机组分测量值，选用甲苯的响应系数来计算。

（4）车内空气污染物浓度值是挥发性有机组分测量值扣除空白值。

（二）醛酮组分测定方法（固体吸附/高效液相色谱法）

1. 适用范围

本方法可以测定15种以上醛酮类化合物，包括：甲醛、乙醛、丙酮、丙烯醛、丙醛、丁烯醛、丁醒、丁醛、甲基丙烯醛、苯甲醛、戊醛、甲基苯甲醛、环己酮、己醛等。

2. 方法原理

选择填充了涂渍DNPH硅胶的填充柱采样管，采集一定体积的车内空气样品，样品中的醛酮组分保留在采样管中。醛酮组分在强酸作为催化剂的条件下与涂渍于硅胶上的DNPH反应，按照下面的反应式生成稳定有颜色的腰类衍生物。

$$(R^1)(R)C{=}O + H_2N{-}NH{-}C_6H_3(NO_2)_2 \xrightarrow{H^+} (R^1)(R)C{=}N{+}NH{-}C_6H_3(NO_2)_2 + H_2O$$

羟基化合物（醛和酮）　2, 4–二研基苯阱（DNPH）　稳定有色的院类衍生物　水

R和R'是烷基或芳香基团（酮）或是氢原子（醛）。使用高效液相色谱仪的紫外或二极管阵列检测器检测，保留时间定性，峰面积（峰高）定量。

3. 试剂和材料

1）DNPH采样管

已填充了涂渍DNPH硅胶的采样管。确保每批采样管的空白验证应满足以下要求：甲醛小于0.15μg/管；乙醛小于0.10μg/管；丙酮小于0.30μg管；其他物质小于0.10μg管。

2）高纯乙腈（HPLC专用流动相）

UV级纯。甲醛的浓度应小于1.5μg/mL。

3）标准样品（标准物质）

用标准气体或液体或固体配制成所需浓度的标准气体，用恒流气体采样器将其定量采集于DNPH采样管中，形成标准系列。所配制标准系列的分析物浓度与拟分析的样品浓度相似。在采集过程中，应以与采样相同的流速采集标准气体。

可直接购买醛酮的2，4-二硝基苯踪液体标准样品（标准物质），亦可使用固体标准样品（标准物质）自行配制标准系列。

可直接购买国家主管部门批准的附有证书的醛酮类衍生物标准物质的标准管。任何预装标准管应提供以下信息：

（1）装填标准物之前空白管的色谱图和相关的分析条件和日期。

（2）装填标准物的日期。

（3）标准化合物的含量和不确定度。

（4）标准物的实例分析（与空白管的分析条件相同）。

（5）标准制备方法的简要描述。

（6）有效期限。

4）滤膜

0.45μm 有机滤膜。

4. 仪器和设备

（1）高效液相色谱仪 HPLC。具有紫外或二极管阵列检测器；等效 C_{18} 反相高效液相色谱柱。

（2）微量进样器。10μL、50μL、100μL。

（3）容量瓶，5mL。

（4）固相萃取装置及其附件。

（5）超声波清洗器。

5. 样品预处理

（1）将来样管放于固相萃取装置上进行样品洗脱，洗脱液的流向应与采样时气流方向相反。

（2）准确加入 5mL 乙腈反向洗脱采样管，将洗脱液收集于 5mL 容量瓶中。用 0.45Pm 滤膜对洗脱液过滤后，用超声波清洗器处理 3～5min。

（3）用乙腈定容至容量瓶 5mL 标线。将样品二等分置于样品瓶中，贴上标签放于冰箱中保存。

（4）洗脱液在 4℃条件下可保存 30d。

6. 分析

1）液相色谱分析条件

（1）色谱柱：等效 C_{18} 反相高效液相色谱柱。

（2）流动相：乙腊/K。

（3）洗脱：均相等梯度，60%乙腈/40%水。

（4）检测器：紫外检测器 360nm，或二极管阵列。

（5）流速，1.0mL/min。

（6）进样量：25μL。

2）校准曲线的绘制

（1）选用自制或购买的系列标准管绘制校准曲线。

将系列标准管放置于固相萃取装置上。加入 5mL 乙腈反向洗脱标准管，洗脱液的流向应与装载时气流方向相反。将洗脱液收集于 5mL 试管中。用 0.45pm 滤膜对洗脱液进行过滤，用超声波清洗器处理 3～5min。用乙腈定容至试管 5mL 标线。将标准洗脱液二等分置于样品瓶中，采用高效液相色谱分析。

（2）选用标准溶液绘制校准曲线。将标准溶液稀释至适当浓度梯度后进样分析。

（3）每一浓度（至少 5 个浓度梯度）平行分析三次，以目标组分的浓度为横坐标，

以扣除空白响应后的峰面积（或峰高）的平均值为纵坐标，绘制校准曲线。校准曲线的斜率即是响应因子 R_F，线性相关系数至少应达到 0.995。如果校正曲线实在不能通过零点，则曲线方程应包含截距。

（4）每一个新的校准曲线都应用不同源的标准物质进行分析验证。标准物质连续分析 6 次，在显著性水平α＝5%条件下，分析结果和标准物质标称值无显著性差异，否则，则应采取正确的措施来消除由两种不同源标准物质引起的误差。

（5）日常分析质量控制采用质量控制图来完成。在一定的时间间隔内，取两份平行的控制样品，至少重复分析 20 次，制作均数控制图。在日常的分析工作中依据样品测定频率，取两份平行控制样随待分析样品同时测定。将控制样品的分析结果依次点在控制图上，按照下面的规则来判断分析过程是否处于控制状态：

① 如果此点在上下警告线之间，则测试过程处于受控状态，样品分析结果有效；

② 如果此点超出上下警告线，但仍在上下控制限制间区域内，表明分析质量开始变劣，有失控的趋势，应进行初步的检查，采取相应的校正措施；

③ 如果此点落在上下控制限外，应立即检查原因，样品应重新测定；

④ 虽然所有的数据都在控范围内但是遇到七点连续上升或者下降，表明分析过程有失控的趋势，应当查明原因，予以纠正。

3）样品分析

将样品按照绘制校准曲线的操作步骤和相同的分析条件进行分析。

7. 结果计算

1）质量体积浓度计算

$$c_m = 1000 \times (m_F - m_B)/V$$

式中：c_m——分析样品的浓度，mg/m^3；

m_F——采样管所采集到的挥发性有机物的质量，mg；

m_B——空白管中挥发性有机物的质量，mg；

V——采样体积，L。

由于每支采样管的空白值都是未知的，所以在计算中选用空白值的平均值。每一批管都要确定其平均空白值。若一批管的数量为 N，则至少要分析 N 支管的空白值。

2）结果计算的要求

根据单一组分校准曲线，对尽可能多的醛酮组分进行定量，同时对有特殊规定的几种组分分别进行定量，得到醛酮组分测量值。车内空气污染物浓度值是醛酮组分测量值扣除空白值（表 6.1）。

8. 治理技术

1）甲醛捕捉剂

甲醛捕捉剂可以消除车内挥发的甲醛。其原理是将其直接喷或刷在车内装饰材料上，甲醛发生一定的化学反应被消耗掉，生成另一种化学物质（有些产品含有尿素成分，反应形成不稳定的脲醛胶或只是起一定封闭作用），是一种使用范围有限的、简单的应急处理手段，不能达到真正永久性的清除甲醛的目的。

表 6.1 车内挥发性有机物和醛酮类物质采样原始记录表

生产厂家		车辆类型		编号		下线时间	
VIN		行驶里程		车内容积		乘员数	
内饰配置状况描述				进风口风门状况			
采样地点				采样日期			

受检车辆准备、封闭阶段											
准备阶段	起始时间			封闭阶段	起始时间						
	结束时间				结束时间						
时间	采样环境温度		采样环境相对湿度		采样环境气流速度					采样管编号	
	车内	车外	车内	车外	前部	顶部	后部	左侧	右侧	挥发性有机组分	醛酮组分
样品采集阶段											
时间	采样环境温度		采样环境相对湿度		采样环境气流速度					P：大气压力/kPa	
	车内	车外	车内	车外							
采样管	采样位置	采样管编号		采样流量/（L/min）						采样时间	V：采样体积/L
挥发性有机物组分采样管											
醛酮组分采样管											
备注：											
采样单位		采样人员						复核人员			

2）活性炭吸附剂

活性炭利用多孔的物理特性来吸附空气中的大分子气体及悬浮颗粒，例如烟雾、灰尘等，多是通过强制空气循环达到滤净空气的目的，需要定期更换滤芯，实际使用效率不高，不能起根除有害气体的目的。由于活性炭只能暂时吸附一定的污染物，温度、风速升高到一定程度的时候，所吸附的污染物就有可能游离出来，再次进入呼吸空间中，吸附达到饱和不再具有吸附能力时，因此要及时更换过滤材料。

3）光触媒法

光触媒是光＋触媒（催化剂）的合成词。光触媒是一种光催化剂。催化剂是用于降低化学反应所需的能量，促使化学反应加快速度，但其本身却不因化学反应而产生变化的物质。光触媒顾名思义即是以光的能量来作为化学反应能量来源，加速氧化还原反应，使吸附在表面的氧气及水分子激发成极具活性的氢氧基及负氧离子，这些氧化力极强的自由基几乎可分解所有对人体或环境有害的有机物质及部分无机物质，使其迅速氧化分解为稳定且无害物质以达到净化空气的功用。

4）健康钛（Ti-Tech）

健康钛（Ti-Tech）被认为是目前为止全球范围内最佳室内环境科学技术之一，处于世界领先水平，由法国著名生物化学专家阿兰博士及其技术人员研发成功。

健康钛作为一个专业技术品牌，通过生物、化工、纳米材料等多项尖端知识及高科技生产技术，从根治室内空气污染着手，以有效清除分解甲醛、苯、二甲苯、氨、TVOC等为中心，特别是对甲醛等顽固污染物的定向清除技术的突破，解决了长期以来这些室内污染杀手对人们健康的危害，同时提供防止细菌、病菌、霉菌对人体侵害的健康防护，全面提升室内空气环境质量。

6.2 新装修居室环境检测与治理

居室环境的空气质量与人们的健康息息相关，新装修居室环境的检测与治理有着实际的需求，包括买了新房，装修完毕，布置了家具的准备入住者；新装修，新家具，感觉到有异味的已入住者；新装修，新家具，未感觉到有异味但家里居住了老人和儿童等。新装修居室环境检测一般按以下流程进行：居民咨询—委托检测—检测机构受理—实验室（采样室、计量室、仪器室）准备—专业人员到现场采样—专业人员在实验室将采回的样品进行检测—数据处理—编制检测报告—报出结果并根据相关标准作出评价。新装修居室环境治理一般流程如下：居民提出室内环境问题—污染源分析—治理方案调整—施工准备—治理施工—竣工验收。

一、实训目的

（1）通过对新装修居室环境的检测与治理，让学生将学到的居室污染物检测与治理的知识和技能综合的运用于实际工作中，掌握制定新装修居室环境检测与治理方案的方法。

（2）掌握新装修居室主要污染物的布点、采样和检测，以及数据处理等方法和技能。

（3）通过对新装修居室环境的检测，了解其空气质量状况，并判断居室空气质量是否符合国家有关环境标准的要求，并为居室内空气污染的治理提供依据。

（4）掌握新装修居室污染源分析、治理方案调整、治理施工及验收等方法和技能。

（5）培养学生分工合作、互相配合、团结协作的精神，锻炼实际操作技能，提高综合分析和处理实际问题的能力。

二、检测项目及检测方法

1. 检测项目

检测项目包括甲醛、TVOC、苯、氨、氡、噪声、可吸入颗粒物、电磁辐射等，目前民用建筑工程验收时必测的项目有甲醛、TVOC、苯、氨、氡，可根据客厅、卧室、书房、厨房、餐厅、卫生间等的具体情况和条件，选择其中的部分指标进行检测分析。

2. 检测方法

检测方法使用国家标准《室内环境质量标准》规定的方法，同时使用便携式甲醛检测仪、TVOC 检测仪、氡检测仪等进行现场检测，并对这两类检测方法进行比较。现场使用便携式仪器检测的优点是方便、快速、操作简单，可以用于判断居室环境污染物浓度的范围（表 6.2）。

表 6.2 居室环境检测方法有关的国家标准与规范

序　号	检测项目	检测方法	标准号
1	甲醛	AHMT 分光光度法 乙酰丙酮分光光度法 酚试剂比色法	GB/T 16129—1995 GB/T 15516—1995 GB/T 18204.26—2000
2	氨	纳氏试剂比色法 离子选择电极法 靛酚蓝分光光度法	GB/T 14668—1993 GB/T 14669—1993 GB/T 18204.25—2000
3	苯	气相色谱法	GB 14677—1993
4	氡	闪烁瓶测量方法	GB/T 14677—1993
5	TVOC	气相色谱法	GB/T 18883—2000

三、检测步骤

1. 编制新装修居室检测方案

（1）现场勘察，了解居室环境基本情况（表 6.3）。

表 6.3 居室环境基本情况

项　目	需要了解的信息
建筑结构	房间平面布置图；各房间的性质与面积；层高
建筑物周围情况	是否靠近公路、是否靠近闹市中心、是否有建筑工地、是否有工厂排放烟尘、是否有餐厅的厨房排放油烟废气、小区的生态环境如何、是否受到公共通道影响污染（如邻居的厨房油烟排放、卫生间异味等）

续表

项 目	需要了解的信息
装修情况	墙、天花板、地板、门窗、家具
装修材料	人造板、涂料、油漆、胶黏剂、木制品、壁纸、地毯、混凝土外加剂、天然石材
装修时间	
人员情况	有无老、弱、病、残、孕、婴、幼等弱势人群，成员中有无哮喘等过敏性疾病病史
人员感官情况	有无感觉有异味、灰尘烟雾特别大
人员健康状况	呼吸道有无不适，有无喉咙痛、痒、咳嗽等症状，有无皮肤丘疹、哮喘等过敏症状，有无乏力、困倦、头晕等症状
燃料	使用煤气、煤还是液化气

（2）确定检测项目（表 6.4）。

表 6.4　居室环境检测项目

检测位置编号	检测位置 1	检测位置 2	检测位置 3	…
检测位置名称	客厅	卧室	厨房	
面积/m^2				
检测项目	甲醛、TVOC、苯	甲醛、TVOC、苯	甲醛、TVOC、苯、氡	
检测点数				
预计测试费用	略			

2. 现场检测

（1）准备仪器和人员（表 6.5）。

表 6.5　仪器和人员准备

检测项目	测试依据	材料与工具	测试人
甲醛	AHMT 分光光度法 GB/T 15516－1995	吸收液、气泡吸收管（5mL/10mL）、空气采样器（流量 0～2L/min）、温度计、气压测定仪、支架	
苯	气相色谱法 GB/T 14677－1993	活性炭采样管（已填充）、空气采样器（流量 0-1L/min）、支架	
TVOC	气相色谱法 GB/T 18883－2002	吸附管（已填充）、采样器（流量 0.02～0.5L/min）、硅橡胶连接管、支架	
氡	闪烁瓶测量方法 GB/T 14582－1993	闪烁瓶（已抽真空）、分析仪器、稳压电源、低通滤波器、黑布、支架	

（2）采样测试（表 6.6 和表 6.7）。

表 6.6 采样测试注意事项

项　目	实施要求
选点	小于 50m^2 的房间应设 1～3 个点；50～100 m^2 设 3～5 个点；100 m^2 以上至少设 5 个点，在对角线上或梅花式均匀分布
	离墙壁距离大于 0.5m，离门窗距离应大于 1m，避开通风口
	采样点高度与人的呼吸带一致，一般为 0.5～1.5m
采样时间	测试 1h 平均浓度，至少测试 45min，涵盖通风最差的时间段。采样前，应通知用户关闭房间门窗 12h。采样时关闭门窗
气密性检查	对所有的动力采样系统进行气密性检查，不得漏气
流量校准	采样前、后要校准流量，误差不超过 5%
空白检验	每一个房间的采样中，要留两个采样管不采样，作为该次采样过程中的空白检验。若空白检验超过控制范围，则这批样品作废
数据记录	含测试地点、房间名称、污染物名称、采样日期、时间、样品编号、数量、布点方式、大气压力、气温、相对湿度等
测试报告	把采样样品送回实验室完成分析后，将原始测试数据、采样人、测试人、校核人等填入测试报告

表 6.7 采样记录

采样地点	检测项目	样品编号	采样仪器编号	采样流速及时间	采样体积/L	温度及湿度	气压/kPa
客厅	甲醛	甲醛-1					
		甲醛-2					
	苯	苯-1					
		苯-2					
	TVOC	TVOC-1					
		TVOC-2					

四、结果分析

根据检测结果，对照相关标准及规范，对新装修居室环境的空气质量进行评价，推断污染物的来源，并提出改进的建议（表 6.8～表 6.10）。

表 6.8 检验结果汇总报告

序　号	检验项目	标准号	标准要求	实测结果		本项结论	备　注
				测点号	实测值		
1				1			
				2			
				3			

采样人：　　　　测试人：　　　　校核人：

表 6.9 居室环境相关标准及规范

内　容	《民用建筑工程室内环境污染控制规范》	《室内空气质量标准》
目标	建筑工程环境污染物控制	人居环境健康的最低标准
测试条件	检测前关闭门窗 1h	检测前关闭门窗 12h
指标数	5	19
甲醛指标/（mg/m^3）	0.08	0.1
苯指标/（mg/m^3）	0.09	0.11
氨指标/（mg/m^3）	0.20	0.20
TVOC 指标/（mg/m^3）	0.5	0.6
氡指标/（Bq/m^3）	200	400

表 6.10 居室环境污染源的来源分析

室内常见污染物	主要来源
甲醛	人造板（如家具、壁橱、天花板、地板、护墙板等）
	装修材料（如油漆、涂料、胶粘剂、保温、隔热和吸声材料等）
	装饰物（如墙纸、墙布、化纤地毯、挂毯、人造革等）
苯系物	装修材料（如油漆、涂料、稀释剂、胶粘剂等）
TVOC	装修材料（如油漆、涂料、胶粘剂、人造板、家具、壁橱、天花板、地板、护墙板、隔热材料、防水材料等）
	装饰物（如墙纸、墙布、化纤地毯、挂毯、人造革等）
	家用电器
氨	阻燃剂、增白剂、混凝土外加防冻剂
	卫生间
氡	宅基地和土壤
	建筑材料、瓷砖、天然石材

五、治理技术

经过检测及污染源分析，判断出新装修居室环境主要污染物及造成污染的主要原因，就可以有针对性的采取治理技术，常见的治理方法见表 2.12。

以新装修居室环境常见的污染物甲醛治理为例，了解治理施工的过程。

1. 施工前准备工作

治理人员穿着工作服，佩戴工作证，带齐所需工作用具（施工工具及清洁用品，包括空压机、喷枪、梯子、盖布、胶带、毛巾等）。

2. 场地清洁

对居室环境的表面进行清洁，清洁的次序为：天花板→墙面→柜子→窗台→桌子→椅子→地面。

3. 遮盖和保护

与客户沟通，对不需要治理和不适合喷涂治理的部位与物品进行遮盖和保护。

施工工具及产品须放在固定位置，并进行铺垫，以免沾污地面。治理人员进出施工现场时，须穿戴鞋套，进入有地毯或木制地板的房间时，须更换鞋套后方可进入，以免弄脏地板。

4. 天花板、墙壁的治理

采样中气压低流量喷雾法对天花板、墙壁等进行喷涂处理，使用药剂为光催化剂，使用量为 150～200m^2/L。

5. 家具与地板的治理

（1）打开所有家具柜门，将放置的物品进行清理，能拆卸的部件尽量拆卸下来。

（2）采用涂敷法对柜子内表面进行喷涂处理，涂敷药剂使用量约为 40mL/m^2。对于未经过油漆或贴纸处理的板材，包括接口的裸露面及木制家具未处理的背面等，应加大使用剂量。对于木制柜子的靠墙部位，能移动的最好移动加以重点处理。对端面及断面进行喷涂或刷涂时，不可一次涂刷过量，若污染严重可待一次涂刷干后，再进行二次涂刷。

（3）采用家具专用净化剂对木制地板加以涂敷处理。

（4）使用家具专用净化剂对木制的床进行处理，处理过程中，应将床垫取下，对包括床板在内的所有部位进行喷涂处理。

（5）治理 72h 后，用温水擦拭干净。

6. 通风

施工结束后，打开门窗，加强通风。

7. 二次治理

次日或隔日，对家居内部及木地板采用涂敷法进行二次处理，并于 4h 后擦干，使用除醛护理蜡进行表面处理。同时，可在每个房间放置一套紫外线灯管，以加强光催化，加快室内污染物的分解速度。照射时间以 3～5h 为宜。采用紫外线灯管进行加强处理时，应注意将花木等进行转移，对可能会因紫外线照射而受到影响的物体加以转移或遮盖。

8. 地毯与窗帘等织物的表面处理

带各种施工结束后，使用织物专用净化剂对地毯与窗帘等织物表面进行处理。

9. 检测验收

治理完 3～7d 后进行居室空气质量检测验收。

六、技能考核

技能考核见表 6.11。

表 6.11 新装修居室环境检测与治理技能考核

序号	内容	操作	考核记录	评分	
				分值	得分
1	采样	1．布点		3	
2		2．大气采样器的使用和操作		3	
3		3．采样流量控制		2	
4		4．采样环境记录		2	
5	甲醛的测定	1．酚试剂分光光度法测定甲醛		10	
6		2．便携式甲醛检测仪的使用和操作		10	
7	氨的测定	靛酚蓝分光光度法测定氨		10	
8	苯的测定	二硫化碳提取气相色谱法测定苯		10	
9	TVOC 的测定	1．热解吸气相色谱法测定苯		10	
10		2．便携式 TVOC 检测仪的使用和操作		10	
11	氡的测定	1．活性炭盒法测定氡		10	
12		2．便携式氡检测仪的使用和操作		10	
13	结果讨论	1．化学法和仪器法测定的比较		2	
14		2．家居环境质量评价		5	
15		3．分析判断污染物来源，提出治理建议		3	
总得分				100	

检测项目	甲醛	氨	苯	TVOC	氡/（Bg/m^3）
浓度/（mg/m^3）					
超标倍数					

评分人： 日期：

核分人： 日期：

附　　录

附录 1　室内环境主要污染物的检测方法

序　　号	污染物	方法名称	引用标准
1	甲醛	酚试剂分光光度法 气相色谱法 AHMT 分光光度法 乙酰丙酮分光光度法	GB/T 18204.26 GB/T 18204.26 GB/T 16129 GB/T 15516
2	氨	靛酚蓝分光光度法 纳氏试剂分光光度法 离了选择电极法	GB/T 18204.25 GB/T 18204.25 GB/T 14669
3	氡	闪烁瓶法 径迹蚀刻法 活性炭盒法 双滤膜法 气球法	GB/T 16147 GB/T 14582 GB/T 14582 GB/T 14582 GB/T 14582
4	二氧化碳	非分散红外线气体分析法 气相色谱法 容量滴定法	GB/T 18204.24 GB/T 18204.24 GB/T 18204.24
5	一氧化碳	非分散红外线气体分析法 气相色谱法	GB/T 18204.23 GB/T 18204.23
6	可吸入颗粒物	撞击式称量法	GB/T 17059
7	苯并（a）芘	高效液相色谱法	GB/T 15439
8	总挥发性有机化合物（TVOC）	气相色谱法	GB/T 18883 附录 C
9	苯	气相色谱法	GB 11737
10	甲苯、二甲苯	气相色谱法	GB 11737
11	二氧化氮	改进的 Saltzman 法	GB 12373
12	二氧化硫	盐酸副玫瑰苯胺分光光度法	GB/T 16128
13	臭氧	靛蓝二磺酸钠分光光度法 紫外分光光度法	GB/T 18204.27 GB/T 18202
14	新风量	示踪气体法	GB/T 18204.18
15	菌落总数	撞击法	GB/T 18883 附录 D
16	重金属	原子吸收分光光度法	GB 11739
17	温度	玻璃液体温度计法 数显式温度计法	GB/T 18204.13 GB/T 18204.13
18	相对湿度	通风干湿表法 电容式数字湿度计法	GB/T 18204.14 GB/T 18204.14
19	空气流速	热球式电风速计法 数字式风速表法	GB/T 18204.15 GB/T 18204.15

附录 2　室内空气质量标准（GB/T 18883—2002）

序　号	参数类别	参　数	单　位	标准值	备　注
1	物理性	温度	℃	22～28	夏季空调
				16～24	冬季采暖
2		相对湿度	%	40～80	夏季空调
				30～60	冬季采暖
3		空气流速	m/s	0.3	夏季空调
				0.2	冬季采暖
4		新风量	m^3/（h • p）	300	
5	化学性	二氧化硫 SO_2	mg/m^3	0.50	1 小时均值
6		二氧化氮 NO_2	mg/m^3	0.24	1 小时均值
7		一氧化碳 CO	mg/m^3	10	1 小时均值
8		二氧化碳 CO_2	%	0.10	日平均值
9		氨 NH_3	mg/m^3	0.2	1 小时均值
10		臭氧 O_3	mg/m^3	0.16	1 小时均值
11		甲醛 HCHO	mg/m^3	0.1	1 小时均值
12		苯 C_6H_6	mg/m^3	0.11	1 小时均值
13		甲苯 C_7H_8	mg/m^3	0.2	1 小时均值
14		二甲苯 C_8H_{10}	mg/m^3	0.20	1 小时均值
15		苯并（a）芘 B（a）P	mg/m^3	1	日平均值
16		可吸入颗粒 PM_{10}	mg/m^3	0.15	日平均值
17		总挥发性有机物 TVOC	mg/m^3	0.6	8 小时均值
18	生物性	氡 ^{222}Rn	cfu/m^3	2500	依据仪器定
19	放射性	菌落总数	Bq/m^3	400	年平均值（行动水平）

① 新风量要求≥标准值，除温度、相对湿度外的其他参数要求≤标准值。

② 行动水平即达到此水平建议采取干预行动以降低室内氡浓度。

附录3　申请计量认证/审查认可（验收）项目

序　号	参数类别	参　数	检验方法	检验仪器	标　准
1	物理性	温度	玻璃液体温度计法 数显式温度计法	玻璃液体温度计、悬挂温度计支架 数显式温度计	GB/T 18204.13
2		相对湿度	通风干湿表法 毛发湿度表法 氯化锂湿度计法	机械通风干湿表、电动通风干湿表 毛发湿度表 氯化锂露点湿度计	GB/T 18204.14
3		空气流速	热球式风速计法 数字风速表法	表式热球电风速计或数显式热球电风速计 数字风速表	GB/T 18204.15
4		新风量	示踪气体浓度衰减法	袖珍或轻便型气体浓度测定仪、尺、摇摆电扇、示踪气体	GB/T 18204.18
5	化学性	二氧化硫（SO_2）	甲醛溶液吸收—盐酸副玫瑰苯胺分光光度法	吸收管、空气采样器、具塞比色管、分光光度计、恒温水浴、可调定量加液器	GB/T 16128 GB/T 15262
6		二氧化氮（NO_2）	改进的 Saltzaman 法	分光光度计、吸收管、空气采样器、渗透管配气装置	GB/T 12372 GB/T 15435
7		一氧化碳（CO）	非分散红外法 ①不分光红外气体分析法；②气相色谱法；③汞置换法	一氧化碳红外分析仪、记录仪、流量计、采气袋、止水夹、双联球、氮气、一氧化碳标定气 ①一氧化碳不分光红外线气体分析仪、记录仪、聚乙烯薄膜采气袋；②配备氢火焰离子化检测器的气相色谱仪、转化炉、注射器、塑料铝箔复合膜采气袋、填充柱色谱柱、转化柱；③一氧化碳测定仪、聚乙烯塑料袋	（1）GB/T 9801 （2）GB/T 18204.23
8		二氧化碳（CO_2）	不分光红外线气体分析法 气相色谱法 容量滴定法	二氧化碳不分光红外气体分析仪、记录仪、塑料铝箔复合膜采气袋 配备有热导检测器的气相色谱仪、注射器、塑料铝箔复合膜采样袋、填充柱色谱柱 恒流采样器、吸收管、酸式滴定管、碘量瓶	GB/T 18204.24

续表

序　号	参数类别	参　数	检验方法	检验仪器	标　准
9	化学性	氨（NH_3）	靛酚蓝分光光度法	大型气泡吸收管、空气采样器、具塞比色管、分光光度计	GB/T 18204.25
			纳氏试剂分光光度法	气体采样装置、大型玻板吸收瓶或大气冲击式吸收瓶、具塞比色管、分光光度计、玻璃容器（经校正的容量瓶、移液管、聚四氟乙烯管或玻璃管）	GB/T 14668
			离子选择电极法	氨敏感膜电极、pH 毫伏计、磁力搅拌器、大气采样器	GB/T 14669
			次氯酸钠—水杨酸分光光度法	空气采样泵、大型气泡吸收管、具磨塞比色管、分光光度计、双球玻管	GB/T 14679
10		臭氧（O_3）	紫外光度法	紫外臭氧分析仪、一级紫外臭氧校准仪、臭氧发生器、输出多支管	GB/T 15438
			靛蓝二磺酸钠分光光度法	①多孔玻板吸收管、空气采样器、具塞比色管、恒温水浴、水银温度计、分光光度计；②采样探头、多孔玻板吸收管、空气采样器、分光光度计、臭氧发生器、恒温水浴、水银温度计、紫外吸收式臭氧测定仪	① GB/T 18204.27 ② GB/T 15437
11		甲醛（HCHO）	AHMT 分光光度法	气泡吸收管、空气采样器、10mL 具塞比色管、分光光度计	GB/T 16129
			①酚试剂分光光度法；②气相色谱法	①大型气泡吸收管、恒流采样器、具塞比色管、分光光度计； ②采样管、空气采样器、具塞比色管、微量注射器、配备氢火焰离子化检测器的气相色谱仪、色谱柱	GB/T 18204.26
			乙酰丙酮分光光度法	采样器、皂膜流量器、多孔玻板吸收管、具塞比色管、分光光度计、标准皮托管、倾斜式微压计、采样引气管、空盒气压表、水银温度计、pH 酸度计、水浴锅	GB/T 15516
12		苯（C_6H_6）	毛细管气相色谱法	活性炭采样管、空气采样器、注射器、微量注射器、具塞刻度试管、配备氢火焰离子化检测器的气相色谱仪、色谱柱	GB/T 18883 附录 B GB 11737

续表

序号	参数类别	参数	检验方法	检验仪器	标准
13 14	化学性	甲苯（C_7H_8） 二甲苯（C_8H_{10}）	卫生检验标准方法气相色谱法	活性炭采样管、空气采样器、注射器、微量注射器、热解吸装置、具塞刻度试管、配备氢火焰离子化检测器的气相色谱仪、色谱柱	GB 11737 GB/T14677
15	化学性	苯并（a）芘［B（a）P］	高效液相色谱法	超声波发生器、采样器、离心机、具塞刻度离心管、配备紫外检测器的高效液相色谱仪、色谱柱	GB/T 15439
16	化学性	可吸入微粒（PM_{10}）	撞击式称重法	可吸入颗粒物采样器、天平、皂膜流量计、秒表、玻璃纤维滤纸、干燥器、镊子	GB/T 17095
17	化学性	总挥发性有机化合物（TVOC）	热解吸/毛细管气相色谱法	吸附管、注射器、采样泵、配备氢火焰离子化检测器的气相色谱仪、非极性石英毛细管柱、热解吸仪、液体外标法制备标准系列的注射装置	GB/T 18883 附录 C
18	生物性	菌落总数	撞击法	高压蒸汽灭菌器、干热灭菌器、恒温培养箱、冰箱、平皿、量筒、三角烧杯、pH 计或精密 pH 试纸、撞击式空气微生物采样器	GB/T 18883 附录 D
19	放射性	氡（^{222}Rn）	闪烁瓶测量法	闪烁瓶、光电倍增管、前置单元电路、高压电源、电子学分析记录单元	GB/T 16147
			①径迹蚀刻法；②活性炭盒法；③双滤膜法	①探测器（聚碳酸酯膜、CR—39）采样盒（塑料制）、蚀刻盒（塑料制）、音频高压振荡电源、恒温器、切片机、测厚仪、计时钟、注射器、烧杯、平头镊子、滤膜；②活性炭、采样盒、烘箱、天平、γ谱仪、或 NaI（T1）或半导体探头配多道脉冲分析器、滤膜；③衰变筒、流量计、抽气泵、α 测量仪、子体过滤器、采样夹、秒表、纤维滤膜、α 参考源、镊子	GB/T 14582

附录4　空气过滤器的形式及主要特征

分类	过滤器形式	有效地捕集尘粒直径/μm	适当的含尘浓度[①]	压力损失/Pa	除尘效率/%		容尘量[②]/（g/m^2）	滤速量级	用途	备注
					质量法	大气尘计数效率或钠焰效率				
粗效过滤器	块式玻璃纤维过滤器（干式或浸油） 自净油过滤器（干式或浸油） 粗、中孔泡沫塑料块状过滤器 滤材自动卷绕过滤器	＞5	中～大	30～200	70～90	大气尘计数效率20%≤η＜80%（尘粒直径≥5μm）[③]	500～2000	1～2m/s	*作高效、亚高效、中效过滤器前的预过滤用 *做一般空调系统的进风过滤器用	
中效过滤器	滤材折叠（或袋式）的中细孔泡沫塑料、无纺布、玻璃纤维过滤器	＞1	中	80～250	90～96	大气尘计数效率20%≤η＜70%（尘粒直径≥5μm）[③]	300～800	dm/s	*在净化空调系统中作中间过滤器，保护高效	
亚高效过滤器	超细石棉玻璃纤维滤纸（或合成纤维滤布）过滤材料做成多折型	＜1	小	150～350	＞99	大气尘计数效率95%≤η＜99.9%（尘粒直径≥1μm）[③] 钠焰效率90%～99%	70～250	cm/s	*作净化空调系统的中间过滤器 *作低级净化空调系统（≥100000级）的终端过滤器	
高效过滤器	超细石棉、玻璃纤维 滤纸类过滤材料做成多折型	≥0.5	小	250～490	无法鉴别	钠焰效率99.97%	50～70		*作净化空调系统的终端过滤器（三级净化的终端过滤器） 用于生物洁净室	国产高效过滤器型号主要有：（01、02、03；GWB-01、02、03）

① 含尘浓度：大0.4～7.0mg/m³；中0.1～0.6mg/m³；小0.3mg/m³以下。

② 过滤器容尘量是指当过滤器的阻力（额定风力下）达到终阻力，过滤器所容纳的尘粒质量；

③ 摘自《空气过滤器》（GB-T 14295—93）。

参考文献

安雪，李霞，潘会堂，罗竞男，张启翔．2010．16种室内观赏植物对甲醛净化效果及生理生化变化．生态环境学报，19（2）：376-384．

白雁斌，刘兴荣．2003．吊兰净化室内甲醛污染的研究．海峡预防医学杂志，9（3）：26-27．

白志鹏，韩旸，袭著革．2006．室内空气污染与防治．北京：化学工业出版社．

白志鹏，王宝庆，等．2011．空气颗粒物污染与防治．北京：化学工业出版社．

白志鹏，徐宏辉，唐贵谦．2005．计算机在环境科学与工程中的应用．北京：化学工业出版社．

蔡宝珍，金荷仙，熊伟．2011．室内植物对甲醛净化性能的研究进展．中国农学通报，27（6）：30-34．

车内挥发性有机物和醛酮类物质采样测定方法．2008．国家环境保护总局．北京：中国环境科学出版社．

陈迪云．2007．室内氡污染与致癌．广州：广东科技出版社．

陈杰瑢．2007．物理性污染控制．北京：高等教育出版社．

陈孝云．2008．空气污染治理技术研究进展．科学技术与工程，8（17）：4939-4952．

崔九思．2004．室内环境检测仪器及应用技术．北京：化学工业出版社．

崔九思．2003．室内空气污染监测方法．北京：化学工业出版社．

崔树军．2008．环境监测．北京：中国环境科学出版社．

董夫银．2005．用进行线性回归分析及测量不确定度的计算．光谱实验室，22（6）：1235-1238．

范家友．2001．Excel应用软件在环境监测中的应用．昆明冶金高等专科学校学报，17（2）：25-27．

古政荣，陈爱平，戴智铭，古宏震，陶国忠．活性炭-纳米二氧化钛复合光催化空气净化网的研制．华东理工大学学报，2000，26（4）：367．

国家认证认可监督管理委员会．2006．实验室资质认定工作指南．北京：中国计量出版社．

韩旸，白志鹏，袭著革．2013．室内空气污染与防治．2版．北京：化学工业出版社．

贺克斌，杨复沫．2011．大气颗粒物与区域复合污染．北京：科学出版社．

贺小凤．2010．室内环境检测实训指导．北京：中国环境科学出版社．

黄爱葵．2005．几种盆栽观赏植物对室内空气净化能力．南京：南京林业大学，20-23．

贾劲松．2009．室内环境检测技术．北京：中国环境科学出版社．

姜程．2013．室内空气污染及控制技术研究．中国化工贸易，5：265．

金朝辉．2007．环境监测．天津：天津大学出版社．

井立强，孙晓君，蔡伟民，李晓倩，付宏刚，候海鸽，范乃英．2003．掺杂Ce的Ti02纳米粒子的光致发光及其光催化活性．化学学报，61（8）：1241-1245．

李静玲．2012．室内环境监测与污染控制．北京：北京大学出版社．

李新．2006．室内环境与检测．北京：化学工业出版社．

令狐昱慰，黎斌，李思锋，张莹，刘立成．2011．3种观赏植物对室内甲醛污染的净化及生长生理响应．西北植物学报，31（4）：776-782．

刘靖．2012．室内空气污染控制．徐州：中国矿业大学出版社．

刘艳华，王新轲，孔琼香．2012．室内空气质量检测与控制．北京：化学工业出版社．

刘艳丽，陈能场，周建民，徐胜光．2008．观赏植物净化室内空气中甲醛的研究进展．工业催化，9：16-19．

钱琛．2004．环境中有毒有害物质与工作场所及室内污染监测评价控制国际标准化通用方法．第四卷．北京：新星出版社．

钱华，戴海夏．2012．室内空气污染来源与防治．北京：中国环境出版社．

邵龙义，杨书申，等．2012．室内可吸入颗粒物理化特征及毒理学研究．北京：气象出版社．

史德，苏广和．2005．室内空气质量对人体健康的影响．北京：中国环境科学出版社．

税永红．2011．居家室内环境保护．北京：科学出版社．

宋广生，王雨群．2011．室内环境污染控制与治理技术．北京：机械工业出版社．

宋广生．2002．室内环境质量评价及检测手册．北京：机械工业出版社．

孙宝盛，单金林，邵青．2007．环境分析监测理论与技术．北京：化学工业出版社．

孙孝凡．2009．家居环境与人体健康．北京：金盾出版社．

王炳强．2005．室内环境检测技术．北京：化学工业出版社．

王小逸．2006．室内空气监测：方法与应用．北京：中国环境科学出版社．

王雪平，李玉静．2012．室内环境监测．北京：中国水利水电出版社．

王英建，杨永红．2004．环境监测．北京：化学工业出版社．

文远高．2008．室内外空气污染物相关性研究．上海：上海交通大学博士学位论文．

吴忠标，赵伟荣，等．2005．室内空气污染及净化技术．北京：化学工业出版社．

奚旦立，孙裕生．2010．环境监测．北京：高等教育出版社．

夏云生，房云阁．2012．室内空气质量检测技术．北京：中国石化出版社．

姚运先，冯雨峰，杨光明．2012．室内环境监测．北京：化学工业出版社．

易义珍，唐明德，陈律，等．2004．臭氧净化大学生宿舍及卫生间空气中有害物质的研究．中国学校卫生，25（1）：106-107．

张淑娟，黄耀棠．2010．利用植物净化室内甲醛污染的研究进展．生态环境学报，19（12）：3006-3013．

张晓辉，李双石，曹奇光，陈红梅．2009．室内空气污染的危害及其防治措施研究．环境科学与管理，34（7）：22-25．

章骅，周述琼，但德忠．2005．室内污染控制技术研究进展．中国测试技术，31（6）：130-135．

赵琦．2008．城市PM_{10}来源及控制．重庆：西南师范大学出版社．

赵文慧．2008．北京市可吸入颗粒物污染的空间分布特征与影响机理．北京：首都师范大学．

中国就业培训技术指导中心，吴吉祥，李振海．2010．室内环境治理员：高级．北京：中国劳动社会保障出版社．

中国就业培训技术指导中心，吴吉祥，李振海．2008．室内环境治理员：中级．北京：中国劳动社会保障出版社．

中国就业培训技术指导中心，吴吉祥．2012．室内环境治理员：技师．北京：中国劳动社会保障出版社．

中国室内装饰协会室内环境监测工作委员会．2005．室内环境污染治理技术与应用．北京：机械工业出版社．

中国室内装饰协会室内环境监测中心，中国标准出版社第二编辑部．2003．室内环境质量及检测标准汇编．北京：中国标准出版社．

中华人民共和国劳动和社会保障部制定．2007．室内环境治理员国家职业标准．北京：中国劳动社会保障出版社．

周宇松，陈良灯，王群利，曹国洲，李广维．郭洪光．2003．不同工艺参数下纳米光催化分解甲醛试验研究．环境科学与技术，26（4）：6-7，10．

周中平．2002．室内污染检测与控制．北京：化学工业出版社．

朱立，周银芬．2004．放射性元素氡与室内环境．北京：化学工业出版社．

朱天乐．2002．室内空气污染控制．北京：化学工业出版社．

竹涛，徐东耀．2013．大气颗粒物控制．北京：化学工业出版社．